U0166640

材料的化学制备与性能测试实验教程

主编 张 凤 范松婕 蔡 锟

中国纺织出版社有限公司

图书在版编目(CIP)数据

材料的化学制备与性能测试实验教程 /张凤，范松婕，蔡锟主编. -- 北京：中国纺织出版社有限公司，2021.8

ISBN 978-7-5180-8622-1

Ⅰ.①材… Ⅱ.①张… ②范… ③蔡… Ⅲ.①材料制备—实验—教材②工程材料—结构性能—实验—教材 Ⅳ.①TB3-33

中国版本图书馆CIP数据核字（2021）第108267号

责任编辑：郭　婷　　责任校对：高　涵　　责任印制：储志伟

中国纺织出版社有限公司出版发行

地址：北京市朝阳区百子湾东里 A407 号楼　邮政编码：100124

销售电话：010—67004422　传真：010—87155801

http://www.c-textilep.com

中国纺织出版社天猫旗舰店

官方微博 http://weibo.com/2119887771

三河市宏盛印务有限公司印刷　各地新华书店经销

2021 年 8 月第 1 版第 1 次印刷

开本：787 × 1092　1/16　印张:13

字数：300 千字　定价：58.00 元

凡购本书，如有缺页、倒页、脱页，由本社图书营销中心调换

前 言

现代科技的突飞猛进离不开材料科学的贡献，同时其他领域的技术进步又极大地推动了材料学科的发展。每年都有大量新型的功能材料被研究报道，同时各种先进的物理表征手段让我们更加深入全面地了解到这些新材料的独特性质。然而，目前国内还没有一部全面介绍相关内容的材料化学实验教材。在这样的背景下我们编写了本书。

《材料的化学制备与性能测试实验教程》是一本专门介绍各种新型功能材料的研究思路、合成方法、表征手段、性能测试等内容的综合性实验教材。本课程的教学目的是使学生全面掌握前沿功能材料的合成技能及表征手段，培养学生独立进行实验研究的基本思路和能力。本书一共分为 9 章，第 1 章介绍实验技术的基础知识，主要是实验的设计方法以及数据处理过程中应用到的一些软件。第 2 章和第 3 章分别通过 8 个和 6 个有代表性的实验全面介绍目前常见的几种合成方法和测试分析手段。第 4 章到第 7 章从材料独特的光、电、催化、吸附性能出发介绍相关材料的合成策略及表征手段。第 8 章介绍具有生物医用性能的材料。第 9 章是开放性的创新与设计实验。本教材实行作者合著制，全书共计 30 万余字，经全体编委分工编写、互校、讨论而成，张凤负责编写第 1、3、4、7 章及附录（合计约 15 万字），范松婕负责编写第 2、6、9 章及前言（合计约 9 万字），蔡锟负责编写第 5、8 章（合计约 6 万字）。

本书选取的材料较为前沿，内容涵盖了绝大多数已见报道的材料合成方法和表征手段。可供材料专业的本科生使用，同时亦可作为其他专业人员寻找具有特定性能材料的工具书。

本书编写的过程中得到了作者所在院校领导的积极支持和热忱关心，以及同行学者的鼓励指点，在此一并谨致深切的谢意。

由于编者水平所限，书中难免有不妥之处，敬请广大读者批评指正。

编者

2021 年 1 月

目 录

第1章　实验技术基础知识

第1节　测量数据的记录及处理

化学实验中经常使用仪器对一些物理量进行测量，从而对系统中的某些化学性质和物理性质做出定量描述，以发现事物的客观规律。但实践证明，任何测量的结果都只能是相对准确，或者说是存在某种程度上的不可靠性，这种不可靠性被称为实验误差。产生这种误差的原因，是因为测量仪器、方法、实验条件以及实验者本人不可避免地存在一定局限性。

对于不可避免的实验误差，实验者必须了解其产生的原因、性质及有关规律，从而在实验中设法控制和减小误差，并对测量的结果进行适当处理，以达到可以接受的程度。

一、有效数字及其运算规则

科学实验要得到准确的结果，不仅要准确地进行各种测量，而且还要正确地记录和计算。实验所获得的数值所表达的不仅仅是试样中待测组分的含量，而且反映了测量方法、仪器的准确度。实验数值表示的正确与否，直接关系到实验的最终结果以及它们是否合理。

（一）有效数字

在不表示测量准确度的情况下，表示某一测量值所须要的最小位数的数字即称为有效数字。换句话说，有效数字就是实验中实际能够测出的数字，其中包括若干个准确的数字和一个（只能是最后一个）不准确的数字。

有效数字位数的确定：

①记录测量值时必须且只能保留一位不确定的数字。

②非零数字都是有效数字。

③非零数字前的0不是有效数字，如0.00268的有效数字是3位。非零数字之间的0是有效数字，如0.20068的有效数字是5位。对小数，非零数字后的0是有效数字，如0.26800的有效数字是5位。

④数字后的0含义不清楚时，最好用指数形式表示，如果整数末位或末几位的0含义不明，如26800转化为指数时，2.68×10^4的有效数字是3位；2.680×10的有效数字是4位；

2.6800×10^4 的有效数字是 5 位。

⑤常数 π、e 及倍数、分数的有效数字位数可认为没有限制。

⑥首位数字大于或等于 8，可多计一位有效数字，如 95.2% 的有效数字是 4 位。

⑦对数的有效数字位数以小数部分计，如 pH = 10.28，有效数字是 2 位而不是 3 位。

实验数据的准确性与分析测试仪器的测量精度有关。同一试样采用不同测量精度的仪器测量，所得数据的有效数字位数不同，其中有效数字位数多的测量更精确。例如用最小刻度为 1 mL 的量筒量取溶液的体积为 20.5 mL，其中 20 是准确的，0.5 是估计的，有效数字是 3 位。如果要用精度为 0.1 mL 的滴定管来量度同一液体，读数可能是 20.54 mL，其有效数字为 4 位，小数点后第二位 0.04 才是估计值。

有效数字的位数能够反应测量的误差，若某粉末在万分之一分析天平上称量得 0.5000g，表示该粉末的实际质量在 (0.5000 ± 0.0001) g 范围内，测量的相对误差为 0.02%，若记为 0.500 g，则表示该粉末的实际质量在 (0.500 ± 0.001) g 范围内，测量的相对误差为 0.2%。准确度比前者低了一个数量级。

（二）有效数字的运算规则

1. 修约规则

各测量值的有效数字位数确定之后，就要将它后面多余的数字舍弃。舍弃多余数字的过程叫“数字修约”。所遵循的规则称为“数字修约规则”(GB 8170–1987)。

修约规则口诀：四要舍，六要入，五后有数要进位，五后无数（包括零）看前方，前方奇数就进位，前方偶数全舍掉。

2. 运算规则

（1）加减运算。以各项中绝对误差最大的数为准，和或差只保留一位可疑数字，即与小数点后位数最少的数取得一致。例如 0.7643、25.42 和 2.356 三数相加，则 0.7643+25.42+2.356 = 28.5403 得 28.54。也可以先按四舍五入的原则，以小数点后面有效数字位数最少的为标准处理各数据，使小数点后有效数字位数相同，然后再计算，如上例为：0.76+25.42+2.36=28.54。因为在 25.42 中精确度只到小数点后第二位，即在 25.42 ± 0.01，其余的数再精确到第三位，四位就无意义了。

（2）乘除法。以相对误差最大的数为准，积或商只保留一位可疑数字，即按有效数字位数最少的数进行修约和计算。几个数相乘或相除时所得结果的有效数值位数应与各数中有效数字位数最少者相同，跟小数点的位置或小数点后的位数无关。

例如 1.644 与 0.98 相乘：

$$
\begin{array}{r}
1.644 \\
\times\ 0.98 \\
\hline
1\underline{3}1\underline{5}\underline{2} \\
\underline{1}4796 \\
\hline
1.\underline{6}\underline{1}\underline{1}\underline{1}\underline{2}
\end{array}
$$

下划“—”的数字是不准确的，故得数应为1.6。计算时可以先四舍五入后计算，但在几个数连乘或连除运算中，在取舍时应保留比最小位数多一位数字的数来运算，如0.98、1.644和64.4三个数字连乘应为0.98 × 1.64 × 64.4=74.57得75。先算后取舍为：0.98 × 1.644 × 46.4=74.76，得75，两者结果一致。若只取最小位数的数相乘则为0.98 × 1.6 × 46=72.13，得72。这样计算结果误差扩大了。

（3）乘方或开方运算。原数据有几位有效数字，结果就可保留几位，若一个数的乘方或开方结果还将参加下面的运算，则乘方或开方后的结果可多保留一位有效数字。

例如 $3.14^2 = 9.860 = 9.86$，$\sqrt{3.14}$ =1.772=1.7

（4）对数运算。在对数运算中，所取对数的有效数字位数应与真数的有效数字位数相等。例如 $\lg(7.653 \times 10^3)=3.8787$ 为4位。

二、误差及其表示方法

（一）准确度和误差

准确度是指某一测定值与“真实值”接近的程度。一般以误差 E 表示。

$$E = \text{测定值} - \text{真实值}$$

当测定值大于真实值，E 为正值，说明测定结果偏高；反之，E 为负值，说明测定结果偏低。误差愈大，准确度就愈差。实际上绝对准确的实验结果是无法得到的。化学研究中所谓真实值是指由有经验的研究人员同可靠的测定方法进行多次平行测定得到的平均值。以此作为真实值，或者以公认的手册上的数据作为真实值。

误差可以用绝对误差和相对误差来表示。绝对误差表示实验测定值与真实值之差，与测定值相同的量纲，如克、毫升、百分数等。例如0.2000 g的某一物体，在分析天平上称得其质量为0.2003 g，则称量的绝对误差为+0.0003 g。分析误差时，也要兼顾测量值本身的大小，这就是相对误差。相对误差是绝对误差与真实值的商，表示误差在真实值中所占的比例，常用百分数表示。例如某物的真实质量为45.8182 g，测得值为45.8183 g。

绝对误差 $=45.8183-45.8182 = 0.0001$ g

相对误差 $=\dfrac{45.8183-45.8182}{45.8182} \times 100\% = 0.0002\%$

对于0.3000 g物体称量得0.3001 g，其绝对误差也是0.0001 g，但相对误差为：

$$相对误差=\frac{0.3001-0.3000}{0.3000}\times 100\% = 0.03\%$$

当绝对误差相同时，被测量的量越大，相对误差越小，测量的准确度越高。

（二）精密度和偏差

精密度是指在同一条件下，对同一样品平行测定而获得一组测量值相互间彼此一致的程度。常用重复性表示同一实验人员在同一条件下所得测量结果的精密度，用再现性表示不同实验人员之间或不同实验室在各自的条件下所得测量结果的精密度。

精密度可用各类偏差来量度。偏差愈小，说明测定结果的精密度愈高。偏差可分为绝对偏差和相对偏差：

$$绝对偏差=个别测得值-测得平均值$$

$$相对偏差=\frac{绝对偏差}{平均值}\times 100\%$$

偏差不计正负号。

（三）误差分类

按照误差产生的原因及性质，可分为系统误差和随机误差。

1. 系统误差

系统误差是由某些固定的原因造成的，使测量结果总是偏高或偏低。例如实验方法不够完善、仪器不够精确、试剂不够纯以及测量者个人的习惯、仪器使用的理想环境达不到要求等因素。系统误差的特征：一是单向性，即误差的符号及大小恒定或按一定规律变化；二是系统性，即在相同条件下重复测量时，误差会重复出现，因此一般系统误差可进行校正或设法予以消除。

常见的系统误差大致是：

（1）仪器误差。所有的测量仪器都可能产生系统误差。例如移液管、滴定管、容量瓶等玻璃仪器的实际容积和标称容积不符；试剂不纯或天平失于校准（如不等臂性和灵敏度欠佳）；磨损或腐蚀的砝码等都会造成系统误差。在电学仪器中，如电池电压下降，接触不良造成电路电阻增加，温度对电阻和标准电池的影响等也是造成系统误差的原因。

（2）方法误差。这是由于测试方法不完善造成的，其中有化学和物理化学方面的原因，常常难以发现。因此，这是一种影响最为严重的系统误差。例如在分析化学中，某些反应速度很慢或未定量地完成，干扰离子的影响，沉淀溶解、共沉淀和后沉淀，灼烧时沉淀的分解和称量形式的吸湿性等，都会系统地导致测定结果偏高或偏低。

（3）个人误差。这是一种由操作者本身的一些主观因素造成的误差。例如在读取仪器刻度值时，有的偏高，有的偏低，在鉴定分析中辨别滴定终点颜色时有的偏深，有的偏浅，操作计时器时有的偏快，有的偏慢。在做出这类判断时，常常容易造成单向的系统误差。

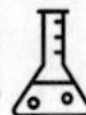

2. 随机误差

随机误差又称偶然误差。它指同一操作者在同一条件下对同一量进行多次测定，而结果不尽相同，以一种不可预测的方式变化着的误差。它是由一些随机的偶然误差造成的，产生的直接原因往往难以发现和控制。随机误差有时正、有时负，数值有时大、有时小，因此又称不定误差。在各种测量中，随机误差总是不可避免地存在，并且不可能加以消除，它构成了测量的最终限制。

常见的随机误差：

（1）用内插法估计仪器最小分度以下的读数难以完全相同。

（2）在测量过程中环境条件的改变，如压力、温度的变化，机械振动，磁场的干扰等。

（3）仪器中的某些活动部件，如温度计、压力计中的水银。电流表电子仪器中的指针和游丝等在重复测量中出现的微小变化。

（4）操作人员对各份试样处理时的微小差别等。

随机误差对测定结果的影响，通常服从统计规律。因此，可以采用在相同条件下多次测定同一量，再求其算术平均值的方法来克服。

3. 过失误差

由于操作者的疏忽大意，没有完全按照操作规程实验等原因造成的误差称为过失误差，这种误差使测量结果与事实明显不合，有大的偏离且无规律可循。含有过失误差的测量值，不能作为一次实验值引入平均值的计算。这种过失误差，需要加强责任心，仔细工作来避免。判断是否发生过失误差必须慎重，应有充分的依据，最好重复这个实验来检查，如果经过细致实验后仍然出现这个数据，要根据已有的科学知识判断是否有新的问题，或者有新的发展。这在实践中是常有的事。

（四）准确度和精密度的比较

准确度和精密度虽是两个完全不同的概念，但它们之间既有区别，又有联系。图1-1表示准确度与精密度的关系。在分析测试中，准确度表示测量的正确性，而精密度则表示测量的重现性；用误差反映准确度，用偏差反映精密度。

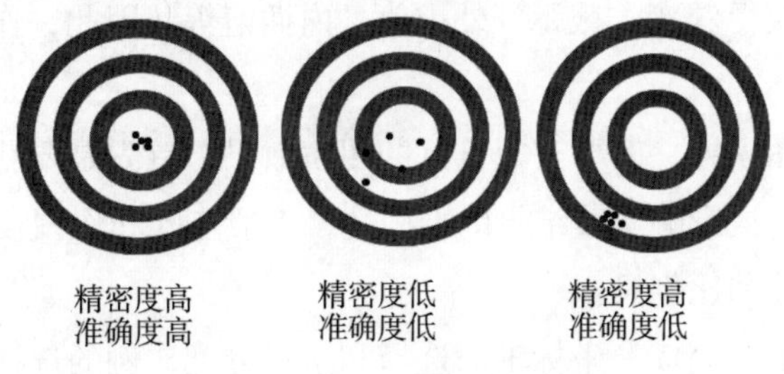

图1-1　精密度与准确度的形象化图示

三、实验数据的处理

化学数据的处理方法主要有列表法和作图法。

（一）列表法

列表法是表达实验数据最常用的方法之一。将各种实验数据列入一种设计得体、形式紧凑的表格内，可起到化繁为简的作用，有利于对获得实验结果进行相互比较，有利于分析和阐明某些实验结果的规律性。作表时要注意以下几个问题：

1. 正确地确定自变量和因变量

一般先列自变量，再列因变量，将数据一一对应地列出。不要将毫不相干的数据列在一张表内。

2. 表格应有序号和简明完备的名称

简明完备的名称使人一目了然，一见便知其内容。如实在无法表达时，也可在表名下用不同字体作简要说明，或在表格下方用附注加以说明。

3. 表格的“横行竖列”

习惯上表格的横排称为“行”，竖行称为“列”，即“横行竖列”，自上而下为第 1、2、…行，自左向右为第 1、2、…列。变量可根据其内涵安排在列首（表格顶端）或行首（表格左侧），称为“表头”，应包括变量名称及量的单位。凡有国际通用代号或为大多数读者熟知的，应尽量采用代号，以使表头简洁醒目，但切勿将量的名称和单位的代号相混淆。

4. 表格的数据排列

表中同一列数据的小数点对齐，数据按自变量递增或递减的次序排列，以便显示出变化规律。如果表列值是特大或特小的数时，可用科学表示法表示。若各数据的数量级相同时，为简便起见，可将 10 的指数写在表头中量的名称旁边或单位旁边。

（二）作图法

作图是将实验原始数据通过正确的作图方法画出合适的曲线（或直线），从而形象直观而且准确地表现出实验数据的特点、相互关系和变化规律，如极大、极小和转折点等，并能够进一步求解，获得斜率、截距、外推值、内插值等。因此，作图法是一种十分有用的实验数据处理方法。

作图法也存在作图误差，若要获得良好的图解效果，首先是要获得高质量的图形。因此，作图技术的好坏直接影响实验结果的准确性，一般步骤和作图技术如下：

1. 正确选择坐标轴和比例尺

作图必须在坐标纸上完成。坐标轴的选择和坐标分度比例的选择对获得一幅良好的图形十分重要。

（1）以自变量为横轴，因变量为纵轴，横纵坐标原点不一定从零开始，而视具体情况

确定。坐标轴应注明所代表的变量的名称和单位。

（2）坐标的比例和分度应与实验测量的精度一致，并全部用有效数字表示，不能过分夸大或缩小坐标的作图精确度。

（3）坐标纸每小格所对应的数值应能迅速、方便地读出和计算。一般多采用 1、2、5 或 10 的倍数，而不采用 3、6、7 或 9 的倍数。

（4）实验数据各点应尽量分散、匀称地分布在全图，不要使数据点过分集中于某一区域。当图形为直线时，应尽可能使直线的斜率接近于 1，使直线与横坐标夹角接近 45°，角度过大或过小都会造成较大的误差（图 1–2）。

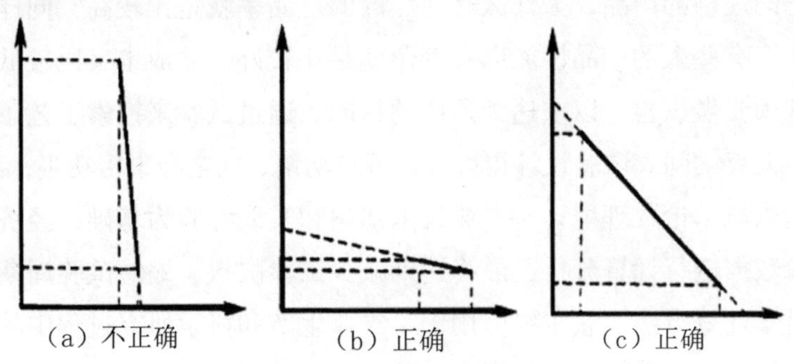

图1–2　绘制直线图形

（5）图形的长、宽比例要适当，最高不要超过 3∶2，以力求表现出极大值、极小值、转折点等曲线的特殊性质。

2. 图形的绘制

在坐标纸上标出各实验数据点后，应用曲线尺（或直尺）绘出平滑的曲线（或直线）。绘出的曲线或直线应尽可能接近或贯穿所有的点，并使两边点的数目和点离线的距离大致相等。这样描出的线才能较好地反映出实验测量的总体情况。若有个别点偏离太远，绘制曲线时可不予考虑。一般情况下，不许绘成折线。描线方法如图 1–3 所示。

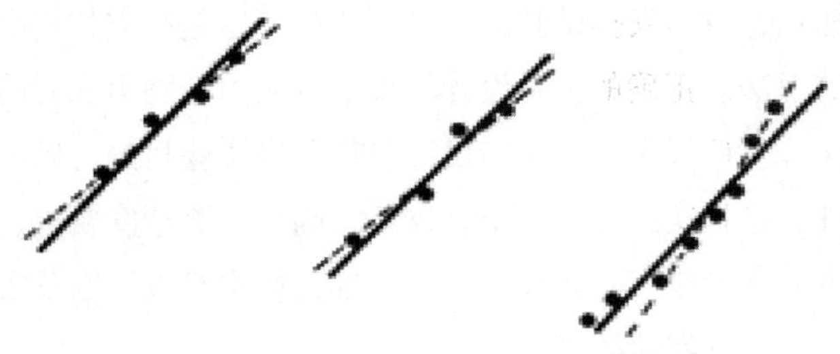

图1–3　线的描绘

3. 求直线的斜率

由实验数据做出的直线可用方程式 $y=kx+b$ 来表示。由直线上两点 (x_1, y_1)，(x_2, y_2) 的坐标可求出斜率：

$$k=\frac{y_2-y_1}{x_2-x_1}$$

为使求得的 k 值更准确，所选的两点距离不要太近，还要注意代入 k 表达式的数据是两点的坐标值，k 是两点纵横坐标差之比，而不是纵横坐标线段长度之比。

第2节　材料合成制备正交实验设计方法

同样在生产同规格的产品，为什么有些厂商的良品率就是比较高？同样是在生产同类型的产品，为什么有些人的产品性能以及寿命就是比较好，而成本又比较低呢？在科学研究中，同样经常须要做试验，以求达到预期的目的。通过试验来摸索工艺条件或配方。如何做试验？其中大有学问。试验设计得好，会事半功倍，反之会事倍功半，甚至劳而无功。

实验设计是以概率论数理统计、专业技术知识和实践经验为基础，经济、科学地安排试验，并对试验数据进行计算分析，最终达到减少试验次数、缩短试验周期、迅速找到优化方案的一种科学计算方法。它主要应用于工农业生产和科学研究过程中的科学试验，是产品设计、质量管理和科学研究的重要工具和方法。

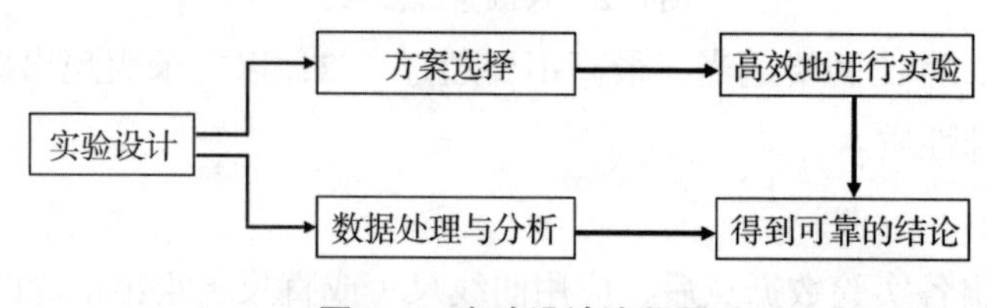

图1–4　实验设计流程图

在图 1–4 这样的实验流程中，实验设计与数据分析就体现了巨大的作用。实验设计是指为节省人力、财力、迅速找到最佳条件，揭示事物内在规律，根据实验中不同问题，在实验前利用数学原理科学编排实验的过程。以概率论与数理统计学为理论基础，为获得可靠试验结果和有用信息，科学安排试验的一种方法论，也是研究如何高效而经济地获取所需要的数据与信息的方法。正确的实验设计不仅节省人力、物力和时间，并且是得到可信的实验结果的重要保证。广义上说，实验设计包括明确实验目的、确定测定参数、确定须要控制或改变的条件、选择实验方法和测试仪器、确定实测精度要求、实验方案设计和数据处理步骤等。基本的理论是实验设计的理论基础，使实验设计以及实验的进行做到科学合理，并且得到期待的、可靠的结果。

一、试验设计方法概述

例如某化工厂厌氧消化处理废水过程中，考虑影响处理结果的三个因素为温度、反应时间和负荷率。试验的目的是调节三个因素，寻求最适宜的操作条件，提高处理废水程度。

在该例中，可选择的试验范围如表 1-1 所示。

表1-1　因素范围

因素	符号	范围
温度(°)	T	55 ~ 88.5
反应时间(天)	t	4 ~ 18
负荷率(kg/kg)	P	1.5 ~ 3.5

在试验范围内挑出几个有代表性的值来进行试验，这些值称作该因素的水平（表 1–2）。

表1–2　因素水平

水平	因素		
	温度 (℃)	反应时间(天)	负荷率(kg/kg)
	T	t	P
1	T_1 (60)	t_1(5)	P_1(2.0)
2	T_2(70)	t_2(10)	P_2(2.5)
3	T_3(80)	t_3(15)	P_3(3.0)

对此实例该如何进行试验方案的设计呢？很容易想到的是全面搭配法方案（表 1–3）。此方案数据点分布的均匀性极好，因素和水平的搭配十分全面，唯一的缺点是实验次数多达 $3^3 = 27$ 次（指数 3 代表 3 个因素，底数 3 代表每因素有 3 个水平）。因素、水平数愈多，则实验次数就愈多，例如做一个 5 因素 4 水平的试验，就需要 $4^5 = 1024$ 次实验。

表1–3　三因素、三水平全面试验方案

因素		C_1	C_2	C_3
A_1	B_1	$A_1B_1C_1$	$A_1B_1C_2$	$A_1B_1C_3$
	B_2	$A_1B_2C_1$	$A_1B_2C_2$	$A_1B_2C_3$
	B_3	$A_1B_3C_1$	$A_1B_3C_2$	$A_1B_3C_3$
A_2	B_1	$A_2B_1C_1$	$A_2B_1C_2$	$A_2B_1C_3$
	B_2	$A_2B_2C_1$	$A_2B_2C_2$	$A_2B_2C_3$
	B_3	$A_2B_3C_1$	$A_2B_3C_2$	$A_2B_3C_3$
A_3	B_1	$A_3B_1C_1$	$A_3B_1C_2$	$A_3B_1C_3$
	B_2	$A_3B_2C_1$	$A_3B_2C_2$	$A_3B_2C_3$
	B_3	$A_3B_3C_1$	$A_3B_3C_2$	$A_3B_3C_3$

正交试验设计是研究多因素多水平的一种设计方法。它是根据正交性从全面试验中挑

选出部分有代表性的点进行试验，这些有代表性的点具备了“均匀分散，齐整可比”的特点，正交试验设计是一种高效率、快速、经济的实验设计方法。若试验的主要目的是寻求最优水平组合，则可利用正交表来设计安排试验。例如表 1-4 就是一个单一水平正交表，并记为 $L_9(3^4)$。

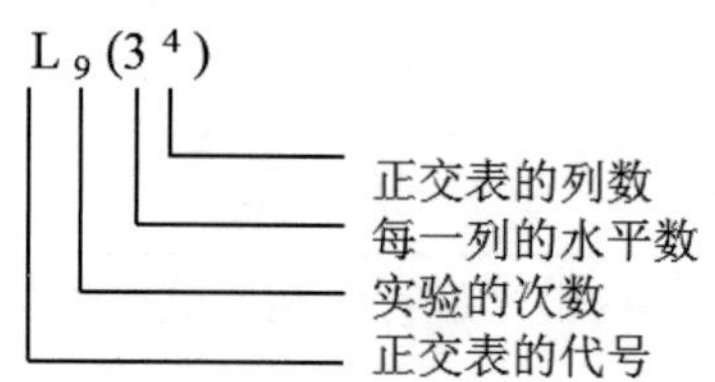

这里的符号意义如下：

各列水平均为 2 的常用正交表有：$L_4(2^3)$，$L_8(2^7)$，$L_{12}(2^{11})$，$L_{16}(2^{15})$，$L_{20}(2^{19})$，$L_{32}(2^{31})$。

各列水平数均为 3 的常用正交表有：$L_9(3^4)$，$L_{27}(3^{13})$。

各列水平数均为 4 的常用正交表有：$L_{16}(4^5)$。

各列水平数均为 5 的常用正交表有：$L_{25}(5^6)$。

表1-4　正交表$L_9(3^4)$

序号	1	2	3	4
1	1	1	1	1
2	1	2	2	2
3	1	3	3	3
4	2	1	2	3
5	2	2	3	1
6	2	3	1	2
7	3	1	2	2
8	3	2	1	3
9	3	3	2	1

试验设计方法常用的术语定义如下。

试验指标：指作为试验研究过程的因变量，常为试验结果特征的量（如产率、纯度等）。

因素：指做试验研究过程的自变量，常常是造成试验指标按某种规律发生变化的那些原因。如化工厂厌氧消化处理废水所控温度、反应时间和负荷率。

水平：指试验中因素所处的具体状态或情况，又称为等级。如化工厂厌氧消化处理废水的温度有 3 个水平。温度用 T 表示，下标 1、2、3 表示因素的不同水平，分别记为 T_1、

T_2、T_3。

若用正交表来安排化工厂厌氧消化处理废水过程的试验（表1–5），其步骤十分简单，具体如下：

（1）选择合适的正交表。适合于该项试验的正交表有 $L_9(3^4)$、$L_{27}(3^{13})$ 等，我们取 $L_9(3^4)$，因为所须试验数较少。

（2）将 T、t 和 P 三个因素放到 $L_9(3^4)$ 的任意三列的表头上。

（3）将 T、t 和 P 三例列在表头上。合变为相应因素的三个水平。

（4）9 次试验方案为：第 1 号试验的工艺条件为 T_1 (60 ℃)、t_1(5 天）和 P_1(2.0 kg/kg)。第 2 号试验的工艺条件为 T_1 (60 ℃)、t_2(10 天）和 P_2(2.5 kg/kg)。

表1–5　试验安排表

试验号	1	2	3
	温度 (℃)	反应时间(天)	负荷率(kg/kg)
	T	t	P
1	1 (T_1)	1 (t_1)	1 (P_1)
2	1 (T_1)	2 (t_2)	2 (P_2)
3	1 (T_1)	3 (t_3)	3 (P_3)
4	2 (T_2)	1 (t_1)	2 (P_2)
5	2 (T_2)	2 (t_2)	3 (P_3)
6	2 (T_2)	3 (t_3)	1 (P_1)
7	3 (T_3)	1 (t_1)	3 (P_3)
8	3 (T_3)	2 (t_2)	1 (P_1)
9	3 (T_3)	3 (t_3)	2 (P_2)

所有的正交表与 $L_9(3^4)$ 正交表一样，都具有以下两个特点：

（1）在每一列中，各个不同的数字出现的次数相同。在表 $L_9(3^4)$ 中，每一列有三个水平，水平 1、2、3 都是各出现 3 次。

（2）表中任意两列并列在一起形成若干个数字对，不同数字对出现的次数也都相同。在表 $L_9(3^4)$ 中、任意两列并列在一起形成的数字对共有 9 个：(1, 1)、(1, 2)、(1, 3)、(2, 1)、(2, 2)、(2, 3)、(3, 1)、(3, 2)、(3, 3)，每一个数字对各出现一次。

二、正交试验设计方法的优点和特点

用正交表安排多因素试验的方法，称为正交试验设计法。其特点为：

（1）完成试验要求所需的实验次数少。

（2）数据点的分布很均匀。

（3）可用相应的极差分析方法、方差分析方法、回归分析方法等对试验结果进行分析，引出许多有价值的结论。

从化工厂厌氧消化处理废水过程可看出，采用全面搭配法方案，须做27次实验。那么采用简单比较法方案又如何呢？

先固定T_1和t_1，只改变P，观察因素P不同水平的影响，做了如图1–5(a)所示的三次实验，发现$P = P_2$时的废水处理效果最好，因此认为在后面的实验中因素P应取P_2水平。

固定T_1和P_2，改变t的三次实验如图1–5(b)所示，发现$t = t_3$时的实验效果最好，因此认为因素t应取t_3水平。

固定t_3和P_2，改变T的三次实验如图1–5(c)所示，发现因素T宜取T_2水平。

因此可以引出结论：为提高工厂厌氧消化废水处理的效果，最适宜的操作条件为$T_2 t_3 P_2$。与全面搭配法方案相比，简单比较法方案的优点是实验的次数少，只需做9次实验。但必须指出，简单比较法方案的试验结果是不可靠的。因为，在改变P值（或t值，或T值）的三次实验中，说P_2(或t_3或T_2）水平最好是有条件的。在$T \neq T_1$，$t \neq t_1$时，P_2水平不是最好的可能性是有的。此外，调变P的三次实验中，固定$T = T_2$，$t = t_3$是随意的，方案中数据点的分布的均匀性是毫无保障的。用这种方法比较条件好坏时，只是对单个的试验数据进行数值上的简单比较，不能排除必然存在的试验数据误差的干扰。

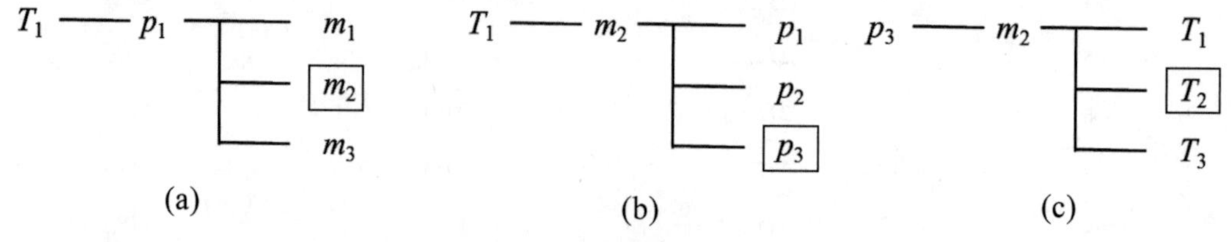

图1–5 简单比较法

在化工生产和科学研究中，因素之间常有交互作用。如果上述的因素T和水平发生变化时，试验指标随因素t也发生变化，或反过来，因素t和水平发生变化时，试验指标随因素T变化也发生变化。这种情况称为因素T、t之间有交互作用，记为$T \times t$。

第3节 材料研究中的回归分析法

一、回归分析法

回归分析是一种强大的统计方法，解析具有因果关系两个或多个变量之间的关系。虽然有许多类型的回归分析法，其核心都是检查一个或多个自变量对一个因变量的影响，也就是对影响因素（自变量）和预测对象（因变量）进行的数理统计分析处理。所建立的回归方程只有在变量与因变量之间存在一定关系时才有意义。因此，作为自变量的各因素与

 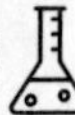

作为因变量的预测对象是否相关，相关程度如何，以及这种关联程度的判断是否牢固，就成为回归分析中必须解决的问题。相关分析一般需要相关系数来判断自变量与因变量之间的相关程度。

回归分析的目的之一是预测目标变量，求解目标变量 (y) 和说明变量 ($x_1, x_2, \cdots$) 的方程。

$$y=m+b_1x_1+b_2x_2+\cdots+b_nx_n+误差 \tag{1-1}$$

(多元)回归方程或者(多元)回归模型（方程 1-1）中，m 是回归方程的截距，b_1，b_2，…，b_n 是回归方程的回归系数。当 n=1 时，只有一个说明变量，叫作一元回归方程。根据最小平方法求解最小误差平方和，非求出(多元)回归方程的截距和回归系数。若求解回归方程，分别代入 x_1，x_2，…，x_n 的数值，预测 y 的值。

回归分析还有一个目的是求出各个自变量的影响程度，可根据回归分析结果，得出各个自变量对目标变量产生的影响。

如果模型同时包含连续变量和类别变量，则回归方程表可能会显示类别变量的每个水平组合的方程。要使用这些方程进行预测，必须基于类别变量值选择正确的方程，然后输入连续变量的值。通常情况下，线性回归的步骤不论是一元还是多元相同，步骤如图 1-6。

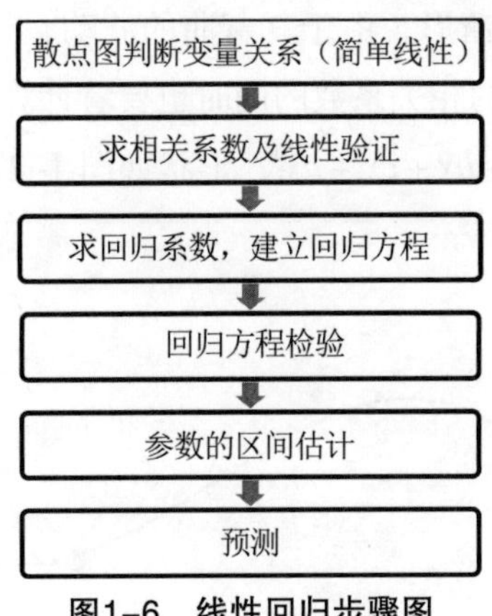

图1-6 线性回归步骤图

二、回归方程

1. 直线拟合回归方程

直线回归是最简单的回归模型，也是最基本的曲线拟合回归分析方法，将所有的测试点拟合为一条直线，其拟合函数方程式为：$y = m + bx$。

2. 二次多项式拟合回归方程

二次多项式呈抛物线状，开口向下或者向上，在很多 ELISA 实验中，拟合近似于二次多项式的升段或者降段，由于曲线的特性，同一个浓度值在曲线图上可能表现出没有对应的 OD 值、有一个 OD 值，或者两个 OD 值，所以使用二次多项式拟合时，最好保证取值的范围都落在曲线的升段或者降段，否则哪怕是相关系数很好也很可能与实际的值不一致。

拟合函数方程式为：$y = m + bx + cx^2$，形状如图 1-7 所示。

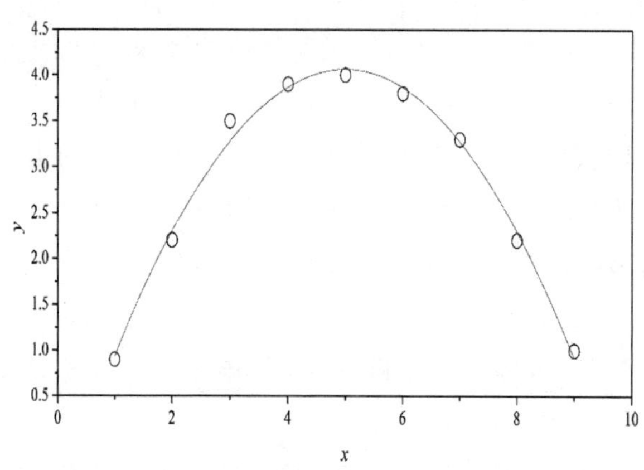

图1-7　二次多项式拟合回归方程示意图

3. 三次多项式拟合回归方程

三次多项式像倒着的“S”形，在实验结果刚好在曲线的升段或者降段的时候，效果还可以，但是对于区间较广的情形，由于其弯曲的波动，三次方程拟合模拟不一定很好。跟二次方程拟合一样，看曲线的相关系数的同时也要看计算的点在曲线上的分布。

拟合函数方程式为：$y = a + bx + cx^2 + dx^3$，形状如图 1-8 所示。

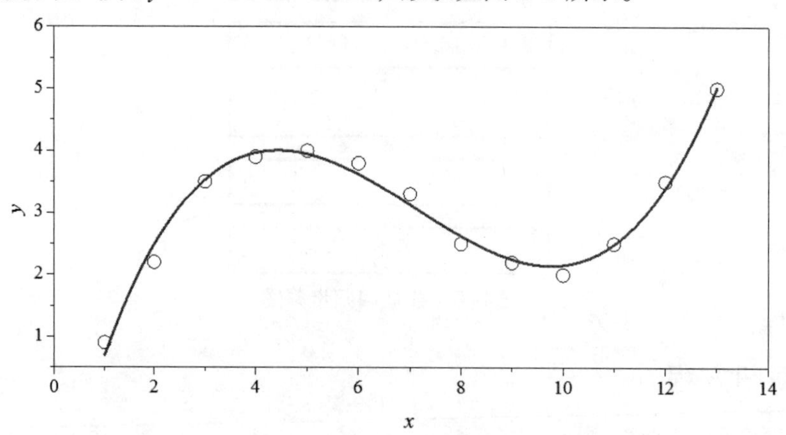

图1-8　三次多项式拟合回归方程示意图

4. 半对数拟合回归方程

半对数拟合即将浓度值取对数值，然后再和对应的 OD 值进行直线回归，理想的状态下，在半对数坐标中是一条直线，常用于浓度随着 OD 值的增加或者降低呈对数增加或者减少的情况。

拟合函数方程式为：$y = a\lg(x) + b$，形状如 1-9 所示：

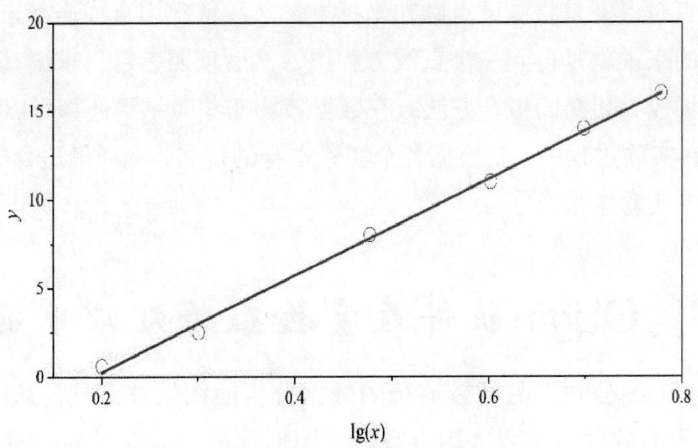

图1-9　半对数拟合回归方程示意图

5. Log-Log 拟合回归方程

Log-Log 拟合和半对数相似，只是将 OD 值和对应的浓度值均取对数，然后再进行直线回归。拟合函数方程式为：$\lg(y) = a\lg(x) + b$。形状如 1-10 所示。

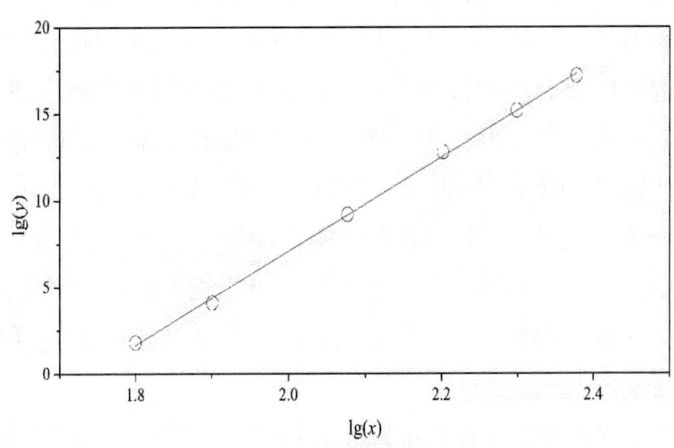

图1-10　Log-Log拟合回归方程示意图

6. 四参数拟合回归方程

四参数方程的拟合函数表达式为：

$$y=\frac{A-D}{1+\left(\frac{x}{C}\right)^{B}}+D$$

四参数方程曲线的形状，可能是一个单调上升的类似指数、对数或双曲线的曲线，也可能是一个单调下降的上述曲线，还可以是一条 S 形曲线。它要求 x 值不能小于 0，因为指数是实数，故有此要求。

7. 点对点拟合计算

顾名思义，点对点就是将测试点画在坐标上，然后依次用直线连起来，每一段都是一个直线方程，总的来说就是得到一个直线方程组，然后依照参量，求出其在某一段直线上的参量值，是一种较为粗糙的拟合方法，在数据较为密集时结果还算可以。

总而言之，在实验过程中，要根据各个实验本身的特点，选择最适合的曲线拟合模型，才能得到最合理的实验结果。

第4节　Origin软件在实验数据处理中的应用

Origin为OriginLab公司出品的较流行的数据分析绘图软件，是公认的简单易学、操作灵活、功能强大的软件，主要采用直观的、图形化的、面向对象的窗口菜单和工具栏操作。Origin将所有工作都保存在Project(*.OPJ)文件中。该文件可以包含多个子窗口，如Worksheet，Graph，Matrix，Excel等。各子窗口之间是相互关联的，可以实现数据的即时更新。子窗口可以随Project文件一起存盘，也可以单独存盘，以便其他程序调用。

Origin的数据分析主要包括数据的排序、统计、调整、计算、相关、卷积、解卷、数字信号处理、图像处理、峰值分析和曲线拟合等各种完善的数学分析功能，并在绘图窗口中提供数学运算、平滑滤波、图形变换、傅里叶变换、各类曲线拟合等功能。Origin进行数据分析时，只需选择所要分析的数据，然后再选择相应的菜单命令即可。Origin的绘图是基于模板的，Origin本身提供了几十种二维和三维绘图模板而且允许用户自己定制模板。绘图时，只要选择所需要的模板就行。用户可以自定义数学函数、图形样式和绘图模板；可以和各种数据库软件、办公软件、图像处理软件等方便地连接。Origin可以导入包括ASCII、Excel、pClamp在内的多种数据。另外，它可以把Origin图形输出到多种格式的图像文件，譬如JPEG、GIF、EPS、TIFF等。Origin里面也支持编程，以方便拓展Origin的功能和执行批处理任务。

Origin软件作图具有方便、快捷和准确度高的特点，能够有效消除传统手工绘图中的误差，得到的结果规范，绘制出的图形清晰美观。因此，Origin软件在材料科学研究和实验中存在着广泛的应用，这里以Orign 9.1版本为例说明软件的操作和数据处理过程。

一、Origin软件的启动和退出

1. Origin软件的启动

（1）双击桌面快捷图标 OriginPro 9.1 →直接打开软件。

（2）计算机中的“开始”→选择“所有程序”→单击“OringinLab”→单击“OringinPro 9.1”打开软件。

2. Origin软件的退出

（1）单击软件右上角的关闭按钮。

（2）单击 Origin 窗口菜单的“File”→单击“Exit”。

注意区分 Origin 主窗口的退出和子窗口的退出的差异。

二、Origin的工作环境与基本操作

Origin 的工作界面如图 1–11 所示。

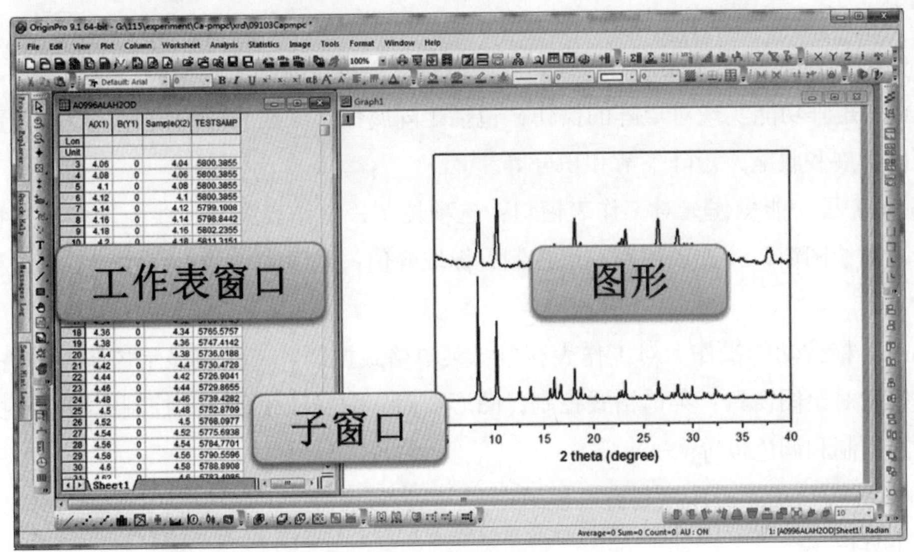

图1–11 Origin工作界面示意图

1. 菜单栏

菜单栏顶部一般可以实现大部分功能。

File 文件功能操作，包括打开文件、输入输出数据图形等。

Edit 编辑功能操作 包括数据和图像的编辑等，比如复制、粘贴、清除等，特别注意 undo 功能。

View 视图功能操作 控制屏幕显示。

Plot 绘图功能操作 主要提供 5 类功能，如表 1–6 所示。

表1–6 Plot绘图形式

功能	具体描述
二维绘图	直线、描点、直线加符号、特殊线/号、条形图、柱形图、特殊条形图 / 柱形图和饼图
三维绘图	条形图、柱形图、特殊条形图 / 柱形图和饼图
统计绘图	气泡 / 彩色映射图、统计图和图形版面布局
特种绘图	面积图、极坐标图和向量
模板	把选中的工作表数据移到绘图模板

Column 列功能操作。比如设置列的属性、增加和删除列等。

Graph 图形功能操作。主要功能包括增加误差栏，函数图，缩放坐标轴，交换 X、Y 轴等。

Analysis 分析功能操作。对工作表窗口：提取工作表数据；行列统计；排序；数字信号处理（快速傅里叶变换 FFT、相关 Corelate、卷积 Convolute、解卷 Deconvolute）；统计功能（T－检验）、方差分析（ANOAV）、多元回归（Multiple Regression）；非线性曲线拟合等。对绘图窗口：数学运算；平滑滤波；图形变换；FFT；线性多项式、非线性曲线等各种拟合方法。

Plot 3D 三维绘图功能操作。根据矩阵绘制各种三维条状图、表面图、等高线等。

Matrix 矩阵功能实现对矩阵的操作，包括矩阵属性、维数和数值设置，矩阵转置和取反，矩阵扩展和收缩，矩阵平滑和积分等。

Tools 工具功能操作。对工作表窗口：选项控制；工作表脚本；线性、多项式和 S 曲线拟合。对绘图窗口：选项控制；层控制；提取峰值；基线和平滑；线性、多项式和 S 曲线拟合。

Format 格式功能操作。对工作表窗口：菜单格式控制、工作表显示控制，栅格捕捉、调色板等。对绘图窗口：菜单格式控制；图形页面、图层和线条样式控制；栅格捕捉；坐标轴样式控制和调色板等。

Window 窗口功能操作控制窗口显示。

2. 工具栏

菜单栏下面，一般最常用的功能都可以通过此实现。

3. 绘图区

工作簿 (Workbooks) 是 Origin 最基本的子窗口，其主要的功能是组织处理输入、存放和组织 Origin 中的数据，并利用这些数据进行导入、录入、转换、统计和分析，最终将数据用于作图。Origin 中的图形除特殊情况外，图形与数据具有一一对应的关系。

Graph 是 Origin 中最重要的窗口，相当于图形编辑器，是把实验数据转变成科学图形并进行分析的空间，用于图形的绘制和修改。绘图 (Graph) 窗口共有 60 多种作图类型可以选择，以适应不同领域的特殊作图要求，也可以很方便地定制图形模块。

一个图形窗口是由一个或者多个图层 (Layer) 组成，默认的图形窗口拥有第一个图层，每一个绘图窗口都对应着一个可编辑的页面，可包含多个图层，还有多个轴、注释及数据标注等多个图形对象。

4. 项目管理器

类似资源管理器，可以方便切换各个窗口等。

5. 状态栏

位于页面的底部，标出当前的工作内容以及鼠标指到某些菜单按钮时的说明。

三、Origin 软件绘图

日常使用 Origin 进行绘图的过程中，通常分为四个步骤：数据的输入、编辑图形、图形及图形的输出。

1. 数据的输入

当启动 Origin 时，默认打开的窗口为一个工作表窗口，该窗口以 A(X) 代表自变量，以 B(Y) 代表因变量。数据可以在工作窗口中进行直接输入，也可以点击 File — Import，从外部的文件将数据导入工作表。当有多组数据须要直接输入时，点击 Column — Add New Column 来增加工作表中的列数。

2. 绘制图形

Origin 软件在绘制图形的工作中，可以绘制出散点图、向量图、区域图等多种图形。在大学化学实验数据处理中经常会使用到折线图和点线图。开始绘图工作时，首先选定工作表窗口中须要作图的数据范围，点击 Plot，学生可以根据须要选择合适的绘图模板，比如在实际工作中须要绘制甲醛的吸收曲线，可以选择 Plot — Line；如要绘制葡萄糖溶液的标准曲线，可以选择 Plot — Scatter。散点图完成后，点击 Analysis — Fitting — Fit Linear 打开 Linear Fit 对话框，设置好相关参数后，单击 OK 可以做线性拟合。

3. 编辑图形

利用 Origin 软件绘制的图形，可能还存在一些不足，如横纵坐标无说明、坐标轴线条太细、坐标字号偏小、图形没有标题等，这就须要继续对图形的格式进行修饰和编辑。如需要对坐标轴进行编辑，可以在图形中双击坐标轴，选择 Scale，对选中的坐标轴可以进行坐标轴的起止和坐标增量的修改。如需对坐标轴的说明文本进行编辑，可以通过双击坐标说明的文本框，直接进行修改。

4. 图形的输出

Origin 绘制好的图形，可以通过 Edit — Copy Page 将绘制好的整个页面拷贝到 Windows 系统的剪贴板中，即可在 Word 中进行粘贴，这种方式的图形输出简单，图形和图表以“图画”的形式输出。还可以点击 File — Export Page — Save As，给存储的页面进行命名，存储类型为 * .EPS。

第5节 实验报告的撰写

材料科学及相关学科中的概念、原理和规律大多由实验推导和论证。如最佳的配方、工艺条件，产品性能的优化，对产品质量、环境质量做出评价等。在学习当中我们会接触实验，例如无机实验、有机化学实验、物理实验、分析化学实验等基础课程实验，当然还有专业课的实验。实验过程包括以下几步，如表 1–7 所示。

表1–7　实验过程简表

实验过程	具体内容
实验准备	①提出问题，弄清实验目标 ②设计实验方案（实验设计） ③拟定实验大纲 ④实验设备、测试仪器的准备
实验	①测试 ②记录
实验数据的分析、处理	①通过一定的方法对实验数据进行整理、分析 ②提炼出关键信息，以发现规律
提交报告	分析、撰写实验报告或科研报告

实验除了使学生受到系统的科学实验方法和实验技能的训练外，通过书写实验报告，还能培养学生将来从事科学研究和工程技术开发的论文书写基础。因此，实验报告是实验课学习的重要组成部分。正规的实验报告，应包含以下六个方面的内容（如表1–8所示）。

1. 实验目的

不同的实验有不同的训练目的，通常如教材或讲义所述。但在具体实验过程中，有些内容未曾进行，或改变了实验内容。因此，不能完全照书本上抄，应按课堂要求并结合自己的体会来写。

2. 实验原理

实验原理是科学实验的基本依据。实验设计是否合理，实验所依据的原理、公式是否严密可靠，实验合成的材料结构具有什么特点，采用何种合成方法，采用什么规格的仪器，应在原理中交代清楚。

为了便于学生阅读和理解，通常教材或讲义的实验原理可能过于详细。书写报告时不能完全照抄，应该用自己的语言进行归纳阐述。文字务必简明、扼要、通顺。同时写明所用的原理、公式及其来源，简要的推导过程。可以为阐述原理，增加必要的原理图或实验装置示意图。

3. 实验设备及材料

材料和设备是根据实验原理的要求来配置的，注意相关的记录。根据实验如实记录，没有用到的不写，更不能照抄教材。

4. 实验内容

概括性地写出实验的主要内容或步骤，特别是关键性的步骤和注意事项。

5. 实验原始数据

科研实验原始记录是实验室进行科学研究过程中，运用实验、观察、调查或资料分析

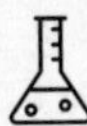

等手段，直接记录或统计形成的各种数据、文字、图表、图片、照片、声像等原始资料。原始记录是进行科学实验过程中对所获得的原始资料的直接记录，可作为不同时期深入进行该课题研究的重要基础资料。

实验原始记录应该能反映实验中最真实最原始的情况。必须做到及时、真实、准确、完整，防止漏记和随意涂改，严禁伪造和编造数据。根据实验步骤及性能测试结果如实记录原始数据，多次测量或数据较多时一定要对数据进行列表，特别注意有效数字的正确，指出各物理量的单位，必要时要注明实验或测量条件。

6. 数据处理

对于须要进行数值计算而得出实验结果的，测量所得的原始数据必须如实代入计算公式，不能在公式后立即写出结果；对结果须进行不确定度分析(个别不确定度估算较为困难的实验除外)；写出实验结果的表达式(测量值、不确定度、单位及置信度，置信度为0.95时可不必说明)，实验结果的有效数字必须正确；若所测量的物理量有标准值或标称值，则应与实验结果比较，求相对误差；须要作图时，须附在报告中。

7. 实验分析总结

一篇好的实验报告，除了有准确的测量记录和正确的数据处理、结论外，还应该对结果做出合理的分析讨论，从中找到被研究事物的运动规律，并且判断自己的实验或研究工作是否可信或有所发现。

一份只有数据记录和结果计算的报告，其实只完成了测试操作人员的测试记录工作。至于数据结果的好坏、实验过程还存在哪些问题、还要在哪些方面进一步研究和完善等，都须要我们去思考、分析和判断，从而提高理论联系实际的能力、综合能力和创新能力。

(1) 对实验结果做出合理判断。如果仪器运行正常，步骤正确、操作无误，那就应该相信自己的测量结果是正确或基本正确的。对某物理量经过多次测量所得结果差异不大时，也可判断自己的测量结果正确。如果被测物理量有标准值(理论值、标称值、公认值或前人已有的测量结果)，应与之比较，求出差异。差异较大时应分析误差的原因。

(2) 分析实验中出现的奇异现象。如果出现偏离较大甚至很大的数据点或数据群，则应认真分析偏离原因，考虑是将其剔除还是找出新规律。

无规则偏离时，主要考虑实验环境的突变、仪器接触不良、操作者失误等。

规则偏离时，主要考虑环境条件(温度、湿度、电源等)的变异、样品的差异(纯度、缺陷、几何尺寸不均等)。

如果能找出新的数据规律，则应考虑是否应该否定前人的结论。只有这样，才能在科学研究中有所创新。但要切实做到“肯定有据、否定有理”。

(3) 对教材或讲义中提出的思考题做出回答。问题可能有好几个，但不一定要面面俱到地作答。宁可选择一两个自己有深刻体会的问题，用自己已掌握的理论知识和实践经验说深透些。

表 1-8　实验报告示例

<table>
<tr><td>实验名称</td><td colspan="3"></td></tr>
<tr><td>实验时间</td><td></td><td>实验地点</td><td></td></tr>
<tr><td colspan="4">1.实验目的和要求</td></tr>
<tr><td colspan="4">2.实验原理（概述及关键点）</td></tr>
<tr><td colspan="4">3.实验设备及材料</td></tr>
<tr><td colspan="4">4.实验步骤（列出关键操作要点，推荐用流程图表示）</td></tr>
<tr><td colspan="4">5.实验原始数据记录表格（贴上原始数据记录单）</td></tr>
<tr><td colspan="4">6.数据处理（要求写出最少一组数据的详细处理过程）</td></tr>
<tr><td colspan="4">7.实验总结（对实验现象、实验结果的分析及其结论）</td></tr>
<tr><td colspan="4">8.实验中出现的问题及解决方法</td></tr>
</table>

第2章　材料制备技术

实验2.1　水热法制备有序介孔材料MCM-41

【实验目的】

1. 掌握介孔材料的定义和分类；

2. 了解有序介孔硅材料及其应用领域；

3. 掌握液晶模板机理制备有序介孔材料的方法；

4. 掌握水热合成釜的使用方法；

5. 了解介孔材料的常用分析表征方法。

【实验重点与难点】

1. 有序介孔 MCM-41 的制备方法；

2. 液晶模板机理制备有序介孔材料的方法。

【实验原理】

20 世纪 90 年代初期，J. S. Beck 等突破性地运用季铵盐类超分子表面活性剂作为多孔硅酸盐的模板剂，成功地合成了孔径在 1.6 ~ 10 nm 间可调变的 M41S 中孔分子筛，并能通过简单地改变合成条件来精细控制所须材料的形态和孔径。其中 MCM-41 分子筛是 M41S 族中的典型代表，其突破了以往分子筛，如 TS-1(MFI 型)、VIPI-5、Cloverite 等微孔晶体孔径不超过 1.2 nm 的界限，从而为大分子反应，尤其是石油化工重油组分中大分子择形反应提供了广阔的有效空间和高效的酸性催化活性。

在介孔材料的合成过程中，表面活性剂起到模板和致孔剂的作用。常用的表面活性剂有聚环氧乙烷—聚环氧丙烷—聚环氧乙烷三嵌段共聚物 (P123)、十六烷基三甲基溴化铵 (CTAB)、十二烷基三甲基溴化铵 (DTAB)、十二烷基硫酸钠 (SDS) 等。根据表面活性剂的种类不同，可将介孔材料分为 SBA 系列、MCM 系列、MSU 系列等。MCM 系列中的 MCM-41 是以十六烷基三甲基溴化铵（CTAB）为表面活性剂，在碱性条件下合成的二维结构材料，其具有诸多的优势：

（1）均匀、规则的孔结构，孔径在 1.5 ~ 10 nm，且可通过选择合适的表面活性剂、辅助导向剂及反应参数来调控孔径。

（2）热稳定性较高。

（3）中等酸强度。

（4）极高的 BET 比表面积 (>700 m^2/g) 和孔体积 (>0.7 cm^3/g)。

（5）以 MCM–41 分子筛为载体的催化剂具有较高的催化活性。

因此，MCM–41 中孔分子筛不仅在炼油催化领域，而且在吸附、分离、传感与纳米功能材料等领域都具有广阔的应用前景。

水热法是利用化合物在高温高压水溶液中的溶解度增大、离子活度变慢、化合物晶体结构转型等性质，在特制的密闭反应容器里，以水溶液作反应介质，通过对容器加热，创造一个高温高压的反应环境，使难溶或不溶的物质溶解并重结晶，从而制得相应的纳米粉体。该法的优点是制得的超细产品纯度高、分散性好、晶型好而且颗粒大小可控。但该法要经历高温高压过程，对设备的材质和安全要求较严，而且产品成本较高。通常采用水热晶化法合成 MCM–41 结构。具体方法为：在含有一定量的表面活性剂（如十六烷基三甲基铵卤化物）的水溶液中逐滴加入硅源（如正硅酸乙酯、四甲基铵硅化物、硅酸钠、烟化硅等），再调节其 pH 值为 10 左右；将该混合凝胶置于反应釜中密封，于 70 ~ 150 ℃下水热晶化 0.5 ~ 3 天，随后过滤、洗涤、干燥；然后将半成品在空气或惰性气体（氮气或氦气）中焙烧几小时，即得 MCM–41 中孔分子筛样品。此外，研究者们对其他一些合成方法，如高温焙烧法、微波辐射合成法、干粉合成法、湿胶焙烧法、相转变法以及在非水相体系中的合成方法等进行了研究。

关于 MCM–41 的形成机制，目前已提出了多种理论。其中最具代表性的是液晶模板机理：在水溶液中，表面活性剂自发形成疏水端在内、亲水端在外的球形胶束；达到一定浓度后形成棒状胶束，并自发形成有序排列的液晶结构。当硅源加入后，硅酸根离子与外部带电的表面活性剂亲水端通过静电作用相结合，附着在有机表面活性剂胶束表面，进而在其表面形成一道“无机墙”，二者共同聚沉。再经水洗、煅烧除去表面活性剂后，留下框架规则排列的硅酸盐网络，即为 MCM–41 材料。在这一模型中，表面活性剂液晶结构的形成还存在另一种可能，即硅源物质的加入导致了棒状胶束的形成，并经自组装进行规则排列，然后与硅源物质结合（见图 2–1）。

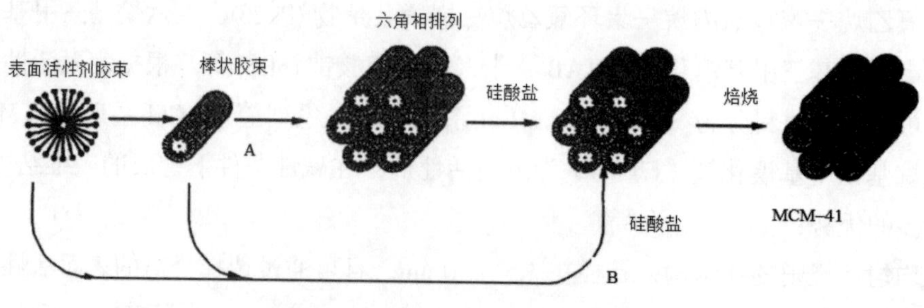

图2–1　MCM–41的两种形成机理

A—液晶模板机理；B—协同作用机理

【仪器与试剂】

仪器：单口磨口圆底烧瓶（19#，250 mL）；磨口的玻璃塞子（19#）；球形冷凝管（19#，20 cm）；恒温磁力搅拌器；搅拌子（2 个）；刻度胶头滴管；移液管；量筒（2 个，250mL）；电子分析天平；称量纸；搅拌子；定量滤纸（Φ9）；布氏漏斗；吸滤瓶；循环水式真空泵；电热烘箱；马弗炉；瓷舟；铅笔（5 支）；毛刷（10 支）；去污粉；蒸馏水洗瓶；水浴锅。

试剂：十六烷基三甲基溴化铵 (CTAB)；去离子水；正硅酸乙酯（TEOS）；无水乙醇；NaOH (2 mol/L)。

【实验内容及步骤】

1. MCM–41 的制备

（1）将 0.15 g CTAB 溶解于 80 mL 去离子水的圆底烧瓶（250 mL）中，加入 0.6 mL 2mol/L 的 NaOH 溶液；混匀后将 0.8 mL TEOS 滴加到混合溶液中，搅拌 10 min。

（2）将反应液转移到带有聚四氟乙烯内衬的反应釜中，在 80 ℃下水热晶化 6h。

（3）将反应产物取出，减压过滤分离固体产物，依次用去离子水和乙醇洗涤；滤饼用水洗涤至中性，再用乙醇洗涤 3 ~ 4 次。

（4）将干燥后的产品在 550 ℃的马弗炉中煅烧 5h 以去除介孔中的表面活性剂，得到 MCM–41。

2. 基本表征

（1）红外分析。利用红外光谱分析 MCM–41 的结构和化学键，检测材料中是否含有模板剂 CTAB 的官能团吸收峰。波数范围 400 ~ 4000 cm^{-1}。

（2）X 射线粉末衍射 (XRD)。本实验通过 X 射线粉末衍射检测制备的 MCM–41 是否存在有序结构。测试条件：扫描区间为 0.6 ° ~ 6 ° ，管压为 40 kV，管流为 30 mA，扫描速度 1 ° /min。

（3）扫描电镜 (SEM)。直接利用扫描电镜观察样品 MCM–41 表面材料的物质性能和形貌。

（4）透射电镜 (TEM)。透射电子显微镜的分辨率为 0.1 ~ 0.2 nm，放大倍数为几万至几百万倍，用于观察超微结构。通过 TEM 观察 MCM–41 孔道结构。

【结果与讨论】

F127 的分子式为 $(EO)_{106}(PO)_{70}(EO)_{106}$，中文名称为乙氧基—丙氧基形成的两性三嵌段聚合物，其中 EO 表示乙氧基，PO 表示丙氧基。所谓两性三嵌段聚合物，是一种表面活性剂，在水中加入一定量以后可以形成胶束。由于 EO 嵌段的亲水性强于 PO 嵌段，所以在水中形成胶束以 PO 为内核，EO 为壳层，加入到更大量以后，胶束还会进一步聚集，这一性质目前常被用于二氧化硅等无机中孔分子筛的制备。

【思考题】

1. 根据国际纯粹与应用化学协会的定义，介孔材料须要满足什么条件？

2. 介孔材料合成中，常用的致孔剂是什么？

3. 在液晶模板机理中，“无机墙”是如何形成的？

4. MCM–41 煅烧时，升温速率的要求是什么？

5. 提高水热晶化的温度会导致介孔材料的结构产生什么样的变化？

6. 水热合成中，水的作用是什么？

7. 为什么在强碱性条件下制备 MCM–41？

8. MCM–41 的结构特点是什么？

【注意事项】

1. 取用氢氧化钠时须要注意防护：配置氢氧化钠溶液必须在通风橱中进行。

2. TEOS 易燃且对皮肤和眼睛有腐蚀性，取用时应注意防护。

3. MCM–41 也可采用微波加热方法进行制备，以缩短反应时间。

4. 使用水热合成釜时须按照操作规程，液体加入量不能超过釜体积的二分之一；使用过程中避免烫伤。

5. 最终产品是轻质粉末，须在通风橱中进行研磨，并佩戴口罩。

实验2.2　溶胶–凝胶法制备二氧化钛纳米材料

【实验目的】

1. 了解二氧化钛纳米材料制备的方法；

2. 掌握用溶胶 – 凝胶法制备二氧化钛纳米材料的原理和过程；

3. 掌握纳米材料的标准手段和分析方法。

【实验重点与难点】

溶胶 – 凝胶法制备二氧化钛纳米材料的原理和过程。

【实验原理】

1. 溶胶 – 凝胶法

胶体是一种分散相粒径很小的分散体系，分散相粒子的重力可以忽略，粒子之间的相互作用主要是短程作用力。溶胶（sol）是具有液体特征的胶体体系，分散的粒子是固体或者大分子，分散的粒子大小在 1 ~ 100 nm。凝胶（gel）是具有固体特征的胶体体系，被分散的物质形成连续的网状框架，框架空隙中充有液体或气体，凝胶中分散相的含量很低，一般在 1% ~ 3% 之间。凝胶与溶胶的最大不同在于：溶胶具有良好的流动性，其中的胶体质点是独立的运动单位，可以自由行动；凝胶的胶体质点相互联结，在整个体系内形成网络结构，液体包在其中，凝胶流动性较差。

溶胶—凝胶法（sol–gel）是化学合成方法之一，是 20 世纪 60 年代中期发展起来的制备玻璃、陶瓷和许多固体材料的一种工艺。溶—凝胶法将活性较高的组分均匀地分散在溶液中，进行一系列溶解、扩散、水解、缩合等物理与化学反应后使体系变成均匀稳定的透明溶胶。在金属氧化物的合成中，是将金属醇盐或无机盐经水解直接形成溶胶或经解凝形成溶胶，然后使溶质聚合凝胶化，再将凝胶干燥、焙烧去除有机成分，最后得到无机材料，见图 2–2。

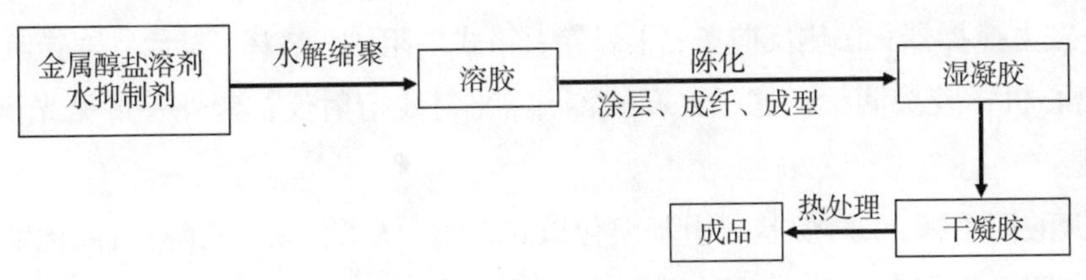

图2–2 sol–gel法工艺流程图

2. 二氧化钛的结构

二氧化钛作为金属钛的一种氧化物，根据其晶体结构的不同，可以按金红石、锐钛矿和板钛矿三种形式存在（见图 2–3）。板钛矿结构不稳定，很少被研究；锐钛矿的单元结构中，处于 $[TiO_6]$ 八面体中心的是钛原子，位于周围八面体棱角处的为 6 个氧原子，其中有 4 个共棱边，即 4 个二氧化钛分子构成了锐钛矿的单一晶格；金红石中氧原子为六方最密堆积，位于以钛原子为顶角而组成平面三角形的中心，配位数为 3，钛原子位于八面体的空隙，配位数为 6。

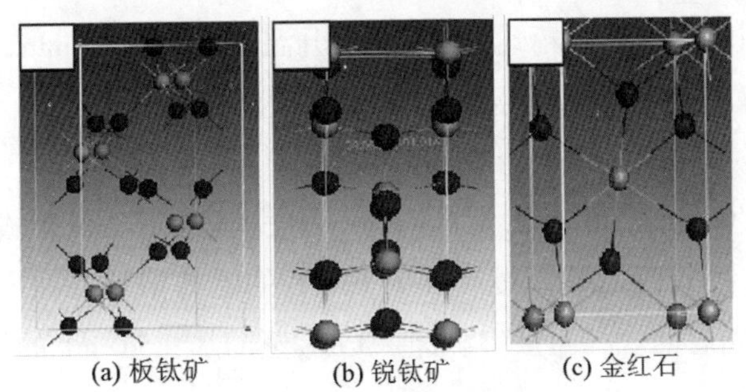

(a) 板钛矿　(b) 锐钛矿　(c) 金红石

图2–3 二氧化钛结构图

3. 二氧化钛的制备

溶胶—凝胶法制备二氧化钛通常以钛醇盐 $Ti(OR)_4$ 为原料，合成工艺为：钛醇盐溶于溶剂中形成均相溶液，逐滴加入水后，钛醇盐发生水解反应，同时发生失水和失醇缩聚反应，生成 1 nm 左右粒子并形成溶胶，经陈化，溶胶形成三维网络而成凝胶，凝胶在恒温箱中加热以去除残余水分和有机溶剂，得到干凝胶，经研磨后煅烧，除去吸附的羟基和烷基团以及物理吸附的有机溶剂和水，得到纳米二氧化钛粉体。

4. 二氧化钛的应用

纳米粉体是指粒径为 1 ~ 100 nm 的微小固体颗粒。随着物质的超细化，其表面原子结构和晶体结构发生变化，产生了块状材料所不具有的表面效应、体积效应、量子尺寸效应和宏观量子隧道效应，与常规颗粒材料相比纳米粉体具有一系列优异的物理、化学性质。二氧化钛以其光敏性高、无毒、易得性好、氧化能力强、长期稳定性好等优点被认为是一种良好的光催化剂，近年来倍受人们关注，已成为超细无机粉体合成的一个热点，在精细陶瓷、屏蔽紫外线、半导体材料、光催化材料等方面的广泛应用。

【仪器与试剂】

仪器：磁力搅拌器；水热反应釜；干燥箱；箱式电阻炉；烧杯；量筒；培养皿；表面皿；离心管；离心机；胶头滴管；滤纸；布式漏斗；X 射线衍射仪；紫外—可见光谱仪；高分辨透射电镜。

试剂：钛酸四乙酯；十六烷基三甲基溴化铵 (CATB)；盐酸；无水乙醇；氢氧化钠 (1 mol/L)。

【实验内容及步骤】

1. 溶胶—凝胶法制备二氧化钛

（1）将 3.4 mL 的钛酸四乙酯倒入 8 mL 乙醇中，磁力搅拌 15 min 形成钛酸四乙酯的乙醇溶液。

（2）将 4 mL 乙醇、0.18 mL 的水和 0.03 mL 的浓盐酸慢慢滴加到上述溶液中，磁力搅拌 1h 后可形成透明的浅黄色二氧化钛溶胶。

（3）将溶胶倒入培养皿中，室温下陈化约为 24h 后，即可转变为透明凝胶。

（4）将凝胶置于干燥箱中以 100 ℃干燥 2h，取出后用玛瑙研钵研碎。

（5）将粉末以坩埚承载置于箱式电阻炉中，升温速度为 5 ℃ /min，焙烧温度为 500 ℃，保温时间为 0.5h，取出后冷却即可得到二氧化钛纳米粉末。

2. 水热法制备二氧化钛

（1）将 1.99 g CATB 放入 10.2 mL 无水乙醇中；磁力搅拌 15 min 形成 CATB 的乙醇溶液。

（2）将 5.95 mL 钛酸四乙酯慢慢滴加入 CATB 的乙醇溶液，在室温条件下磁力搅拌 2h。在搅拌 1h 后，先后向烧杯溶液中滴加 1.3 mL 蒸馏水、5.0 mL 的无水乙醇，最终获得混合溶液。

（3）向上述混合溶液中滴加 1 mol/L 的 NaOH 溶液，直至 pH 值达到 11。此溶液即为二氧化钛水热反应的前驱体液。

（4）按照 75% 的填充比将前驱体液倒入水热反应釜中，加热至 160 ℃后，保温 12h。

（5）待冷却至室温后取出试样置于表面皿。然后将粉体试样置于 80℃的干燥箱中干燥 12h，保存。

3. 产物表征

（1）利用 XRD 分析不同 pH 值（2、3、5、8、10、12）下二氧化钛的晶体结构以及晶体缺陷。

（2）利用透射电子显微镜观测二氧化钛的形态和大小。

【结果与讨论】

1. 列出实验结果（产品的产率、颜色），并根据产物的颜色判断二氧化钛产品的纯度。

2. 溶胶—凝胶法中，以钛酸四乙酯为二氧化钛的前驱体，乙醇为溶剂，盐酸为抑制剂制备二氧化钛纳米晶。

3. 水热合成方法中，以钛酸四乙酯为钛源，十六烷基三甲基溴化铵（CATB）为表面活性剂，乙醇和水为溶剂来制备二氧化钛水热反应的前驱体源。

【思考题】

1. 溶胶—凝胶法、水热法制备二氧化钛纳米粉体时关键环节有哪些？

2. 处理温度对于所制备的纳米粉体有什么影响？

实验2.3　电镀法制备Ni—Al_2O_3电极材料

【实验目的】

1. 掌握复合电镀的原理；

2. 掌握 Ni—Al_2O_3 复合阳极电极的制备工艺；

3. 掌握电镀参数对复合镀层中 Al_2O_3 含量的影响。

【实验重点与难点】

Ni—Al_2O_3 复合阳极电极的制备工艺及参数对材料性能的影响。

【实验原理】

复合电镀是指在普通的电镀液中加入不溶性的固体微粒，并保持固体颗粒成分溶解悬浮或者采用相应的措施将固体颗粒与基体表面结合，金属离子和固体微粒在阴极表面共同沉积，形成稳定的复合镀层。复合电镀原理如图 2–4 所示。

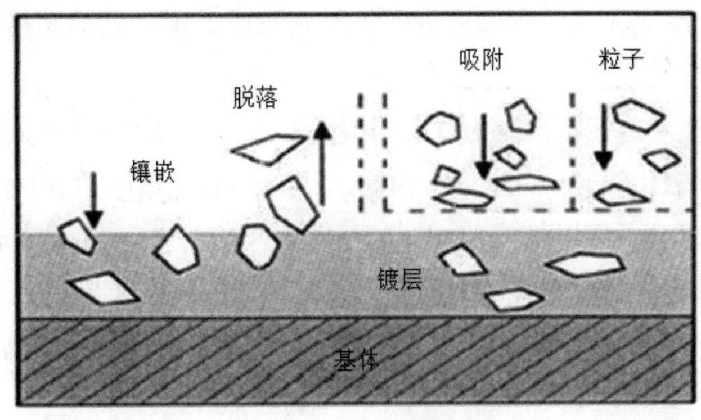

图2–4　复合电镀原理

复合电镀的复合镀层结合了金属离子和固体颗粒的优点，具体特点如下：

（1）复合镀层的固体微粒可以提高单一金属镀层的性能，比如：耐磨性、润滑性、机械稳定性等。

（2）复合电镀可以改变合金镀层的种类，将一种微粒嵌入不同的基质金属中，也可以将性质各异的固体微粒固定在一种基质金属表面。

（3）调变电镀时间、电镀温度、搅拌速度、电镀电流、微粒的含量等变量，可调节材料的力学、物理、化学等性能，从而根据需要可控制备复合镀层的不同性能。

（4）复合电镀不会破坏基底材料，对原材料利用率高，同时可以较好控制镀层质量和厚度，适用于不同形状的基底材料，且复合电镀的工作效率比较高，复合镀层稳定性优越。

在复合电镀基础上，纳米复合电镀技术被提出。纳米复合电镀技术是指复合电镀液中加入的不溶性固体颗粒的粒径尺寸是纳米级别（1 ~ 100 nm 之间），电镀过程中金属离子和纳米颗粒共同结合沉积，也就是说复合镀层中弥散着一定量的不溶性纳米固体颗粒。纳米复合电镀工艺相对简单，可以控制电镀过程中纳米颗粒的粒径和金属离子种类来制备不同需求的复合镀层。通过改变复合电镀中电镀温度、电镀时间等工艺参数，使金属表面形成微纳米级别的复合镀层，提高镀层表面的耐腐蚀性、耐磨性、机械强度等性能，而且能够节约材料，降低制造成本，因此在航空、电子、机械、化工、冶金及核能等领域得到广泛应用。

【仪器与试剂】

仪器：低碳钢基板；两个尺寸的镍板（3 cm × 2 cm × 0.1 cm）被用作阳极；热风；氨水；pH 计；可变变压器式坩埚式电炉；稳压直流电源电源。

试剂：氯化铵；柠檬酸钠；硫酸镍；氧化铝；硫酸；硫酸铁；乙醇；蒸馏水；10% 的盐酸。

【实验内容及步骤】

1. Ni—Al_2O_3 复合电极的制备

（1）低碳钢基板的预处理。低碳钢基板作为阴极，首先用乙醇除油，用蒸馏水漂洗，用 10% 的盐酸溶液浸泡 30 s，然后用蒸馏水彻底漂洗，用热风干燥基板，为电镀工艺做好准备。

（2）配置电镀液。选瓦特镀液为母液，组成如下：硫酸镍 (90 g/L)、氯化铵 (12.5 g/L)、柠檬酸钠 (40 g/L) 和氧化铝 (35 g/L)。加入氨水 (25%) 调整电镀液的 pH 值。

（3）调变电镀参数。在电镀实验中，通过电流密度、pH 值、镀液温度和搅拌方式等因素来控制电镀的过程，探究最优的电镀条件。其中取电流密度为 2 ~ 8 A/dm^3，pH 值为 2.0 ~ 5.0，镀液温度 30 ~ 60℃，搅拌方式为空气搅拌、低速电磁搅拌和较高速电磁搅拌三种方式。用 pH 计测定了其 pH 值，精确度为 0.01，施镀时间为 30 min。

（4）镀层低碳钢基体的活化。在坩埚式电炉中对镀层低碳钢基体进行热活化处理，在过量空气中加热到要求的温度。利用可变变压器调节炉膛温度，再利用镍铬热电偶和温度指示器调节炉膛温度。在实验条件下，将所需的温度调整到 400 ℃，在炉中加热 2h，冷却至室温。

2. 基本表征

由于纳米粉体粒径很小，利用光学金相甚至扫描电镜都无法直接观测到，因此，本实验主要是用扫描电镜上所附能谱仪 (EDS) 对复合镀层横断面以及表面进行能谱分析。分析的基本过程如下。

（1）利用能谱仪 (EDS) 测定复合镀层中铝元素的含量。

（2）根据纳米微粒 Al_2O_3 分子式中的 Al 和 O 原子个数比关系，确定复合镀层中 Al_2O_3 纳米微粒的含量。

【结果与讨论】

1. 复合镀层中纳米微粒含量是决定复合镀层性能的一个关键因素，如何提高纳米微粒在复合镀层的含量，已成为复合电镀研究的热点。

2. 将阴极电流密度对复合镀层中 Al_2O_3 含量的影响填至下表中。

电流密度（A/dm^3）	2.0	3.0	5.0	8.0
Al_2O_3含量				

3. 将 pH 值对复合镀层中 Al_2O_3 含量的影响至下表中。

pH值	2.0	2.5	3.5	5.0
Al_2O_3含量				

4. 将温度对复合镀层中 Al_2O_3 含量的影响至下表中。

温度（℃）	30	35	40	45	50	60
Al_2O_3含量						

5. 在镍复合电镀备工艺条件中，pH 值的影响较大；随 pH 值、电流密度增大，Al_2O_3 纳米微粒复合量降低；温度变化对 Al_2O_3 纳米微粒复合含量也有一定的影响；加强搅拌强度有利于提高镀层中微粒复合含量。

【思考题】

1. 在制备—Al_2O_3 复合电极过程中，Al_2O_3 的作用是什么?

2. 电镀时，柠檬酸钠的作用是什么?

3. 在电流密度、pH 值、镀液温度和搅拌方式四个因素中，哪个因素对复合镀层中 Al_2O_3 含量影响较大? 原因是什么?

实验2.4　微波辅助合成法制备纳米氧化铜

【实验目的】

1. 了解微波辅助合成法的原理及应用领域；

2. 掌握纳米氧化铜粒子的微波辅助辅助合方法。

【实验重点与难点】

纳米氧化铜粒子的微波辅助合成法制备原理及参数影响。

【实验原理】

微波具有特殊的电磁效应，可以对物质进行快速加热。微波辅助合成法是利用微波使介质分子极化，极化后分子交替排列在高频磁场中，发生高频碰撞，分子间作用力和自身热运动的共同作用对分子产生类似摩擦的作用，获得相对较高的能量，反应体系均匀受热快速达到高温，物料的混合和溶解加剧，晶化时间大幅缩短，有效抑制杂晶的形成。微波加热下反应物分子首先吸收微波能量，加速了分子运动，这种运动是杂乱无章的，因此会导致反应体系熵的增加；其次是极性分子受到微波的作用，使其按照电磁场的方式运动，从而导致了熵的减小。微波加热除了产生热效应外，还能改变化学反应的动力学，降低反应的活化能。

近年来，微波辅助合成法被广泛应用于合成无机及有机化合物，相比传统水热发合成，显示出许多特殊的优点，例如加热速率快、均匀、能量利用率高和绿色环保等。微波法处理过程简单，大大地缩短了反应时间，同时降低了能耗，尤其是在合成纳米多孔材料中表现出了影响反应动力学和选择性的能力。微波技术已经成为一种能够快速制备粒径分布较窄、形态均一纳米粒子的常用方法。微波加热具有选择性，因此它能够制备出超细粉末，同时还能避免使用普通加热方法合成容易引起的团聚，从而使合成产物有较好的分散性。利用微波沸腾回流法制备金属氧化物是在金属盐溶液中加碱调节 pH 值后，在搅拌下微波加热沸腾回流，将沉淀过滤、洗涤、干燥后，即得纳米粒子。

与普通氧化铜比，纳米氧化铜在磁性、光吸收、化学活性、热阻、催化剂和熔点等方面表现出奇特的物理和化学性能，在电子领域的传感器应用方面、材料领域的超导材料和热导材料等方面都显示出很好的应用前景。在催化方面，对一氧化碳、乙醇等物质的氧化具有较高的催化活性；在传感器方面，做传感器的包覆膜，能提高传感器对一氧化碳的选择性和灵敏度；还可以作为高性能锂电池的负极材料等。

【仪器与试剂】

仪器：X 射线衍射仪；微波反应器；台式高速离心机；离心管（7 mL）；烧杯；磁力搅拌器；胶头滴管；移液管；电子分析天平；称量纸；玻璃棒；搅拌子；滤纸；电热式烘箱；表面皿。

试剂：醋酸铜；无水乙醇；聚乙烯吡咯烷酮 (PVP，k30)；氢氧化钠。

【实验内容及步骤】

1. 氧化铜纳米粒子的制备

（1）连接装置。按照如图 2–5 所示连接微波加热装置，通过 Y 型管在外部连接冷凝管和电动机械搅拌器。

（2）反应晶化液的配置。氧化铜纳米粒子前驱液的摩尔比为 $Cu(Ac)_2$: NaOH : PVP=1 : 2 : 10。在 100 mL 圆底烧瓶中，依次加入 0.02 mol/L 醋酸铜（0.12 g）、0.04 mol/L 氢氧化钠（0.048 g）、0.2 mol/L PVP（0.67g）的水溶液，保持总体积在 30 mL，混合均匀后形成均相的深蓝色溶液。

（3）微波合成。将上述溶液置入微波炉中，搅拌条件下以交替功率加热回流 2min、4min、6min 和 8min 时长。待溶液颜色变为透亮的深棕色后停止微波加热。

（4）离心洗涤和干燥。将上述溶液离心后，用乙醇离心洗涤三次；然后置于烘箱 100 ℃干燥，即得到氧化铜纳米粒子。

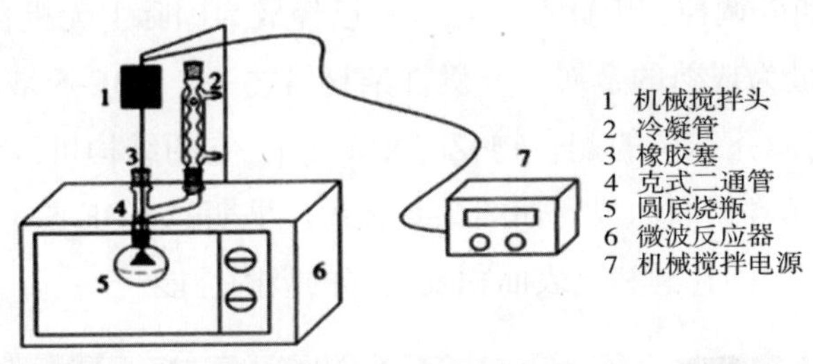

图2–5　微波加热装置

2. XRD 表征

采用 Bruker–D8 型 X 射线衍射仪进行 XRD 分析，使用铜靶 (CuK_α)，电流 30 mA，电压 40 kV，从 25° 扫描到 70°，扫描速度为 10°/min。

【结果与讨论】

列出不同反应时间氧化铜纳米粒子的产率，并填至下表中。

微波反应时间（min）	2	4	6	8
产率				

【思考题】

1. 微波辅助合成法制备纳米粒子的关键参数有哪些？

2. 微波反应时间对纳米氧化铜粒子纯度有什么影响？

【注意事项】

1. 使用微波合成反应器严禁在炉腔内无负载的情况下开启微波，以免损伤磁控管。

2. 微波反应完毕后，从炉腔拿出器皿时，应戴隔热手套，以免高温烫伤。

实验2.5 溶剂热法制备金属–有机框架化合物

【实验目的】

1. 了解金属－有机框架化合物的概念及应用领域；
2. 掌握金属－有机框架化合物的制备方法；
3. 学习化合物水稳定性测试的方法。

【实验重点与难点】

溶剂热制备金属－有机框架材料的制备要点。

【实验原理】

金属－有机框架是由金属离子和含有氧、氮等的多齿有机配体组装成的具有孔洞结构的材料，它在催化、气体存储、非线性光学等方面有着良好的应用前景。与传统的无机孔洞材料（如沸石）相比，金属－有机框架的分子结构、孔洞大小、比表面积等更容易从分子合成的角度加以调控，因此此类化合物已经成为国际上无机化学领域的研究热点。MOF–5 是目前研究最为成熟的金属－有机框架材料之一。MOF–5 是由 Zn^{2+} 和对苯二甲酸 (H_2BDC) 构成的具有微孔结构的配合物 [$Zn_4O(BDC)_3$]，它的结构可以看成是由次级结构单元 Zn_4O 通过配体的苯环桥联而成，如图 2–6 所示。早期的 MOF–5 是通过溶剂热或扩散的方法合成，它具有较大的孔洞和比表面积及良好的吸附性能。

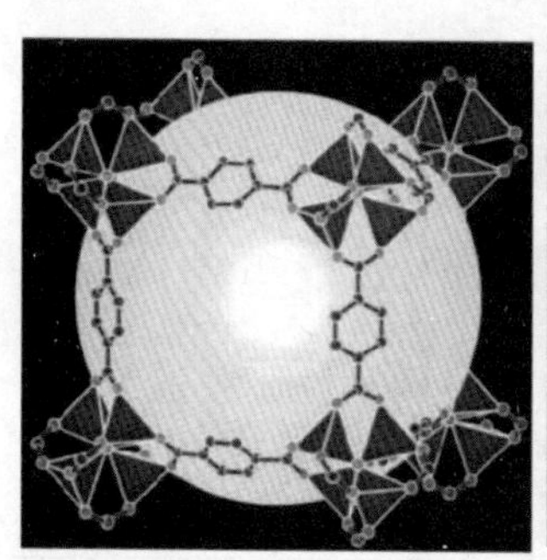
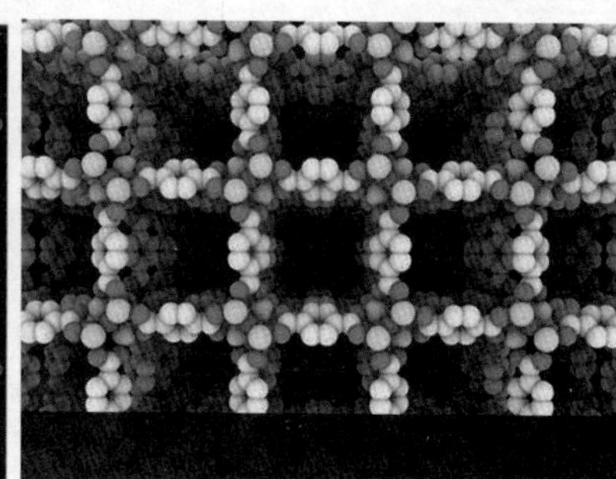
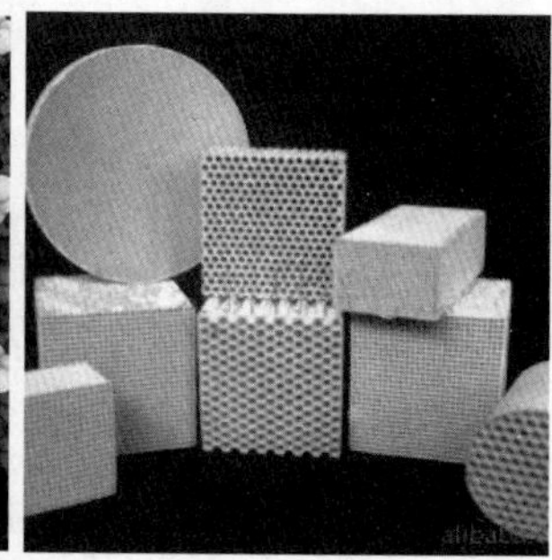

图2–6 MOF–5结构及孔洞示意图

【仪器与试剂】

仪器：烧杯；磁力搅拌器；高压反应釜；胶头滴管；移液管；电子分析天平；称量纸；玻璃棒；搅拌子；滤纸；离心机；离心管（7 mL）；布氏漏斗；吸滤瓶；循环水式真空泵；老虎钳；电热式烘箱；表面皿；真空干燥器；Rigaku D/max–rB 型 X 射线衍射仪。

试剂：去离子水；ZnO；浓硝酸（1:1）；对苯二甲酸 (H_2BDC)；*N, N'* －二甲基甲酰胺 (DMF)；三乙胺 (TEA)；无水乙醇；H_2O_2 (30% 质量分数)。

【实验内容及步骤】

1. MOF–5 样品的制备

将 1.21 g (4 mmol) $Zn(NO_3)_2 \cdot 6H_2O$ 溶于 40 mL DMF 中，室温下加入 0.34 g (2 mmol)

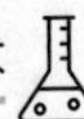

H_2BDC，搅拌下再加入 1.6 g (16 mmol) TEA，搅拌反应 0.5 ~ 1h；离心（减压过滤），用 2~5 mL DMF 洗涤产品 1 次，无水乙醇洗涤产品 1 次，干燥，称重，计算产率。

2.MOF–5–H 样品的制备

将 1.21 g (4 mmol) $Zn(NO_3)_2 \cdot 6H_2O$ 溶于 40 mL DMF 中，室温下加入 0.34 g (2 mmol) H_2BDC，搅拌下再加入 1.6 g (16 mmol) TEA，之后再加入 3 滴 H_2O_2 (30% 质量分数)，搅拌反应 0.5 ~ 1h；离心（减压过滤），用 2 ~ 5 mL DMF 洗涤产品 1 次，乙醇洗涤产品 1 次，干燥，称重，计算产率。

3. MOF–5 和 MOF–5–H 的水稳定性

一半质量的 MOF–5 和 MOF–5–H 浸泡到蒸馏水中，0.5h 后，离心，100℃干燥。干燥后放入干燥器中，用于 XRD 的测试。

4. 样品的表征

晶体结构采用 X 射线衍射仪进行分析，以 CuK_α 辐射照射。加速电压和应用的电流分别为 40 kV 和 30 mA，扫描速度为 6 °/min，扫描范围为 4 ° ~ 40 ° 。（见图 2–7）

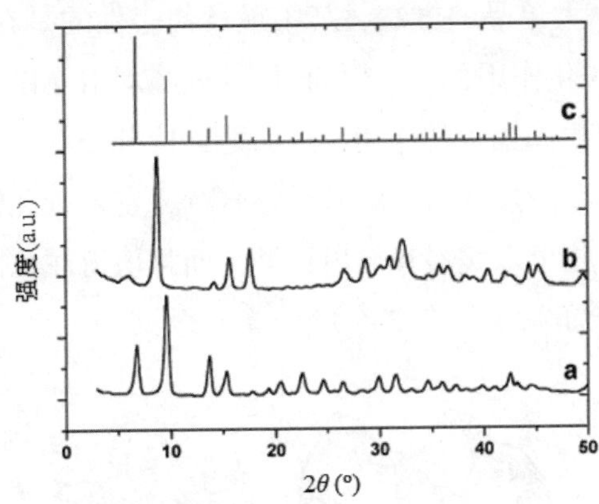

(a) MOF–5纳米晶 (b) MOF–5–H纳米晶和(c)拟合

图2–7　XRD衍射

【思考题】

1. 三乙胺在本实验中的作用是什么？
2. MOF–5 与 MOF–5–H 相比，水稳定性怎么样？
3. XRD 仪器的原理是什么？

实验2.6　分子筛NaX大单晶的制备

【实验目的】

1. 了解分子筛的结构及其应用领域；

2. 设计 NaX 分子筛大单晶的制备方法；

3. 掌握分子筛大单晶制备的全过程。

【实验重点与难点】

分子筛大单晶制备关键步骤。

【实验原理】

分子筛是结晶型的硅铝酸盐，具有均匀的孔隙结构，其化学组成可以表示为：

$$2Me \cdot n[(AlO_2)_x(SiO_2)_y] \cdot mH_2O$$

其中 Me 为金属阳离子，n 为金属阳离子数，x 为铝原子数，y 为硅原子数，m 为结晶水的分子数。合成分子筛主要含有 Na_2O、Al_2O_3、SiO_2 组成的复合结晶氧化物，根据三者数量比例的不同，可以形成不同类型的分子筛。根据晶型和组成中硅铝比的不同，可以把分子筛分为 A、X、Y、M、ZSM 等各种类型。

分子筛大单晶对研究晶体生长机理、催化化学以及主客体功能材料的制备等都是十分重要的，因此无论是在科研领域还是在工业技术方面都有着广泛的应用。近年来，人们已经找到了几种制备分子筛大单晶的方法，其中最具代表性的是在 F^- 离子体系下合成分子筛单晶，该体系中 F^- 起矿化作用，它可以通过生成 SiF_6^{2-} 和 AlF_6^{3-} 络合物而起到缓慢释放出形成分子筛所需要的硅源和铝源的作用，进而能形成分子筛大单晶；另一种非常重要的方法是在合成分子筛的体系中加入三乙醇胺做络合剂，它可以和体系中的铝物种形成铝—三乙醇胺络合物，该络合物可以缓慢释放出铝源，而且值得注意的是该方法只适用于合成低硅铝的 A 和 X 类型的分子筛（见图 2-8）。

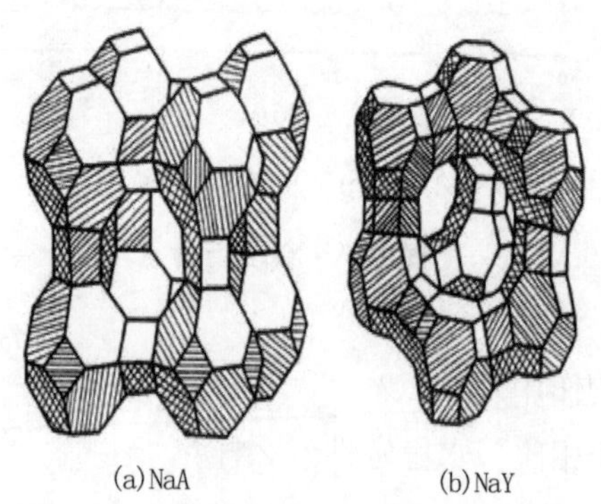

图2-8 NaA和NaY分子筛结构示意图

【仪器与试剂】

仪器：烧杯；磁力搅拌器；水热反应釜；胶头滴管；移液管；电子分析天平；称量纸；玻璃棒；搅拌子；滤纸；离心管；布氏漏斗；吸滤瓶；循环真空水泵；老虎钳；电热式烘箱；马弗炉；表面皿；离心机。

试剂：去离子水；NaOH；铝粉；三乙醇胺；正硅酸乙酯。

【实验内容及步骤】

1. NaX 大单晶的制备

（1）塑料烧杯 1，3.212 g 三乙醇胺加入 15 mL 水，搅拌溶解之后加入 1.52 g TEOS，搅拌 2.5h。

（2）玻璃烧杯 2，1.4 g NaOH 加入 8 mL 水，溶解之后，分两批加入 0.21 g 铝粉（用称量纸称量），搅拌溶解 30 ~ 40 min，然后用滤纸过滤（过滤之前滤纸用水湿润一下），补加 7 mL 的水。

（3）玻璃烧杯 2 中的溶液慢慢倒入烧杯 1，搅拌 20 ~ 30 min。

（4）转移溶液到 50 mL 反应釜中，在 85 ℃反应 14 d。

2. 基本表征

（1）红外分析。利用红外光谱分析 NaX 大单晶的结构和化学键，检测材料中是否含有模板剂 CTAB 的官能团吸收峰。波数范围 400 ~ 4000 cm^{-1}。

（2）X 射线粉末衍射 (XRD)。本实验通过 X 射线粉末衍射检测制备的 NaX 大单晶是否存在有序结构。测试条件：扫描区间为 4° ~ 40°，管压为 40 kV，管流为 30 mA，扫描速度 1°/min。

【结果与讨论】

三乙醇胺可以作为分子筛大单晶制备的络合剂，原因在于三乙醇胺可以和体系中的铝物种形成铝—三乙醇胺络合物，该络合物可以缓慢释放出铝源，而且值得注意的是该方法只适用于合成低硅铝的 A 和 X 类型的分子筛。

【思考题】

1. NaX 的结构特点是什么？
2. 水热反应釜使用的注意事项是什么？
3. 分析本实验中影响 NaX 分子筛大单晶质量的因素主要有哪些？

实验2.7　热解法制备类石墨材料C_3N_4

【实验目的】

1. 了石墨氮化碳的晶体类型和结构；
2. 掌握制备石墨氮化碳的方法；
3. 了解分析石墨氮化碳的 XRD 数据。

【实验重点与难点】

石墨氮化碳的晶体结构及制备的关键步骤。

【实验原理】

1. 石墨氮化碳的结构

石墨烯是由碳原子以蜂窝状结构（类似苯环结构）紧密堆积组成的二维材料，其中碳原子都是以 sp^2 杂化形式存在的。狭义石墨烯应该是单层的，广义上的石墨烯包括单层石墨烯、双层石墨烯以及少层石墨烯（3 ~ 10 层）。直至 2004 年，英国曼彻斯特大学的两位科学家安德烈·海姆和康斯坦丁·诺沃肖洛夫，成功地分离得到石墨烯。2010 年，石墨烯的发现者获得了诺尔贝物理学奖，使石墨烯成为化学、物理、材料等领域的明星材料。

早在 20 世纪 20 年代就已经有关于 C_3N_4 的相关研究，而 C_3N_4 成为研究热点则是在 20 世纪 80 年代。理论计算结果显示，C_3N_4 可能具有 α、β、立方、准立方与类石墨相五种结构，其中室温条件下以 g–C_3N_4 最稳定。在 g–C_3N_4 中，C、N 原子都是 sp^2 杂化并通过 σ 键相连形成了具有类似苯环六边形的结构。g–C_3N_4 具有层状结构，其层上的基本组成结构单元可以由 C_3N_4 或者 C_6N_7 构成，其单层结构如图 2–9 所示。类石墨氮化碳因其特殊的 3–s– 三嗪结构以及高的聚合度，而具有很高的热稳定性。

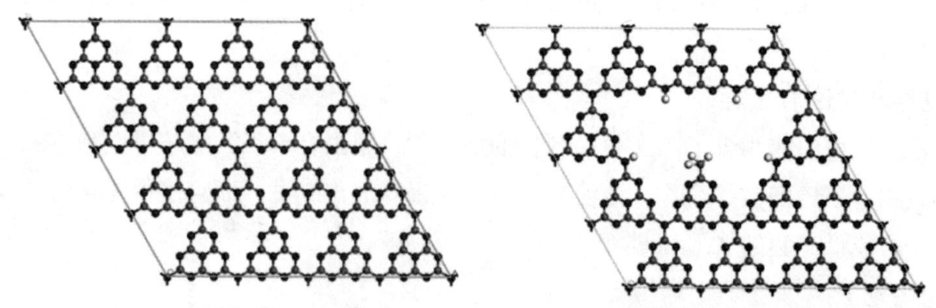

图2–9　石墨氮化碳（左图）和CxCN纳米片的结构（右图）

2. 石墨氮化碳的制备

制备 g–C_3N_4 的常用方法有：热解法、电化学沉积法、高温高压合成法和物理化学气相沉淀法等。不同方法制备的 g–C_3N_4 因具有不同的聚合度而导致其热稳定性不同。热解法在这些制备方法中具有独特优势，最先被用来研究的是三聚氰胺（图 2–10），其脱氮所得产物与预言的石墨相 C_3N_4 结构是一致的。单氰胺、二聚氰胺、三聚氰胺、尿素以及硫脲都能作为合成石墨相 C_3N_4 的前驱体。有文献对单氰胺缩聚成氮化碳的反应过程以及机理进行了研究。差热扫描量热法 (DSC) 的结果得知，随着温度的变化，单氰胺首先在 350℃聚合成三聚氰胺，然后经历去氨缩聚过程，在 390 ℃又会形成 3–s– 三嗪。独特的共轭结构使得 g–C_3N_4 在空气中非常稳定。在 600 ℃之前，g–C_3N_4 保持稳定，然而超过 600℃后 g–C_3N_4 会发生升华或分解。

作为石墨的类似物，石墨化氮化碳 (g–C_3N_4)聚合物在生物 / 化学传感器、燃料电池 / 光催化、离子检测、储能转换装置件和光催化剂以及透明导体等领域都有新的进展。

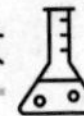

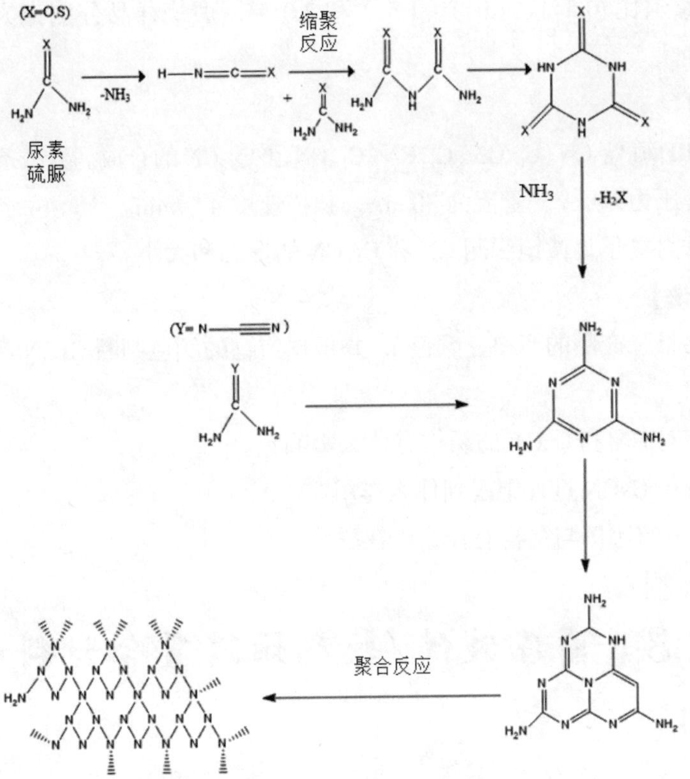

图2-10　热缩聚小分子制备类石墨氮化碳

【仪器与试剂】

仪器：电子天平；管式高温烧结炉；X 射线衍射仪；细胞破碎机；电化学工作站；烧杯（200mL）；管式电阻炉；台式高速离心机；冷冻机。

试剂：三聚氰胺（$C_3H_6N_6$）；草酸（$C_2H_2O_4$）；去离子水（H_2O）；乙醇；标签纸；称量纸。

【实验内容及步骤】

1. 纯 CN 粉末的制备

（1）将 3.05 g 分析纯的三聚氰胺置于研钵中，加入少量乙醇研磨，然后转移到带盖的坩埚中。

（2）在管式电阻炉中对坩埚进行加热，并在空气氛围下，以 10 ℃ / min 的加热速率加热到 550 ℃，保持 4h。

（3）反应结束后，将样品收集并用研钵研磨得到粉末。

2. 缺陷型 CxCN 的制备

（1）在 100 mL 超纯水中加入草酸 (0.99 g) 和三聚氰胺 (1.27 g)，将其放在烧杯 (200 mL) 中，在 50 ℃下搅拌 5h。水洗 3 次后收集沉淀，冷冻干燥 2 d。

（2）将得到的粉末放入有盖的坩埚中，按照 CN 的类似程序进行加热。使用不同草酸：三聚氰胺摩尔比 (0.5∶1、1.0∶1、1.5∶1 和 2.0∶1)，煅烧样品分别记为 $C_{0.5}CN$、$C_{1.0}CN$、$C_{1.5}CN$ 和 $C_{2.0}CN$。

3. 产物表征

（1）利用 XRD 确定 CN、$C_{0.5}CN$、$C_{1.0}CN$、$C_{1.5}CN$ 和 $C_{2.0}CN$ 的合成。测试条件：扫描区间为：10°~80°，管压为 40 kV，管流为 30 mA，扫描速度 4°/min。

（2）利用透射电子显微镜观测 CN 和 $C_{1.0}CN$ 的形态和大小。

【结果与讨论】

列出实验结果（产品的产率、颜色），并根据产物的颜色判断 CxCN 产品的纯度。

【思考题】

1. 升温速率对 CN 和 CxCN 的结构有什么影响？
2. 草酸在制备 CxCN 过程中起到什么作用？
3. CxCN 中 X 的比例与结构有什么内在联系？

实验2.8 离子液体/聚乙烯醇复合材料的制备

【实验目的】

1. 掌握离子液体的含义；
2. 掌握磺酸基团在复合膜上的重要性；
3. 了解电化学测试的原理和测试方法；
4. 学会分析 XRD 以及红外数据。

【实验重点与难点】

利用基本表征分析离子液体 / 聚乙烯醇复合材料的结构和组成。

【实验原理】

1. 离子液体的定义

离子液体（或称离子性液体）是指全部由离子组成的液体，如高温下的 KCl、KOH 呈液体状态。在室温或室温附近温度下呈液态的由离子构成的物质，称为室温离子液体、室温熔融盐、有机离子液体等。在离子化合物中，阴阳离子之间的作用力为库仑力，其大小与阴阳离子的电荷数量及半径有关，离子半径越大，阴阳离子间的作用力越小，这种离子化合物的熔点就越低。某些离子化合物的阴阳离子体积很大，结构松散，导致阴阳离子间的作用力较低，以至于熔点接近室温。离子液体熔点较低的主要原因是因其结构中某些取代基的不对称性使离子不能规则地堆积成晶体所致。它一般由有机阳离子和无机或有机阴离子构成，常见的阳离子有季铵盐离子、季磷盐离子、咪唑盐离子、吡咯盐离子、阴离子有卤素离子、四氟硼酸根离子、六氟磷酸根离子等。

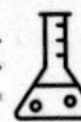

2. 离子液体的制备

改变离子液体中阳离子、阴离子的不同组合，可以设计合成不同的离子液体。离子液体的合成大体上有两种基本方法：直接合成法和两步合成法。

直接合成：通过酸碱中和反应或季铵化反应等一步合成离子液体，操作经济简便，没有副产物，产品易纯化。酸碱中和法合成出了一系列不同阳离子的四氟硼酸盐离子液体。另外，通过季铵化反应也可以一步制备出多种离子液体，如卤化 1– 烷基 3– 甲基咪唑盐，卤化吡啶盐等。

两步合成：直接法难以得到目标离子液体，必须使用两步合成法。两步法制备离子液体的应用很多，常用的是四氟硼酸盐和六氟磷酸盐类。离子液体的制备通常采用两步法。首先，通过季铵化反应制备出该目标阳离子的卤盐；然后用目标阴离子置换出卤素离子或加入 Lewis 酸来得到目标离子液体。在第二步反应中，使用金属盐 MY(常用的是 AgY)，会产生金属盐沉淀，然后在低温搅拌条件下加入强质子酸 HY，多次水洗至中性，用有机溶剂提取离子液体，最后真空除去有机溶剂得到纯净的离子液体。特别注意的是，在用目标阴离子 Y– 交换 X(卤素) 阴离子的过程中，必须尽可能地使反应进行完全，确保没有阴离子留在目标离子液体中，因为离子液体的纯度对于其应用和物理化学特性的表征至关重要。高纯度二元离子液体的合成通常是在离子交换器中利用离子交换树脂通过阴离子交换来制备。

3. 离子液体的电化学应用

由于离子液体具有导电性、难挥发、不燃烧、电化学稳定电位窗口比其他电解质水溶液大很多等特点，因此，将离子液体应用于电化学研究时可以减轻放电，作为电池电解质使用温度远远低于融熔盐，离子液体已经作为电解液应用于制造新型高性能电池、太阳能电池以及电容器等。

离子液晶将液晶分子的有序排列与离子液体的固有电导率结合起来，具有巨大的电化学应用潜力。硫酸咪唑氢通过烷基链与刚性聚合物连接，构建质子导电液晶。刚硬的聚合物链可以在 210℃的温度范围内稳定液晶相，而烷基链保证了离子部分的灵活性，以保证有效的质子传导。由于刚性的聚合物链使宏观排列的长程路径和增加的黏度减少浸出，离子液晶在构建有序复合膜方面比离子液体更具有优势。

【仪器与试剂】

仪器：电子天平；鼓风干燥箱；磁力搅拌器；高分辨扫描电镜；X 射线衍射仪；红外光谱仪；油浴锅；旋转蒸发仪；电化学工作站；烧杯；量筒；烧瓶；培养皿；搅拌子。

试剂：*N*– 甲基咪唑；溴乙烷；环已烷；乙酸乙酯；二氯甲烷；硫酸；聚乙烯醇；标签纸；称量纸。

【实验内容及步骤】

1. 两步法制备离子液体

（1）合成中间体：1– 乙基 –3 甲基咪唑溴盐。用 20 mL 环己烷作反应溶剂，加入 4.11 g *N*– 甲基咪唑和 5.45 g 溴乙烷到烧瓶中，在 70℃的条件下反应 4h，将混合体系冷却至室温后，倒掉上清液，进行旋蒸。最后用乙酸乙酯进行洗涤，重复两到三次。称量，计算产率。

（2）在冰水浴中，通过搅拌将硫酸滴加到以 1– 乙基 –3 甲基咪唑溴盐的二氯甲烷 (CH_2Cl_2) 溶液中。在加入硫酸后，将混合物回流反应 48h。在反应过程中，生成的 HBr 被排出，用碱溶液中和。在真空中除去溶剂后，用无水乙醚反复清洗残渣以去除未反应的试剂。

2. 离子液体 / 聚乙烯醇的合成

复合膜采用溶液浇铸法制备，将离子液体和聚乙烯醇溶解在去离子水中，在 80 ℃下搅拌 5h，得到均匀的溶液。将无泡溶液浇注在一个干净的玻璃培养皿上，在 50 ℃下干燥 14h，得到一个透明的膜。

3. 产物表征

离子液体 / 聚乙烯醇利用 X 射线衍射仪进行测试。测试条件：扫描区间为 4°~ 80°，管压为 40 kV，管流为 30 mA，扫描速度 10°/min。

利用红外光谱测试仪进行各个官能团的测定。

利用扫描电镜测试表面是否均匀混合。

【结果与讨论】

（1）离子液体材料的制备中，溶剂可用丙酮和溴乙烷代替。

（2）列出实验结果（产品的产率、颜色），并根据产物的颜色判断膜上是否成功地嵌入离子液体。

【思考题】

1. 硫酸可以用什么代替？有什么优势？

2. 乙酸乙酯是什么作用？

3. 浇铸法在复合膜制备中的优势是什么？

4. 两步法中，如何提高阴离子交换的程度？

【注意事项】

注意旋转蒸发仪的使用，顺序切勿出错。

第3章　材料现代测试分析方法

实验3.1　材料X射线衍射物相标定数据分析

【实验目的】

1. 了解 X 射线的产生、特点和应用；

2. 了解 X 射线衍射仪的结构和工作原理；

3. 掌握 X 射线衍射物相定性分析的方法和步骤。

【实验重点与难点】

材料 X 射线衍射测试的方法。

【实验原理】

X 射线是波长介于紫外线和 γ 射线间的电磁辐射。由德国物理学家伦琴于 1895 年发现，故又称伦琴射线。X 射线具有很高的穿透本领，能透过许多对可见光不透明的物质，如墨纸、木料等。这种肉眼看不见的射线可以使很多固体材料产生可见的荧光，使相底片感光以及空气电离效应。

1. X 射线的产生

高速运动的电子撞击物质后，与物质中的原子相互作用发生能量转移，损失的能量通过韧致辐射（连续光谱）和特征辐射（线状光谱）的形式释放出 X 射线。

在 X 光管区中，阴极射线的电子流具有高的能量，在轰击到钼靶靶面后，靶内一些原子的内层电子被轰出。这些被轰击出的原子处于能级较高的激发态，由于激发态不稳定，原子外层轨道上面的电子自动填补内层轨道上面的空位，从而辐射出具有特定波长的 X 光。在实验室中，X 射线由 X 射线管产生，X 射线管是具有阴极和阳极的真空管。其中，阴极用钨丝制成，通电后可发射热电子；阳极（靶极）用高熔点金属制成（一般用钨，用于晶体结构分析的 X 射线管还可用铁、铜、镍等材料）。在使用过程中，用几万伏至几十万伏的高压来加速电子，电子束轰击靶极，X 射线就可以从靶极发出。因为电子轰击靶极时会产生高温，所以靶极必须用水冷却，有时还将靶极设计成转动式的。发射出的 X 射线分为两类：

①如果被靶阻挡的电子的能量，不超过一定限度时，发射连续光谱的辐射，这种辐射叫作韧致辐射。

②当电子的能量超过一定限度时，可以发射一种不连续的、只有几条特殊谱线组成的线状光谱，这种发射线状光谱的辐射叫作特征辐射。连续光谱的性质和靶材料无关，而特征光谱和靶材料有关，不同的材料有不同的特征光谱，这就是为什么称为“特征”的原因。（见图 3–1）

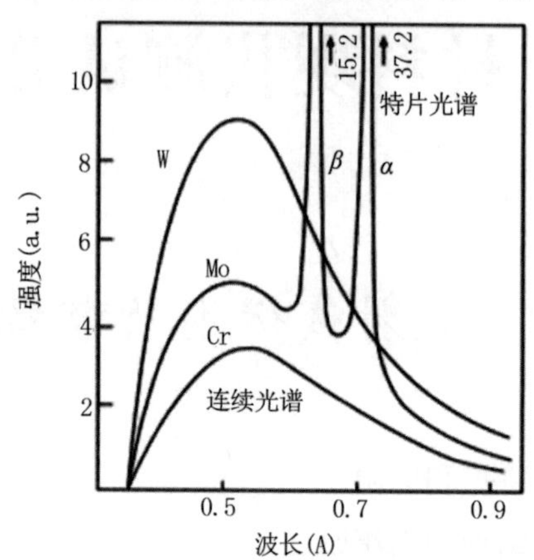

图3–1　X射线管产生的X射线波谱

2. X 射线与物质的交互作用

X 光穿过物质时，由于被散射和吸收，强度将会衰减，衰减规律用式 3–1 表示。

$$I_x = I_0 e^{\mu x} \tag{3-1}$$

式 3–1 中，I_x 为穿过厚度为 x 的物质之后的 X 光强度；I_0 为入射束的 X 光强度；μ 为吸收系数。

3. 布拉格公式

由于 X 光的波长与一般物质中原子的间距同数量级，因此 X 光成为研究物质微观结构的有力工具。当 X 光射入有序排列的晶体时，会发生类似于可见光入射到光栅时的衍射现象。1913 年英国科学家布拉格父子（W. H. Bragg 和 W. L. Bragg）证明了 X 光在晶体上衍射的基本规律为（图 3–2）：

$$2\,d\sin\theta = n\lambda \tag{3-2}$$

式 3–2 中，d 为晶体的晶面间距，即相邻晶面之间的距离；θ 为衍射光的方向与晶面的夹角；λ 为 X 光的波长；n 为一个整数，为衍射级次，式 3–2 称为布拉格公式。根据布拉格公式，既可以利用已知的晶体（d 已知）通过测量 θ 角来研究未知 X 光的波长，也可以利用已知的 X 光（λ 已知）来测量未知晶体的晶面间距。

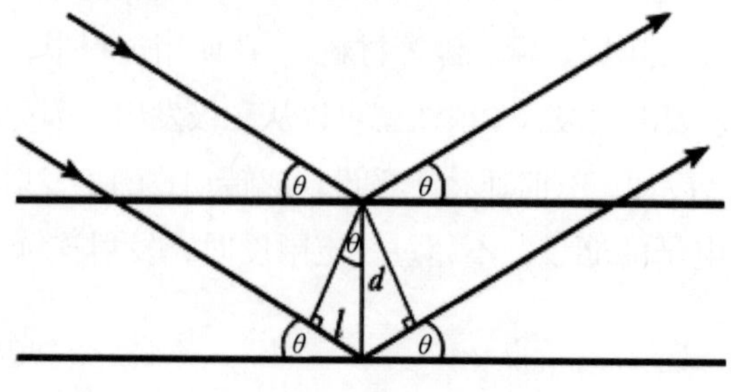

图3–2　X光在晶格上的衍射

4. 谢乐公式（Scherrer 公式）

$$D_{hkl} = k\,\lambda/\beta\,\cos\theta \tag{3-3}$$

式 3-3 中，D_{hkl} 为沿垂直于晶面 (hkl) 方向的晶粒直径；k 为 Scherrer 常数（通常 0.89）；λ 为入射 X 为射线波长（Cu ka 波长为 0.15406 nm，Cu ka1 波长为 0.15418 nm）；θ 为布拉格衍射角 (°　)，β 为衍射峰的半高峰宽。

Dhkl 即为晶粒尺寸，它的物理意义是：垂直于衍射方向上的晶块尺寸。其中 dhkl 是垂直于 (hkl) 晶面方向的晶面间距。

如果将衍射峰看作一个三角形，那么峰的面积等于峰高乘以一半高度处的宽度。这个宽度就称为半高宽 (FWHM)，见图 3-3。

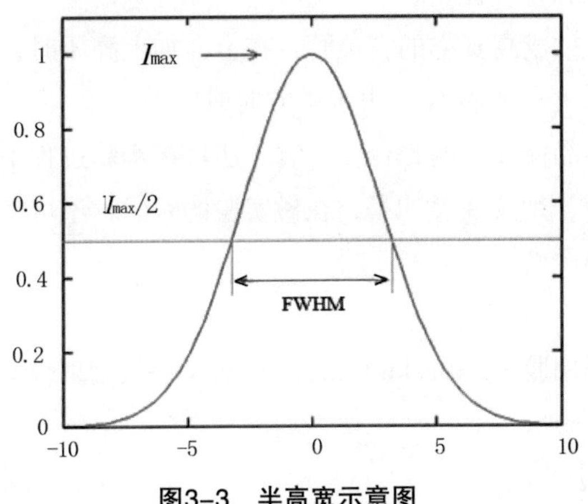

图3-3　半高宽示意图

在很多情况下，我们会发现衍射峰变得比常规要宽。这是由于材料的微结构与衍射峰形有关系。

在正空间中的一个很小的晶粒，在倒易空间中可看成是一个球，其衍射峰的峰宽很宽。而正空间中的足够大的晶粒，在倒易空间中是一个点。与此对应的衍射峰的峰宽很窄。因此，晶粒尺寸的变化，可以反映在衍射峰的峰宽上。据此可以测量出晶粒尺寸。

计算晶粒尺寸时，一般选取低角度的衍射线。如果晶粒尺寸较大，可用较高的角度的衍射线代替。

注意，当晶粒大于 100 nm，衍射峰的宽度随晶粒大小变化不敏感。此时晶粒度可以用 TEM、SEM 计算统计平均值。当晶粒小于 10 nm，其衍射峰随晶粒尺寸的变小而显著宽化，也不适合用 XRD 来测量。

【实验仪器】

该装置分为监控区、X 光管和实验区三个区域（图 3-4）。

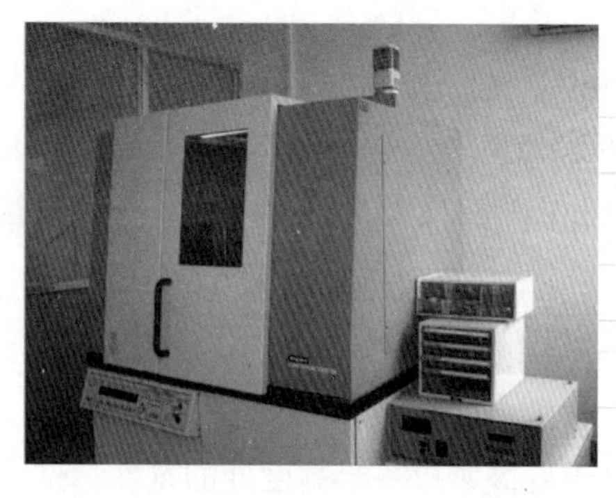

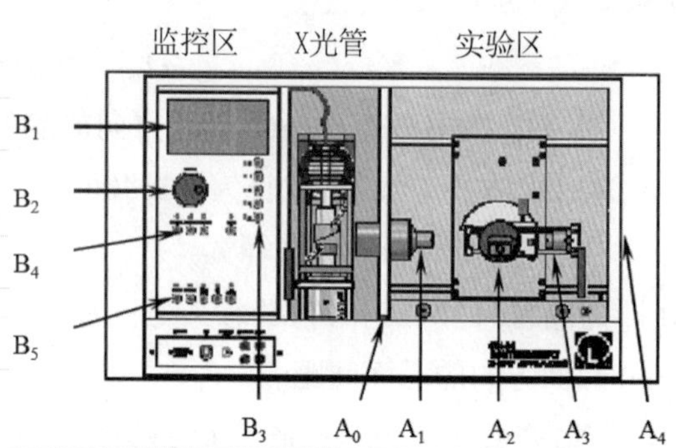

图3-4 X射线衍射仪器的结构

监控区：包括电源和各种控制装置。

X 光管：其为一个抽成高真空的石英管，在上面加上高压时，接地的电子在高压作用下会轰击钼原子产生 X 光，并将 X 光由水平方向射出。

实验区：A_2 为安装晶体样品的靶台，安装方法将在实验过程中加以叙述。实验区是用于安排各种实验的区域，须要注意的是，在做实验的时候，不可将活物放入实验区，并须检查铅玻璃板是否关闭严密。

【仪器与试剂】

仪器：玻璃板；医用胶带；Rigaku D/max–rB 型 X 射线衍射仪。

试剂：MCM–41。

【实验内容及步骤】

1. 开机

打开仪器总电源。

开启“循环水冷机”电源开关，待温度面板出现温度显示后，将“RUN/STOP”开关拨到“RUN”。

开启 XRD 主机背后的电源开关，一定要先向下扳。

开启计算机。

双击“Rigaku”→“Control”，双击“XG operation”图标，出现“XG control RINT2220 Target：CU”对话框；点击“power on”图标，等“红绿灯”图标的绿灯变亮后点击“X–Ray on”图标，主机“X–Ray”指示灯亮，X 射线正常启动，双击“Executing aging”主机将自动将电压加到 30 kV，电流加至 40 mA，完成 X 光管老化。

2. 样品制备

风格块状样品需选用一平整表面作为衍射平面，然后将待测样品放入铝样品架的方框内，用橡皮泥固定好。

粉末样品则选用玻璃样品架，将样品放入样品架的凹槽中，用毛玻璃压平。

按主机上“Door”按钮，轻轻拉开样品室的防护门，将制备好的样品插入样品台，再

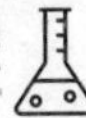

缓慢关闭防护门。

3. 样品测试

双击文件夹“Rigaku”→ right measurement，双击“standard measurement”图标，则出现“standard measurement”对话框。

在“standard measurement”对话框中，双击“condition”下的数字，确定样品测试的参数，即“start angle”，“stop angle”。0.6 ° ~ 4 ° ，1 ° /min。

在“standard measurement”对话框中，输入样品测试的保存文件信息，即子目录路径，“folder name”、文件名“file name”及样品名称“sample name”。

单击“executing measurement”图标，出现“right console”对话框，仪器开始自检，等出现提示框“please change to 10 mm ！”时，单击“OK”，仪器开始自动扫描并保存数据。

4. 关机

全部样品测试完成后，双击文件夹“Rigaku”→“Control”，双击“XG operation”图标，出现“XG control RINT2220 Target：CU”对话框。

在“XG control RINT2220 Target：CU”对话框，先通过单击“set”将电流升至 40 mA，电压升至 40 kV，再将电流降至 2 mA，电压降至 20 kV，然后单击“X–Ray off”图标，主机“X–Ray”指示灯灭，X 射线关闭，等“红绿灯”图标的绿灯变亮后，单击“power off”图标，即主机电源关闭。

主机电源关闭半小时后关闭循环冷却水系统，即先将“RUN/STOP”开关拨到“STOP”，再关闭其电源开关。

最后关闭总电源，测试结束。

【结果与讨论】

晶粒尺寸通常用晶粒度来衡量（图 3–5）。本实验利用谢乐公式计算材料的晶粒度。

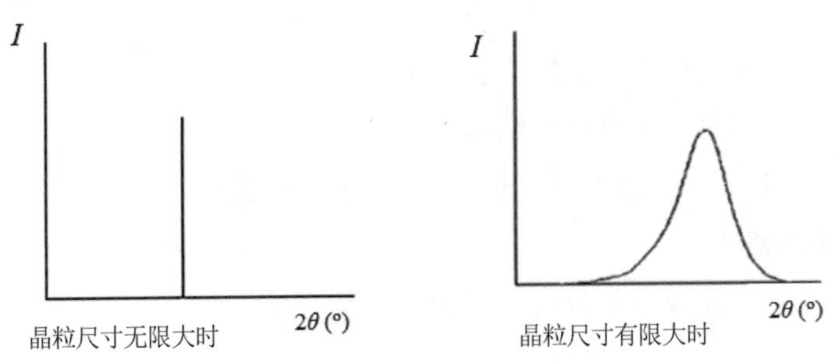

图3–5　材料的晶粒度示意图

【注意事项】

1. 对于仪器的使用一定要做到细致与安全。X 射线作为一种对人体有损伤的射线，在实验过程中我们必须谨遵实验说明书上面的操作要求，做好安全工作。

2. 进行实验时间设置的时候，由于时间 Δt 是每次测量的持续时间，而传感器的工作方式是将发出的光进行叠加求平均，即时间 Δt 越长越好，但也不能太长，以避免实验时间过长。

3. 在实际操作中如何从一张普通的 XRD 图谱中获得上述的参数来计算晶粒尺寸还存在以下问题：

（1）用 XRD 计算晶粒尺寸必须扣除仪器宽化和应力宽化影响。如何扣除仪器宽化和应力宽化影响？在什么情况下，可以简化这一步骤？

答：在晶粒尺寸小于 100 nm 时，应力引起的宽化与晶粒尺度引起的宽化相比，可以忽略。此时，Scherrer 公式适用。但晶粒尺寸大到一定程度时，应力引起的宽化比较显著，此时必须考虑引力引起的宽化，Scherrer 公式不再适用。

（2）通常获得的 XRD 数据是由 $K\alpha$ 线计算得到的。此时，须要 $K\alpha_1$ 和 $K\alpha_2$ 必须扣除一个。如果没扣除，肯定不准确。

（3）扫描速度也有影响，要尽可能慢，一般扫速是 2°/min。

（4）一个样品可能有很多衍射峰，是计算每个衍射峰对应晶粒尺寸后平均？

答：通常计算每个衍射峰晶粒尺寸后进行平均。当然只有一两峰的时候，就没有必要强求。

（5）有的 XRD 数据中给出了 WIDTH 值，是不是半高宽度的值？能不能直接代入上面公式？如果不能，如何根据 XRD 图谱获得半峰宽？

答：β 为衍射峰的半高峰宽时，k=0.89；β 为衍射峰的积分宽度时，k=1.0。其中积分宽度 = 衍射峰面积积分 / 峰高。

实验3.2　罗丹明6G的紫外—可见分光光谱分析

【实验目的】

1. 了解紫外—可见光的产生、特点和应用；
2. 了解紫外—可见分光光度仪的结构和工作原理；
3. 掌握紫外—可见分光光度仪定量分析的方法和步骤。

【实验重点与难点】

紫外—可见分光光度仪定量分析的方法。

【实验原理】

紫外—可见分光光度法通常是指利用物质对 200 ~ 800nm 光谱区域内的光具有选择性吸收的现象，对物质进行定性和定量分析的方法。按测量光的单色程度（即含波长范围的宽窄程度）分为分光光度法和比色法。利用比较溶液颜色深浅的方法来确定溶液中有色物质的含量方法称比色法。应用分光光度计，根据物质对不同波长的单色光的吸收程度不同而对物质进行定性和定量分析的方法称分光光度法（又称吸光光度法）。

当白光照射到物质上时，如果物质对白光中某种颜色的光产生了选择性的吸收，则物质就会显示出一定的颜色。物质所显示的颜色是吸收光的互补色（如图 3-6）。

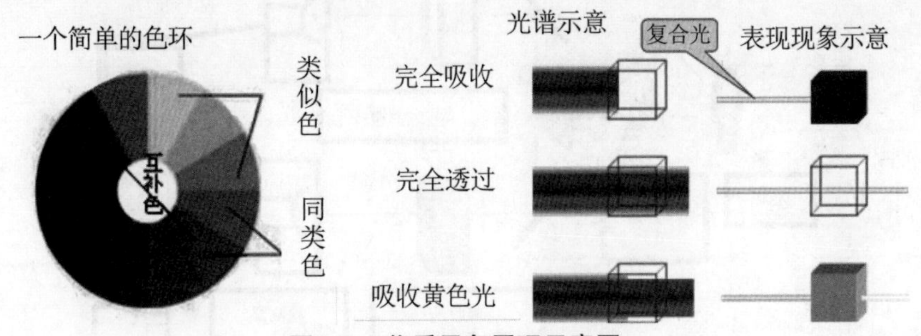

图3-6　物质显色原理示意图

利用一定频率的紫外—可见光照射分析物，它将有选择地被吸收（图 3-7）。吸收光谱可以反映出物质的特征。

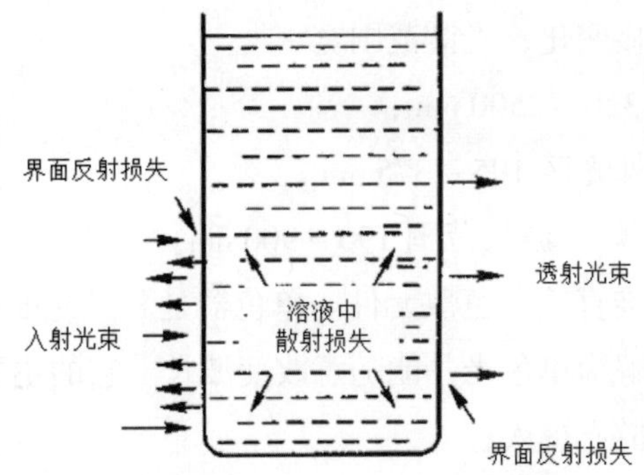

图3-7　溶液对紫外—可见光的吸收示意图

因此，由物质光谱的特异性对物质进行定性分析，并根据吸收强度对物质做定量测试。

在一定的条件下，吸光物质对单色光的吸收符合朗伯比尔定律：

$$A=-\lg T==\varepsilon bc \tag{3-4}$$

式 3-4 中，A 为吸光度；b 为光程长度（即吸收池厚度），cm；c 为吸光物质的物质的量浓度，mol/L；ε 为摩尔吸光系数，L/(mol · cm)。

由式 3-4 可知，当 b、ε 一定时，吸光物质的吸光度为其浓度 c 的单值（线性）函数。因此对吸光物质的浓度的测试可直接归结为对吸光度 A 的测试。

（1）单光束分光光度计（图 3-8）。

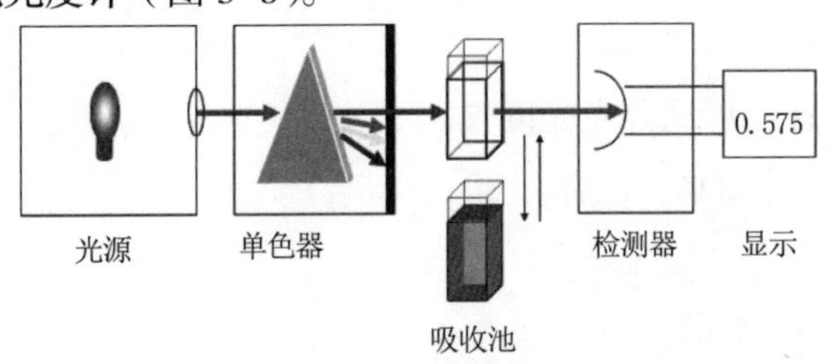

图3-8　单光束分光光度计示意图

（2）双光束分光光度计（图 3–9）。

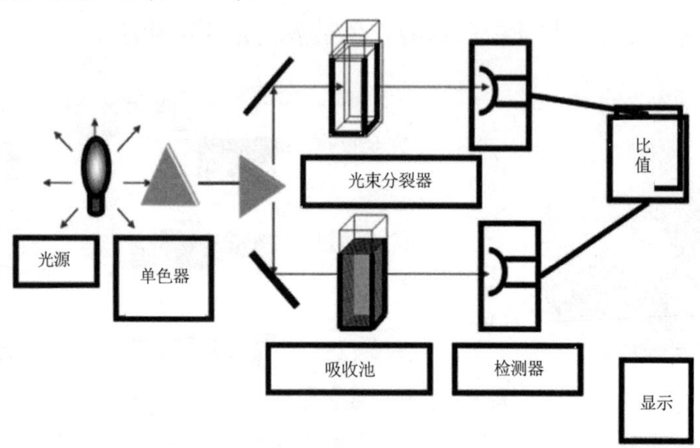

图3–9 双光束分光光度计示意图

光源要求：能提供连续的辐射；光强度足够大；使用寿命长，价格低；在整个光谱区内光谱强度不随波长有明显变化；光谱范围宽。

①钨灯——可见光区 320 ~ 2500 nm；

②氢灯或氘灯——紫外光区 195 ~ 375 nm；

③ U3010（碘钨灯、氘灯）波长范围 190 ~ 900 nm。

单色器：包括狭缝、准直镜、色散元件。单色器是分光光度计的心脏部分，主要作用是把来自光源的混合光分解为单色光并能随意改变波长。它的主要组成部件和作用是：

①射狭缝——限制杂散光进入；

②色散元件——即棱镜或光栅，是核心部件，可将混合光分解为单色光；

③准直镜——把来自入射狭缝的光束转化为平等光，并把来自色散元件的平等光聚焦于出射狭缝上；

④出射狭缝——只让特定波长的光射出单色器。

吸收池：玻璃——由于吸收紫外 UV 光，仅适用于可见光区；石英——适用于紫外和可见光区。

检测器：将光信号转变为电信号的装置，主要包括光电管、光电倍增管和二极管阵列检测器。

记录装置：讯号处理和显示系统。

【仪器与试剂】

仪器：样品池；紫外—可见分光光度仪。

试剂：罗丹明 6G；蒸馏水；乙醇。

【实验内容及步骤】

本实验步骤如图 3–10 所示。

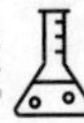

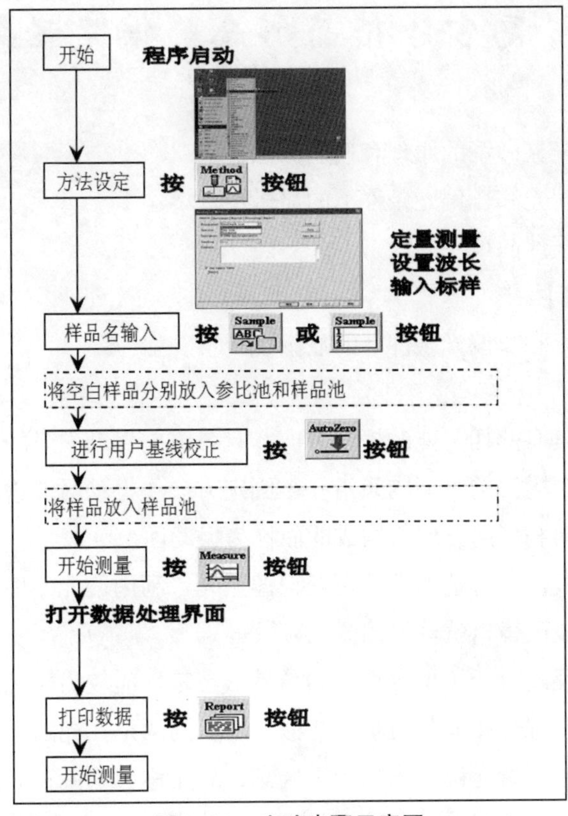

图3-10　实验步骤示意图

【注意事项】

1. 开机预热 15 min 左右。

2. 测定时注意事项

（1）参照池和吸收池应是一对校正好的匹配的吸收池，材料和规格一致。

（2）使用前后应将洗手池洗净，测量时不能用手接触窗口。

（3）已匹配好的比色皿不能用炉子和火焰干燥，不能加热，以免引起光程长度上的改变。

3. 测量条件的选择

（1）选择适宜波长的入射光。由于有色物质对光有选择性吸收，为了使测定结果有较高的灵敏度，必须选择溶液最大吸收波长的入射光。

（2）控制吸光度 A 的准确的读数范围。由朗伯－比耳定律可知，吸光度只有控制在 0.2 ~ 0.7 读数范围内时，测量的准确度较高。

（3）选择参比溶液。参比溶液是用来调节仪器工作零点的。若样品溶液、试剂、显色剂无色，可用蒸馏水作参比溶液；反之应采用不加显色剂的样品液作参比溶液。

4. 用完后先关程序，再关仪器开关，关电源，关闭计算机。

5. 正确登记，将仪器及实验台擦干净。

实验3.3 高分子结晶形态的偏光显微镜观察

【实验目的】

1. 了解和掌握偏光显微镜的原理和使用方法；
2. 高分子球晶在偏光和非偏光条件下的显微镜观察；
3. 了解影响高分子球晶尺寸的因素。

【实验重点与难点】

高分子球晶在偏光和非偏光条件下的显微镜观察。

【实验原理】

物质发出的光波具有一切可能的振动方向，且各方向振动矢量的大小相等，称为自然光。当矢量固定在一个固定的平面内只沿一个固定方向作振动时，这种光称为偏振光。偏振光的光矢量振动方向和传播方向所构成的面称为振动面。

自然光通过偏振棱镜或人造偏振片可获得偏振光。利用偏光原理，可对某些物质具有的偏光性进行观察的显微镜，就称为偏振光显微镜。

用偏光显微镜研究高分子（聚合物）的结晶形态是目前较为简便而直观的方法。偏光显微镜的成像原理与常规金相显微镜基本相似，所不同的是在光路中插入两个偏光镜。一个在载物台下方，称为下偏光镜，用来产生偏光，故又称起偏镜；另一个在载物台上方的镜筒内，称为上偏光镜，它被用来检查偏光的存在，故又称检偏镜。凡装有两个偏光镜，而且使偏振光振动方向互相垂直的一对偏光镜称为正交偏光镜。起偏镜的作用是使入射光分解成振动方向互相垂直的两条线偏振光，其中一条被全反射，另一条则入射。正交偏光镜间无样品或有各向同性（立方晶体）的样品时，视域完全黑暗。当有各向异性样品时，光波入射时发生双折射，再通过偏振光的相互干涉获得结晶物的衬度。高分子的结晶过程是高分子大分子链以三维长程有序排列的过程。高分子可出现不同的结晶形态，如球晶、串晶、树枝晶等。当结晶的高分子具有各向异性的光学性质，就可用偏光显微镜观察其结晶形态。本实验将观察聚乙烯 (PE) 和聚丙烯 (PP) 的结晶形态。高分子的球晶在非偏光条件下观察为圆形，而在正交偏光下却并不呈完整的圆形，而是四叶瓣的多边形，即中间有十字消光架，这些都是由于正交偏光及球晶的生长特性所决定的。

【仪器与试剂】

仪器：带热台偏光显微镜 1 套；型号 XPR–500 偏光显微镜；带热台 XPR500 熔点测定仪；载玻片；盖玻片若干；切刀 1 把；镊子 1 个。

试剂：结晶高聚物颗粒料。

【实验内容及步骤】

1. 熔点测定

从颗料上切取少许材料，放在载玻片上，盖上盖玻片，放在热台上，升温，材料软化后，用镊子轻压盖玻片，使材料形成薄膜试样。继续升温，观察，记录下视场完全变暗时的温度。根据熔点，初步判断各结晶高聚物的名称。

2. 球晶尺寸

任选一种结晶高聚物颗粒，如上述方法先制成薄膜试样。加热到试样熔点以上，以某一速率降温或迅速降至某一结晶温度下，观察晶核形成与球晶直径随时间的变化。改变降温速率或结晶温度，观察并记录球晶生长速率，测量球晶最终尺寸。

【结果与讨论】

1. 画出非偏光和正交偏光条件下聚乙烯 (PE) 和聚丙烯 (PP) 的结晶形态。

2. 画出不同过冷度下的球晶，并说明原因。

【思考题】

1. 给出各试样的熔点并解释它们熔点不同的结构原因。

2. 冷却速率或结晶温度对球晶大小与球晶生长速率的影响如何，说明原因。

3. 为什么球晶在偏光显微镜下呈黑十字花样？

【注意事项】

1. 在使用显微镜时，任何情况下都不得用手或硬物触及镜头，更不允许对显微镜的任何部分进行拆卸。镜头上有污物时，可用镜头纸小心擦试，但须经教师同意。

2. 用显微镜观察时，物镜与试片间的距离，可先后用粗调 / 细调旋钮调节，直至聚焦清晰为止。禁防镜头触碰盖玻片。

3. 试样在加热台上加热时，要随时仔细观察温度和试样形貌变化，避免温度过高引起试样分解。

实验3.4　高聚物的黏均分子量的测定

【实验目的】

1. 掌握毛细管黏度计测定高聚物分子量的原理；

2. 学会用黏度法测定特性黏数；

【实验重点与难点】

毛细管黏度计测定高聚物分子量的原理。

【实验原理】

黏度法是测定高聚物分子量的简便方法之一。该方法是根据线型高聚物溶液的黏度随分子量增加的原理来测定的。由于溶液中大分子链段间及溶剂分子与大分子间的相互作用，使分子链具有很复杂的构象，因此溶液黏度虽然与分子量有一定的关系，但它们之间的关系只能由某些经验方程式来确定。

通常，将纯溶剂的黏度记作 η_0，将高分子溶液的黏度记作 η，溶液黏度与纯溶剂黏度之比 η/η_0 称为相对黏度，用 η_r 表示：

$$\eta_r=\eta/\eta_0 \tag{3-5}$$

而将溶液黏度增加的分数称为增比粘度，用 η_{sp} 表示：

$$\eta_{sp}=\frac{\eta-\eta_0}{\eta_0}=\eta_r-1 \tag{3-6}$$

对于一般低分子溶液，其增比黏度 η_{sp} 与浓度成正比关系，则 η_{sp}/C 为常数，η_{sp}/C 又称比浓黏度。对高分子溶液而言，由于大分子链的特殊性，比浓黏度表现出高黏度的特性，并且其增比黏度随溶液浓度的增加而增加，为了得到黏度与分子量之间的对应关系，往往用消除浓度对增比黏度的影响来求得，即取浓度趋于零时的比浓黏度（因为浓度趋于零时，大分子间作用力可忽略不计），用 $[\eta]$ 表示，称为特性黏数（或特征黏度）（mL/g）。

$$[\eta]=\lim_{c\to 0}\frac{\eta_{sp}}{C} \tag{3-7}$$

高聚物的特性黏度与分子量的关系，还与大分子在溶液里的形态有关。一般大分子在溶液中卷得很紧，当流动时，大分子中的溶剂分子随大分子一起流动，则大分子的特性黏度与其分子量的平方根成正比；若大分子在溶液中呈完全伸展和松散状，当流动时，大分子中溶剂分子是完全自由的，此时大分子的特性黏度与分子量成正比，而大分子的形态是大分子链段和大分子，也就是溶剂分子之间相互作用力的反映。因此，特性黏度与分子量的关系随所用溶剂、测定温度不同而不同，目前常采用一个包含两个参数的经验式来表示：

$$[\eta]=KM^a \tag{3-8}$$

式 3–8 中，K 为聚合物种类、溶剂体系、温度范围等有关的常数，也有的需要借助其他直接测定分子量方法来确定。

将 3–8 式化成对数形式：

$$\lg[\eta]=\lg K+a\lg M \tag{3-9}$$

只要将经过仔细分级的样品，测定各级分的 $[\eta]$ 和用光散射法、渗透压法、超速离心等直接方法测定相对应的分子量，就可以做出 $\log M$ 的线性关系图，此时直线的斜率为 a，直线的截距为 $\lg K$，从而求出 K 与 a。

【仪器与试剂】

仪器：恒温玻璃缸水槽；乌氏粘度计；加热器；烧杯（50 mL）；容量瓶（50 mL）；吸耳球。

试剂：聚乙烯醇；蒸馏水。

【实验内容与步骤】

1. 纯溶剂流出时 t_0 的测定

将干净的黏度计，用纯溶剂洗 2 ~ 3 次，再固定在恒温（30 ± 0.1 ℃）水槽中，使其

保持垂直，并使 E 球全部浸泡在水中并过 a 线，然后将 50mL 左右纯溶剂从 A 管加入，恒温 10 ~ 15 min，开始测定，闭紧 C 管上的乳胶管，用吸耳球从 B 管将溶液吸入 G 球的一半，拿下吸耳球打开 C 管，记下溶液流经 a、b 刻度线之间的时间 t_0。重复 3 次测定，每次误差＜ 0.2 s，取 3 次的平均值。

2. 溶液流经时间的测定

取洁净干燥的聚乙烯醇试样，在分析天平下准确称取（0.15 ± 0.001 ~ 0.002）g，溶于 50 mL 烧杯内（加纯溶剂 30 mL 左右），微微加热，使其完全溶解，但温度不宜高于 60 ℃，待溶质完全溶解后转移入 50 mL 容量瓶内（用纯溶剂将烧杯洗 2 ~ 3 次滤入容量瓶内）。恒温 15 min 左右，用准备好的纯溶剂稀释到刻度，反复摇均匀，再从 A 管加入黏度计内（50mL 左右）。将黏度计固定在恒温（30 ± 0.1 ℃）水槽中，使其保持垂直，并使 E 球全部浸泡在水中并过 a 线，恒温 10 ~ 15 min，开始测定，闭紧 C 管上的乳胶管，用吸耳球从 B 管将溶液吸入 G 球的一半，拿下吸耳球打开 C 管，记下溶液流经 a、b 刻度线之间的时间 t。重复 3 次测定，每次误差＜ 0.2 s，取 3 次的平均值。

【结果与讨论】

1．特性黏数的求得

（1）外推法（多点法）。由前面已经知道，特性黏度是当溶液浓度趋于零时的比浓黏度，表示它们关系的经验式很多，其中最常用的有下列两种：

$$\frac{\eta_{sp}}{C}=[\eta]+K'[\eta]^2C \tag{3-10}$$

$$\frac{\ln\eta_r}{C}=[\eta]-K''[\eta]^2C \tag{3-11}$$

以 η_{sp}/c 对 C 或 $\ln\eta_r/C$ 对 C 作图都可以得 $[\eta]$ 外推到 $C=0$ 时的截距为 $[\eta]$。如图 3–11 所示。

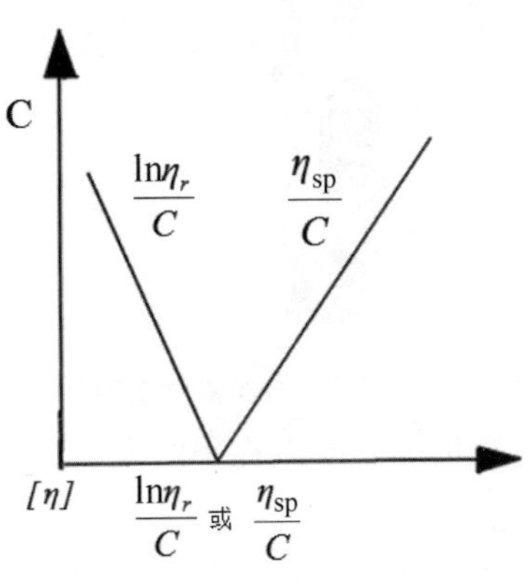

图3–11　黏度和浓度的关系

外推法求特性黏数须要在几个不同浓度下测定其黏度，从而求 η_{sp}/C 对 C 或 $\ln\eta_r/C$ 对

C 的关系，因此又称多点法，此方法比较麻烦，不适用于生产上快速测定的需要，现在经常采用简化的“一点法”。

（2）一点法。通过测定一个浓度下的 η_{sp} 和 ηr 求得特性黏数 $[\eta]$ 的方法，称为“一点法”。

当 $K^{'}+K^{''}=\frac{1}{2}$ 时，由上 3–10 和 3–11 式解出下列关系：

$$[\eta]=\frac{\sqrt{2(\eta_{sp}-\ln\eta_r)}}{C} \tag{3-12}$$

许多实验表明：很多高分子溶液中 $K^{'}+K^{''}=\frac{1}{2}$，其中顺 1，4 聚丁二烯体系可采用式 3–12。

在黏度法测定聚合物分子量时，测定溶液黏度的绝对值是很困难的，所以一般都是测定其相对黏度，本实验采用的是毛细管计（乌氏黏度计），如图 3–12 所示。

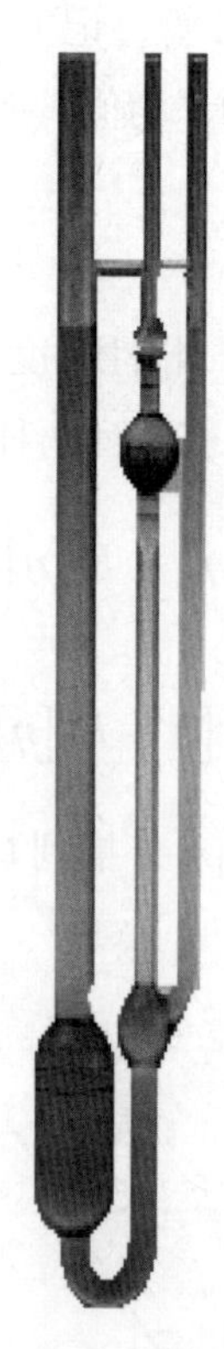

图3–12　毛细管计示意图

一般被测溶液的浓度是比较稀的，所以在平时实验中选用纯溶剂流出时间 100 ~ 200s 之间，动能校正项可忽略。于是：

$$\eta_r=\frac{t}{t_0} \tag{3-13}$$

$$\eta_{sp}=\frac{t}{t_0}-1=\eta_r-1 \tag{3-14}$$

通过实验，测定纯溶剂、溶液（不同浓度）流经毛细管 a 与 b 之间的时间 t、t_0，用一点法求得 $[\eta]$，再用式 3–8 求得分子量 M。

2. 数据记录及处理

将记录数据整理到下表中。

次数	t_0	t	η_r	η_{sp}	$[\eta]$
1					
2					
3					
平均					

聚乙烯醇水溶液在 30 ℃时，$K = 0.0666$，$a = 0.64$。

【注意事项】

1. 恒温水槽温度严格控制（30 ± 0.1）℃，如果高于或低于要重做。

2. 加热器、恒温玻璃水槽配用 500 ~ 600 W 之间为宜，否则功率太小，加热时间长，功率太大温度波动大。

3. 所用玻璃仪器必须洗净烘干。

4. 所用仪器用纯溶剂洗 2 ~ 3 次，然后装满纯溶剂放好。

5. 溶剂、溶液倒入回收瓶。

6. 使用黏度计时要小心，否则易折断黏度计管。

【思考题】

1. 用一点法测分子量有什么优越性？

2. 资料里查不到 K、a 值，如何求得 K、a 值？

3. 在测定分子量时要注意哪几点？

实验3.5　结晶聚合物熔点的测定

【实验目的】

1. 了解显微熔点测定仪的工作原理；

2. 掌握显微熔点测定仪的使用方法；

3. 观察聚合物熔融的全过程。

【实验重点与难点】

显微熔点测定仪的工作原理及使用方法。

【实验原理】

1. 熔点测定原理

熔点是晶态聚合物最重要的热转变温度，是聚合物最基本的性质之一。因此聚合物熔点的测定对理论研究及对指导工业生产都有重要意义。

聚合物在熔融时，许多性质都发生不连续的变化，如热容量、密度、体积、折射率、双折射及透明度等，具有热力学一级相转变特征。这些性质的变化都可用来测定聚合物的熔点。本实验采用显微镜仪器，观察聚合物在熔融时透明度发生变化的方法来测定聚合物的熔点。此法迅速、简便，用料极少，结果也比较准确，故应用广泛。

2. 仪器

（1）仪器原理。将聚合物试样置于热台表面中心位置，盖上隔热玻璃，形成隔热封闭腔体，热台可按一定速度升温，当温度达到聚合物熔点时，可在显微镜下清晰地看到聚合物试样的某一部分的透明度明显增加并逐渐扩展到整个试样。热台温度用玻璃水银温度计显示。在样品熔化完瞬间，立即在温度计上读出此时的温度，即为该样品的熔点。

（2）仪器结构。仪器的光学系统由成像系统和照明系统两部分组成。成像系统由目镜、棱镜和物镜等组成。照明系统由加热台小孔和反光镜等组成。

【仪器与试剂】

仪器：显微熔点测定仪；单面刀片；载玻片；盖玻片数片。

试剂：聚乙烯粒料。

【实验内容及步骤】

1. 插上电源，将控温旋钮全部置于零位。

2. 仪器使用前必须将热台预热除去潮气，这时须将控温旋钮调置 100 V 处，观察温度计至 120 ℃，潮气基本消除之后将控温旋钮调至零位。再将金属散热片置于热台中，使温度迅速下降到 100 ℃以下。

3. 取一片干净载玻片放在实验台台面上，用单面刀片从试样粒料上切下均匀的一小薄片试样放在载玻片上，盖上盖玻片，用镊子将被测试样置于热台中央，最后将隔热玻璃盖在加热台的上台肩面上。

4. 旋转显微镜手轮，使被测样品位于目镜视场中央，以获得清晰的图像。

5. 将控温旋钮旋到 50 V 处，由微调控温旋钮控制升温速度为 2 ~ 3 ℃ /min，在距熔点 10 ℃时，由微调控温旋钮控制升温速度在 1 ℃ /min 以内，同时开始记录时间和温度，2 min 记录一次。

6. 当在显微镜中观察到试样某处透明度明显增加时，聚合物即开始熔融，记录此时的温度，并观察聚合物的熔融过程，当透明部分扩展到整个试样时，熔融过程即结束，将此时的温度记录下来，此温度即聚合物的熔点；而从刚开始熔融时的温度到熔点之间的温度段即为熔限。

7. 将金属散热片置于热台上，使热台温度迅速下降，当温度降到离高聚物熔点 30~ 40℃

时，即可进行下次测量，重复测定三次。

8. 测定完毕，将控温旋钮与微调控温旋钮调至零位，再将物镜调起一定高度，拔下电源。

9. 清理实验台上的测试完试样，将实验工具摆放好，结束实验。

【结果与讨论】

将实验实验结果记录在下面的表格中。

1	时间	开始熔融	熔融结束
	温度（℃）		
2	时间	开始熔融	熔融结束
	温度（℃）		
3	时间	开始熔融	熔融结束
	温度（℃）		
熔限		熔点	

【思考题】

1. 聚合物熔融时为什么有一个较宽的熔融温度范围？

2. 列举一些其他测定聚合物熔点的方法，并简述测量原理。

实验3.6　三草酸合铁(Ⅲ)酸钾的红外光谱测定

【实验目的】

1. 掌握红外光谱分析法的基本原理；

2. 掌握傅里叶红外光谱仪的操作方法；

3. 掌握用 KBr 压片法制备固体样品进行红外光谱测定的技术和方法。

【实验重点与难点】

红外光谱分析法的基本原理。

【实验原理】

1. 红外吸收光谱

按照分析原理，光谱技术主要分为吸收光谱、发射光谱和散射光谱三种。按照被测位置的形态来分类，光谱技术主要有原子光谱和分子光谱两种。红外光谱属于分子光谱，有红外发射和红外吸收光谱两种。常用的为红外吸收光谱。

分子运动有平动、转动、振动和电子运动四种，其中后三种为量子运动。分子从较低的能级 E_1，吸收一个能量为 hv 的光子，可以跃迁到较高的能级 E_2，整个运动过程满足能量守恒定律 E_2–E_1=hv。能级之间相差越小，分子所吸收的光频率越低，波长也就越长（见图 3–13）。

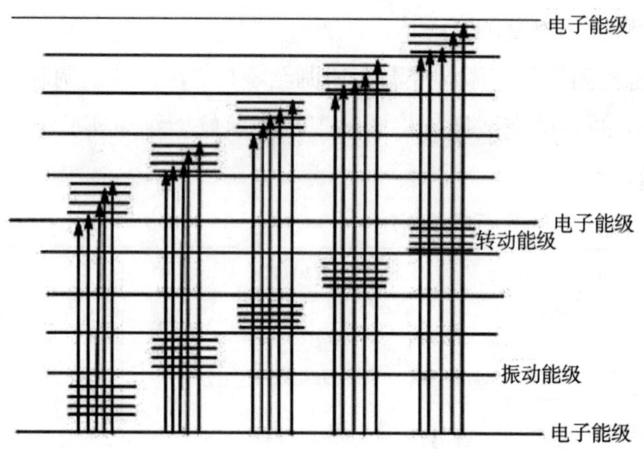

图3-13 分子内的能级示意图

红外吸收光谱是由分子振动和转动跃迁所引起的，组成化学键或官能团的原子处于不断振动（或转动）的状态，其振动频率与红外光的振动频率相当。所以，用红外光照射分子时，分子中的化学键或官能团可发生振动吸收，不同的化学键或官能团吸收频率不同，在红外光谱上将处于不同位置，从而可获得分子中含有何种化学键或官能团的信息。红外光谱法实质上是一种根据分子内部原子间的相对振动和分子转动等信息来确定物质分子结构和鉴别化合物的分析方法。

分子的纯转动能谱出现在远红外区（25 ~ 300 μm）；分子的纯振动能谱一般出现在中红外区（2.5 ~ 25 μm）。只有当分子的偶极矩发生变化时，分子的振动才具有红外活性；如果分子的极化率发生变化，则分子振动具有拉曼活性。

2. 分子的振动类型

在中红外区，分子中的基团主要有两种振动模式，即伸缩振动和弯曲振动。伸缩振动是指基团中的原子沿着价键方向来回运动（有对称和反对称两种），而弯曲振动是指垂直于价键方向的运动（如摇摆、扭曲和剪式等），例如亚甲基的振动形式如图 3-14 所示。

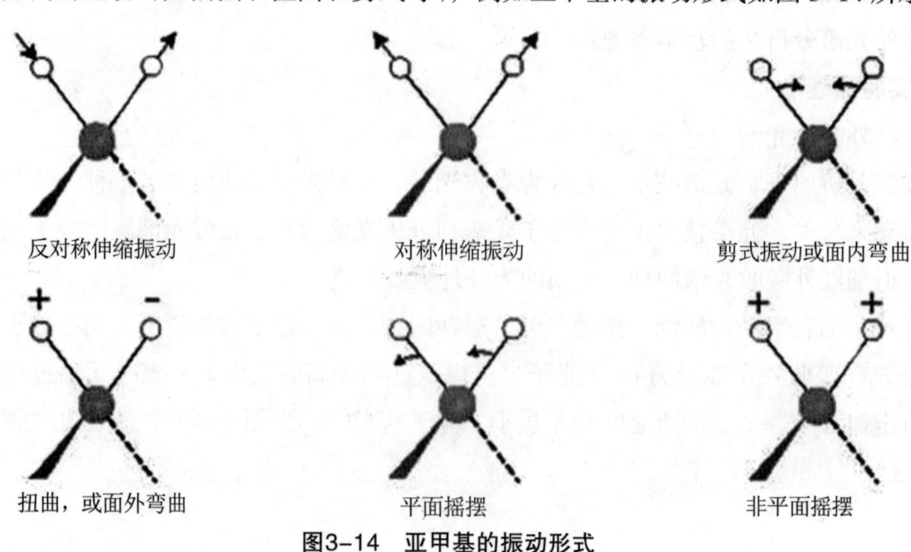

图3-14 亚甲基的振动形式

3. 红外光谱

通常将红外光谱分为三个区域：近红外区 (0.75 ~ 2.5 μm)、中红外区 (2.5 ~ 25 μm) 和远红外区 (25 ~ 300 μm)。由于绝大多数有机物和无机物的基频吸收带都出现在中红外区，因此中近红外光仪的光谱区是研究和应用最多的区域，积累的资料也最多，仪器技术最为成熟。通常所说的红外光谱即指中红外光谱。

按吸收峰的来源，可以将中红外光谱图 (2.5 ~ 25 μm) 大体上分为特征频率区 (2.5~7.7 μm，即 4000 ~1330 cm^{-1}) 以及指纹区 (7.7 ~ 16.7 μm，即 1330 ~ 400 cm^{-1}) 两个区域。特征频率区中的吸收峰是由基团的伸缩振动产生，具有很强的特征性，因此在基团鉴定工作上很有价值，主要用于鉴定官能团，如羰基在酮、酸、酯或酰胺等化合物中，其伸缩振动总是在 5.9 μm 左右出现一个强吸收峰。指纹区的区峰多而复杂，没有强的特征性，主要是由一些单键 C–O、C–N 和 C–X(卤素原子) 等的伸缩振动及 C–H、O–H 等含氢基团的弯曲振动以及 C–C 框架振动产生。当分子结构稍有不同时，该区的吸收峰就有细微的差异。指纹区对于区别结构类似的化合物很有帮助。

4. 影响红外振动频率的因素

影响红外振动频率的外在条件主要指样品的物态（气、液和固）、溶剂种类、测试温度和测试仪器等（见表 3–1）。内部因素主要是分子结构方面的影响，包括诱导效应、共轭效应、空间效应和氢键作用等。

表3–1　影响振动频率的因素

影响因素	描述	举例	备注
诱导效应	基团附近有不同电负性的取代基时，由于诱导效应引起分子中电子云分布的变化，从而引起键力常数的变化，使基团吸收频率变化 吸电子基使邻近基团吸收波数升高，给电子基则使邻近基团吸收波数下降 吸电子能力越强，升高的越多，给电子能力越强，下降越明显	CH_3CHO (1713 cm^{-1}) CH_3COCH_3 (1715 cm^{-1}) CH_3COCl (1806 cm^{-1}) 解释：Cl的吸电子能力>甲基>H，因此对于C=O的振动频率而言，酰氯>酮>醛	这种诱导效应的存在对于判别C=O的归属有很重要的意义
共轭效应	在共轭体系中由于原子间的相互影响而使体系内的π电子（或p电子）分布发生变化的一种电子效应 共轭效应使共轭体系的电子云密度以及键长平均化，双键略有伸长，单键略有缩短。主要的共轭体系包括π–π共轭和p–π共轭（σ–π超共轭等其他共轭形式影响相对较小） 基团与吸电子基共轭，振动频率增加；基团与给电子基团共轭，振动频率下降	CH_3COCH_3 (1715 cm^{-1}) CH_3–CH=CH–$COCH_3$ (1677 cm^{-1}) P–CO–Ph (1665 cm^{-1}) 解释：C=O与双键形成π–π共轭，双键为给电子基团，因此C=O的振动频率下降；而当C=O与苯环形成共轭体系时，C=O的振动频率下降得更多	共轭效应沿共轭体系传递不受距离的限制，因而可以显著地影响基团的振动频率

诱导效应是一种静电诱导作用，其作用随所经距离的增大而迅速减弱。根据各种实验测定，一些常见基团的电子效应的强度与方向大致有以下次序：

吸电子诱导 (–I)：

N^+R_3>NO_2>CN>SO_3H>F>Cl>Br>I>HC ≡ C–>CH_3O–>C_6H_5>CH_2=CH–

给电子诱导 (+I)：

$(CH_3)_2C$>$(CH_3)_2CH$>CH_3CH_2>CH_3>H(与电负性大于碳的原子或基团相连)

吸电子共轭 (–C)：

NO_2>CN>CHO>$COCH_3$>$COOC_2H_3$

给电子共轭 (+C)：

F>Cl>Br>I,$(CH_3)_3C$>$(CH_3)_2CH$>CH_3CH_2>CH_3>H,OR>SR>SeR>TeR,NR_2>OR>F

氢键：形成氢键（特别是分子内氢键）往往使吸收频率向低波数移动，吸收强度增加并变宽。

5. 常见有机基团的特征振动频率

各种基团在红外谱图的特定区域会出现对应的吸收带，其位置大致固定。常见基团的特征振动频率可以大致分为四个区域 53 ：

（1）4000 ~ 2500 cm^{-1} 为 X–H 的伸缩振动区（O–H、N–H、C–H 和 S–H 等）。

（2）2500 ~ 2000 cm^{-1} 为三键和累积双键伸缩振动区（C ≡ C、C ≡ N、C=C=C 和 N=C=S 等）。

（3）2000 ~ 1550 cm^{-1} 为双键的伸缩振动区（主要是 C=C 和 C=O 等）。

（4）1550 ~ 600 cm^{-1} 主要由弯曲振动和 C–C、C–O、C–N 单键的伸缩振动。

具体而言：

（1）C–H。

①烷烃：C–H 伸缩振动（3000 ~ 2850 cm–1）; C–H 弯曲振动（1465 ~ 1340 cm^{-1}）一般饱和烃 C–H 伸缩均在 3000 cm–1 以下，接近 3000 cm^{-1} 的频率吸收。

②烯烃：烯烃 C–H 伸缩（3100 ~ 3010 cm^{-1}）; C=C 伸缩 (1675 ~ 1640 cm^{-1}) ;

③烯烃 C–H 面外弯曲振动（1000 ~ 675 cm^{-1}）。

④芳烃：3100 ~ 3000 cm^{-1} 芳环上 C–H 伸缩振动；1600 ~ 1450 cm^{-1} C=C 框架振动；880 ~ 680cm^{-1} C–H 面外弯曲振动)。

⑤醛基 C–H 较为特殊，在 2900 ~ 2700 cm^{-1}。

（2）芳香化合物芳香化合物重要特征。一般在 1600、1580、1500 和 1450 cm^{-1} 可能出现强度不等的 4 个峰。880 ~ 680 cm^{-1}，C–H 面外弯曲振动吸收，依苯环上取代基个数和位置不同而发生变化，在芳香化合物红外谱图分析中，常常用此频区的吸收判别异构体。

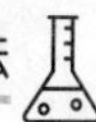

（3）羟基。

① 自由羟基 O–H 的伸缩振动：3650 ~ 3600 cm^{-1}，为尖锐的吸收峰；自由的醇和酚振动频率为 3650 ~ 3600 cm^{-1}；存在分子间氢键时，振动频率向低波数移动，大致范围为 3500 ~ 3200 cm^{-1} 羧酸的吸收频率在 3400 ~ 2500 cm^{-1}。

② 分子间氢键 O–H 伸缩振动：3500 ~ 3200cm^{-1}，为宽的吸收峰。

③ 胺和酰胺 N–H 在 3500 ~ 3100 cm^{-1}。

④ 不饱和键的伸缩振动。

⑤ 三键和累积双键：2500 ~ 2000 cm^{-1}。

⑥ C=O 双键（1850 ~ 1630 cm^{-1}）在很多化合物中都有出现，而根据诱导效应，可以明显看到差异：酸酐 > 酰氯 > 酮，酸 > 醛，酯 > 酰胺。

⑦ C=C 双键中苯环由于存在共轭效应（1600 ~ 1450 cm^{-1}，一般为多峰），其振动频率一般比烯烃（1650 ~ 1640 cm^{-1}）要低。

红外振动吸收峰的强度和键的极性相关，极性越强，峰强度越大。因此 C=O 的峰一般比 C=C 双键要大。

（4）C–O 伸缩振动（醇，酚，酸，酯，酸酐）：1300 ~ 1000 cm^{-1}。这类振动产生的吸收带常常是该区中的最强峰。

醇的 C–O 在 1260~1000 cm^{-1}；酚的 C–O 在 1350 ~ 1200 cm^{-1}；醚的 C–O 在 1250 ~ 1100 cm^{-1}（饱和醚常在 1125 cm^{-1} 出现；芳香醚多靠近 1250 cm^{-1}）。

（5）C–H 弯曲振动。

烷基：$-CH_3$(1460、1380 cm^{-1})、$-CH_2-$(1465 cm^{-1})、–CH–(1340 cm^{-1})。

烯烃：1000~650 cm^{-1}。

芳烃：960~690 cm^{-1}（不同取代基位置使得 C–H 弯曲振动峰位置不一样）。

6. 常见无机物中阴离子在红外区的吸收频率（见表 3–2）

表3–2　常见无机物中阴离子在红外区的吸收频率

基团	吸收峰位置（cm^{-1}）
$B_2O_7^{3-}$	1480~1340（强，宽），1150~1100，1050~1000，950~900，~825
CN^-	2230~2130（强）
SCN^-	2160~2040（强）
HCO_3^-	3300~2000（宽，多个峰），1930~1840（弱，宽），1700~1600（强），1000~ 940，840~830，710~690
CO_3^{2-}	1530~1320（强），1100~1040（弱），890~800，745~670（弱）
SiO_3^{2-}	1010 ~ 970（强，宽）
SiO_4^{2-}	1175 ~ 860（强，宽）
TiO_3^{2-}	700 ~ 500（强，宽）

续表

基团	吸收峰位置（cm^{-1}）
ZrO_3^{2-}	770～700（弱），600～500（强，弱）
SnO_3^{2-}	700～600（强，宽）
NO_2^-	1350～1170（强宽），850～820（弱）
NO_3^-	1810～1730（弱，尖，有的呈双峰），1450～1300（强，宽），1060～1020（弱，尖），850～800（尖），770～715（弱，中）
$H_2PO_2^-$	2400～2300（强），1220～1140（强，宽），1102～1075，1065～1035，825～800
HPO_3^{2-}	2400～2340（强），1120～1070（强，宽），1020～1005（弱，尖），1000～970
PO_3^{2-}	1350～1200（强，宽），1150～1040（强），800～650（常出现多个峰）
$H_2PO_4^-$	2900～2750（弱，宽），2500～2150（弱，宽），1900～1600（弱，宽），1410～1200，1150～1040（强，宽），1000～950，920～830
PO_4^{3-}	1120～940（强，宽）
$P_2O_7^{2-}$	1220～1100（强，宽），1060～960（常），以尖的双峰或多峰出现），950～850，770～705
AsO_3^{2-}	840～700（强，宽）
AsO_4^{3-}	850～770（强，宽）
VO_4^{3-}	900～700（强，宽）
HSO_4^-	2600～2200（宽），1350～1100（强，宽），1080～1000，890～850
SO_3^{2-}	980～910（强，（NH4）2SO3，无此峰）
SO_4^{2-}	1210～1040（强，宽），1036～96（弱，尖），680～580
$S_2O_4^{2-}$	1310～1260（强，宽），1070～1050（尖），740～690
SeO_3^{2-}	770～700（强，宽）
SeO_4^{2-}	910～840（强，宽）
CrO_7^{2-}	990～880（强，常在920～880出现1～2个尖峰），840～720（强）930～850（强，宽）
CrO_4^{2-}	930～850（强，宽）
MoO_4^{2-}	840～750（强，宽）
WO_4^{2-}	900～750（强，宽）
ClO_3^-	1150～900（强，双峰或多个峰）
ClO_4^-	1150～1050（强，宽）
BrO_3^-	850～40（强，宽）
IO_3^-	830～690（强，宽）
MnO_4^-	950～870（强，宽）
结晶水	3600～3000（强，宽），1670～1600

【仪器与试剂】

仪器：傅里叶红外光谱仪；压制样品装置；玛瑙研钵。

试剂：溴化钾；三草酸合铁（Ⅲ）酸钾。

【实验内容及步骤】

1. 红外光谱仪的准备

（1）打开红外光谱仪电源开关，待仪器稳定 30 min 以上，方可测定。

（2）打开计算机，选择 Win7 系统，打开 OMNIC E.S.P 软件；在 Collect 菜单下的 Experiment Set–up 中设置实验参数。

（3）实验参数设置：分辨率 4 cm^{-1}，扫描次数 32，扫描范围 4000~400 cm^{-1}；纵坐标为 Transmittance。

2. 固体样品的制备

（1）清洗实验装置。用脱脂棉蘸取无水酒精将实验装置包括玛瑙研钵整体清洗一下，并自然晾干。

（2）把分析纯的溴化钾在研钵中研细，至粉末粘在研钵上。

（3）取干燥的三草酸合铁（Ⅲ）酸钾试样约 1 ~ 2 mg 于干净的玛瑙研钵中，在红外灯下研磨成细粉，再加入约 100 mg 干燥且已研磨成细粉的 KBr，一起研磨至二者完全均匀混合，混合物粒度约为 2 μm 以下（样品与 KBr 质量比的比例为 1 : 50 ~ 1 : 100）。

（4）将研磨好的混合物均匀地放入模具，然后把模具放入压片机中，旋紧手轮和放油阀，快速压动手动压把，观察压力表的压力达到 10 吨后停止加压。静置半分钟后，拧松放油阀，旋松手轮取出模具，制成透明试样薄片（见图 3–15）。

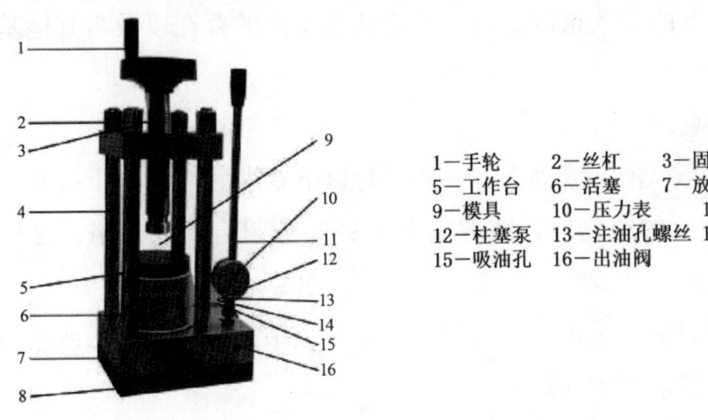

图3–15　压片机示意图

3. 样品的红外光谱测定

（1）小心取出试样薄片，固定在在磁性样品架上，放入傅里叶红外光谱仪的样品室中，在选择的仪器程序下进行测定。

（2）空白背景：在不放任何样品的情况下，测量 KBr 的红外线图谱。具体的做法是在程序内设定测量 KBr 空白试样，保存成测量的背景。再将压好的待测样品压片放入红外光谱测量仪中进行测量，得到已经减去空白试验的三草酸合铁（Ⅲ）酸钾红外光谱图，并进行修正。

4．数据处理

（1）将样品卡槽放在仪器内，开始测量。通过基线校正、标峰位、评价和谱图检索等步骤获取可能的样品种类。

（2）用 Origin 作图，分析图谱，判别各主要吸收峰的归属，得出化合物的结构，并与已知结构进行对比，确定样品中所包含的官能团。

5. 整理仪器

扫谱结束后，取出样品架，取下薄片，将压片模具、试样架等擦洗干净置于干燥器中保存好。

【结果与讨论】

1. 红外图谱的鉴定步骤

根据实验所测绘的红外光谱图的吸收峰位置、强度和形状，利用基团振动频率与分子结构的关系来确定吸收带的归属，确认分子中所含的基团或键，并推断分子的结构，鉴定的步骤如下。

（1）对样品做初步了解，如样品的纯度、外观、来源及元素分析结果及物理性质(分子量、沸点和熔点)。

（2）确定未知物不饱和度，以推测化合物可能的结构。

（3）图谱解析。首先在官能团区 (4000 ~ 1300 cm^{-1}) 搜寻官能团的特征伸缩振动；再根据“指纹区”(1300~400 cm^{-1}) 的吸收情况，进一步确认该基团的存在以及与其他基团的结合方式。

2. 红外光谱法对试样的要求

红外光谱试样可以是气态、液态或固态，一般符合以下要求。

（1）试样应该为单一组分的纯物质，纯度应大于 98% 或符合商业规格，这样才便于与纯物质的标准光谱进行对照。

（2）多组分试样应在测定前尽量预先用分馏、萃取、重结晶、区域熔融或色谱法进行分离提纯，否则光谱相互重叠，难于分析。

（3）试样不应该有游离水。水本身有红外吸收，会严重干扰样品光谱，而且会侵蚀吸收池的盐窗。

（4）要选择适当的试样浓度和测试厚度，以使光谱图中的大多数吸收峰投射比处于 10%~80% 范围内。

3. 数据记录及分析

由样品所测得的红外光谱图，根据基团的特征频率可说明样品中所含的基团，并与标准红外光谱图对照可以初步确定是何种配体和是否存在结晶水。（见表 3–3）

表3-3　标准物三草酸合铁(Ⅲ)酸钾的振动频率和谱带归属

振动频率(cm^{-1})	谱带归属
1712	C=O
1677,1649	C=O
1390	C–O，O–C=O
1270，1255	CO
885	C–O，O–C=O
797，785	O–C=O，M–O
528	M–O，C–C

【注意事项】

1. 在待测样品测量前一定要先进行背景测量，以消除背景对样品信号的干扰。

2. 每次压制样品后，都要进行压片机和模具的清理，保持装置的洁净。

【思考题】

1. 为什么测试粉末固体样品的红外光谱时选用 KBr 作为背景制样？有何优、缺点？

2. 用红外光谱仪测试样品的红外光谱时，为什么要先进行背景测试？

3. 醇类、羧酸和酯类化合物的红外光谱有何区别？

第4章　材料光学性能实验

实验4.1　罗丹明6G/MCM-41的荧光性质研究

【实验目的】

1. 学习荧光测试的过程；

2. 了解主体—客体材料的相互作用。

【实验重点与难点】

MCM-41 的荧光分子担载及荧光测试的过程。

【实验原理】

无机物、有机模板和光学活性物质的共组装制备得到的光学活性介孔材料一直以来都是研究者们关注的重点。这些材料在光学上具有潜在的应用价值，可用于高敏感传感器、光学开关、太阳能电池、倍频器以及固态激光材料等。

介孔材料是具有良好兼容性的主体材料，可用于负载各类光学活性的客体材料，如稀土氧化物、半导体聚合物、有机金属化合物以及染料分子等。其中，各种有机染料分子在广泛的波长范围内具有激发与发射的光学特性，是一类引人注目的光学活性物质。但是染料分子通常有团聚的倾向，即使在浓度很小的溶液中也易产生团聚。如果发生团聚，染料分子受激发时，能量很容易通过热弛豫而释放出去，从而无法体现光学活性。通过主客体相互作用，这些染料分子能够分散于介孔材料中，形成染料负载的介孔材料。主客体化学能够将染料分子独特的光学性质与介孔材料的结构优势结合起来，从而有效降低染料分子的团聚，提高染料分子的分散度，并增强染料分子的光学稳定性，进一步表现出良好的光学活性，如激光等，这也正符合目前期望得到优异的固态激光材料的愿望。

有机染料罗丹明 6G 属于邻苯二激光染料，能够表现出较高的场致发光。其分子结构如图 4-1。

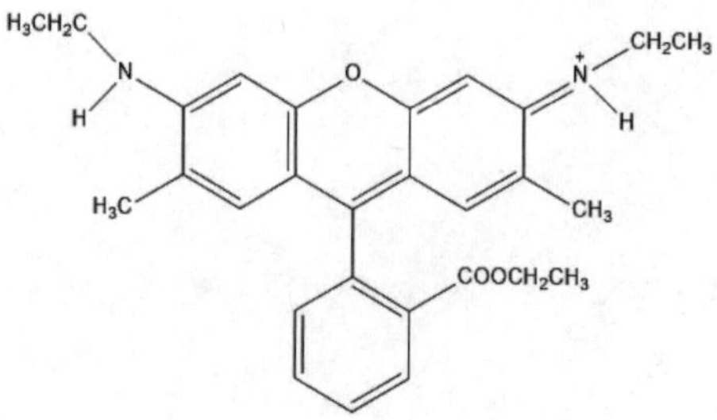

图4-1　罗丹明6G分子结构

【仪器与试剂】

仪器：恒温磁力搅拌器；搅拌子（2 个）；带塞锥形瓶（19#，100 mL，3 个；19#，250 mL，3 个）；移液管（10 mL；25 mL）；容量瓶（250 mL，5 个；10 mL，5 个）；电子分析天平；称量纸；搅拌子；电热烘箱；离心机；离心管（7 mL）；毛刷（10 支）；去污粉；荧光光谱仪；石英四面透光比色皿（4 个）；蒸馏水洗瓶；离心机。

试剂：MCM–41；乙醇；罗丹明 6G (R6G)。

【实验内容及步骤】

（1）配制一定浓度的罗丹明 6G 乙醇溶液，浓度分别为 10^{-2} mol/L，10^{-4} mol/L，10^{-5} mol/L 和 10^{-7} mol/L。

（2）将制备的 MCM–41（260 mg）浸泡到不同浓度的罗丹明 6G 乙醇溶液 10 mL 中，搅拌 1h，离心或倾析法分离得固体，用无水乙醇离心或倾析洗涤样品 3 次后，置于烘箱 80℃烘干。离心后倾析法分离固体时请贴上样品的标签。

（3）采用 530 nm 的激发波长测试固体样品的罗丹明 6G 乙醇溶液（10^{-2} mol/L，10^{-4} mol/L，10^{-5} mol/L 和 10^{-7} mol/L）荧光性质。

（4）将不同样品的荧光光谱谱图附在实验报告上，分析比较固体样品的罗丹明 6G 乙醇溶液的荧光发射光谱的差别及其原因。

【结果与讨论】

将实验数据记录在下面的表格中。

样品名称	罗丹明6G乙醇溶液的浓度 (mol/L)	罗丹明6G乙醇溶液的最大发射波长 (nm)	R6G/MCM–41的最大发射波长 (nm)
R6G/MCM–41–2	10^{-2}		
R6G/MCM–41–4	10^{-4}		
R6G/MCM–41–5	10^{-5}		
R6G/MCM–41–7	10^{-7}		

【思考题】

1. 荧光光谱仪的原理有哪些？
2. 激光染料可以应用到哪些领域？
3. 为什么要组装到主体材料 MCM–41 中？

实验4.2　质子响应型染料分子复合凝胶的合成与表征

【实验目的】

1. 了解质子响应型染料分子复合凝胶响应的原理；

2. 掌握染料分子与聚甲基丙烯酸甲酯复合的过程。

【实验重点与难点】

染料分子复合凝胶的质子响应探测方法。

【实验原理】

聚甲基丙烯酸甲酯 (PMMA) 是由甲基丙烯酸甲酯 (MMA) 在引发剂偶氮二异丁腈 (AIBN) 的推动作用下，发生本体自由基反应聚合而成的，其反应过程如图 4–2 所示。聚甲基丙烯酸甲酯的结构中含有羰基 (C=O)、亚甲基 ($-CH_2-$)、甲基 ($-CH_3$) 及 C–O–C 结构。

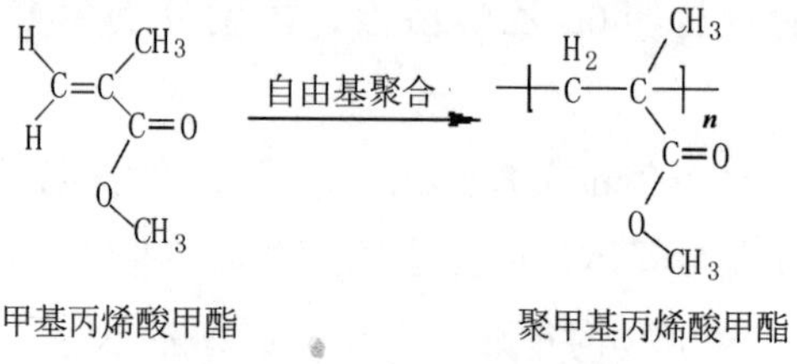

图4–2　MMA聚合反应结构图

本实验选取的几种染料分子结构如图 4–3 所示。甲基橙分子的阳离子为 Na^+，亚甲基蓝分子的阴离子为 Cl^-，而甲基红和溴甲酚绿是中性的。

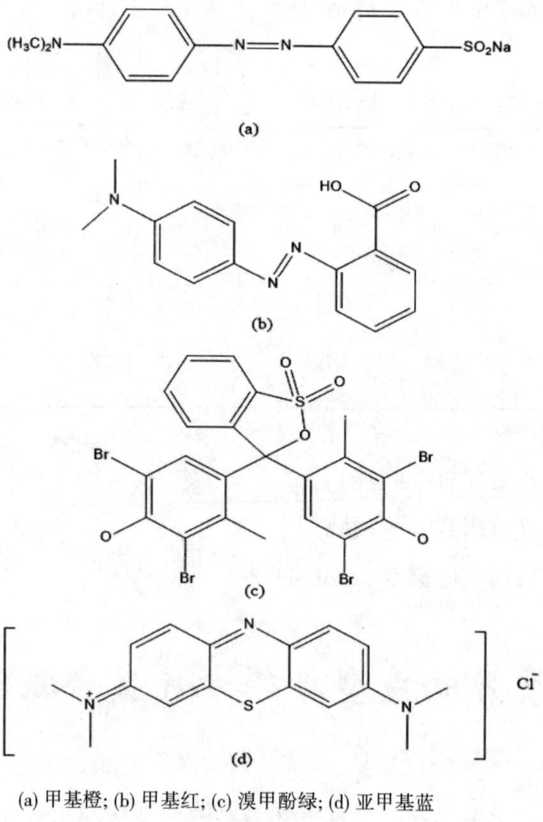

(a) 甲基橙; (b) 甲基红; (c) 溴甲酚绿; (d) 亚甲基蓝

图4–3　染料分子结构图

【仪器与试剂】

仪器：傅里叶转换红外光谱仪；恒温磁力搅拌器；搅拌子；带塞锥型瓶；移液管；电子分析天平；称量纸；电热烘箱；离心机；去污粉；荧光光谱仪；蒸馏水洗瓶；离心机。

试剂：甲基丙烯酸甲酯 (MMA)；偶氮二异丁腈 (AIBN)；丙酮；甲醇；无水乙醇；95% 乙醇；甲基橙 (MO)；甲基红；亚甲基蓝；溴甲酚绿；氢氧化钠；浓盐酸。

【实验内容及步骤】

1. 本体自由基法合成 PMMA60

（1）将 0.0437 g (1% 质量分数) 偶氮二异丁腈 (AIBN) 溶解在 4.6571 g 的甲基丙烯酸甲酯 (MMA) 中，在 60 ℃水浴中加热 30 min 后停止聚合。

（2）混合物冷却至室温后，加入 5 mL 甲醇溶液，不断搅拌，使沉淀聚合物进行凝胶化过程。

（3）将沉淀完全的凝胶缓慢移入洁净烧杯中，然后加入 5 mL 丙酮溶液，不断搅拌使其完全溶解，再加入 5 mL 甲醇溶液使其再次凝胶化。这种重复进行的溶胶—凝胶过程，使阳离子进一步得到纯化。

（4）将 PMMA 凝胶在空气中干燥 24h，得到无色透明固体 PMM。

2. PMMA– 染料离子凝胶复合膜的合成

（1）将 0.0648 g PMMA 固体与 0.0186 g 甲基橙固体溶解于 3 mL 丙酮溶液中，不断搅拌后得到透明的橙黄色黏稠混合物。在培养皿中干燥 24h 就可得到甲基橙离子凝胶复合膜。

（2）将 0.0616 g PMMA 固体与 0.0177 g 甲基红 – 亚甲基蓝固体混合物溶解于 3 mL 丙酮溶液中，不断搅拌后得到透明的红色黏稠混合物。在培养皿中干燥 24h 后，得甲基红 – 亚甲基蓝混合离子凝胶复合膜。

（3）将 0.0513 gPMMA 固体与 0.0133 g 溴甲酚绿固体溶解于 3 mL 丙酮溶液中，不断搅拌后得到透明的亮黄色黏稠混合物。在培养皿中干燥 24h，就可得到溴甲酚绿离子凝胶复合膜。

3. 红外光谱

将三种离子凝胶复合膜与烘干的分析纯 KBr 按照 100 ：1 的比例混合均匀研成细粉末，再用压片机将上一步研细的粉末压成透明的薄片，在 4000 ~ 400 cm^{-1} 条件下进行红外光谱检测。

4. 染料分子复合凝胶的质子响应检测

（1）染料溶液和不同 pH 溶液的配置将 0.05 g 甲基橙溶于少量蒸馏水中，待其完全溶解后转移到容量瓶中，定容到 50 mL，得到橙红色溶液，摇匀封装备用。

（2）称取 0.03 g 甲基红固体和 0.02 g 亚甲基蓝固体，溶解于少量无水乙醇中，完全溶解后转移到容量瓶中，定容到 50 mL，得到紫红色溶液，摇匀封装备用。

（3）称取 0.05 g 溴甲酚绿固体，用少量的无水乙醇溶液将其充分溶解。接着转移到容量瓶中，定容到 50 mL，得到红色溶液，摇匀封装备用。

（4）用浓盐酸、氢氧化钠与蒸馏水分别配制 pH 不同的水溶液，并取少许 pH = 7 的一次蒸馏水作为对照。

（5）质子响应检测。将配制好的染料分子溶液加入到不同 pH 的溶液中，再将相对应的复合膜浸泡到不同 pH 的溶液中，对比二者的响应情况。

【结果与讨论】

1. 酸性条件下，质子响应型染料分子复合凝胶的响应结果填至下表中。

pH	染料	1	2	3	4	5
染料溶液	甲基红					
	亚甲基蓝					
	溴甲酚绿					
复合凝胶	甲基红					
	亚甲基蓝					
	溴甲酚绿					

2. 碱性条件下，质子响应型染料分子复合凝胶的响应结果填至下表中。

pH	染料	9	10	11	12	13
染料溶液	甲基红					
	亚甲基蓝					
	溴甲酚绿					
复合凝胶	甲基红					
	亚甲基蓝					
	溴甲酚绿					

【思考题】

1. 质子响应型染料分子复合凝胶响应的原理是什么？
2. 染料分子与聚甲基丙烯酸甲酯复合的过程须要注意哪些关键步骤？
3. 红外光谱数据中，可以得到哪些染料分子复合凝胶的结构信息？

实验4.3 Tm^{3+}掺杂氟化钙晶体的脉冲激光特性研究

【实验目的】

1. 了解 Tm^{3+} 的能级谱图；
2. 掌握 Tm^{3+} 掺杂的氟化钙晶体的合成方法；

3. 掌握发射光谱和吸收光谱的测定方法。

【实验重点与难点】

发射光谱和吸收光谱的测定方法。

【实验原理】

Tm^{3+} 离子主要产生 2 μm 波段的激光，对应的能级主要有 $^3H_6$、$^3F_4$、$^3H_5$ 和 $^3H_4$ 四个能级。从图 4–4 可以看到，当采用 790 nm 的激发光源时，位于基态 $^3H_6$ 上的电子会被激发到 $^3H_4$ 激发态，激发态不稳定会向低能级跃迁，从图 4–4 可见 ^{3}F4、$^3H_6$ 与 $^3H_4$、$^3F_4$ 的能级间隔很近，因此从激发态 $^3H_4$ 向 $^3F_4$ 回迁和 $^3F_4$ 向 $^3H_6$ 回迁的过程中产生 2 个 2 μm 波段的激光光子（交叉弛豫）。因此 Tm^{3+} 的量子激光效率能达到 200%，是一种非常优异的激光材料。

大量的研究报道显示三价的稀土粒子在氟化钙晶体结构中容易形成团簇结构 64。这种团簇结构使得交叉弛豫现象更容易发生，导致更低浓度的 Tm^{3+} 也能高效地产生 2 μm 波段的激光输出。同时，Tm^{3+} 掺杂氟化钙晶体的吸收光谱很宽，有利于实现激光的连续协调和超快输出。

本实验中，采用坩埚下降法合成不同 Tm^{3+} 掺杂量的氟化钙晶体，并分析其光谱特性。

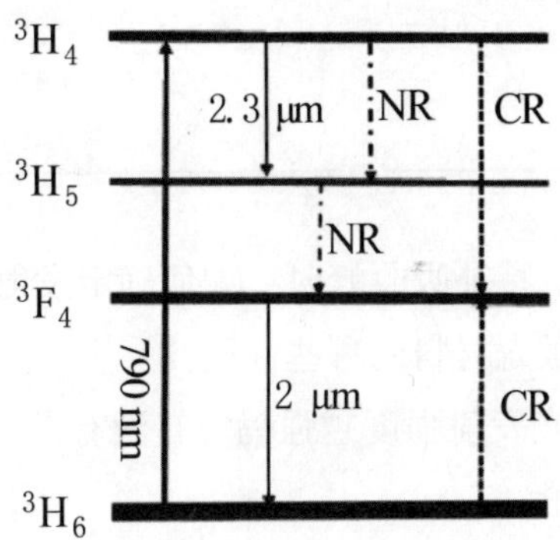

图4–4　Tm^{3+}离子的能级简图

【仪器与试剂】

仪器：Cary500 紫外可见—红外分光光度计；铂金坩埚；电子天平；氧化铝研体；真空炉；FLS980 荧光光谱仪。

试剂：TmF_3；CaF_2；PbF_2。

【实验步骤】

1. 温度梯度法培养 Tm^{3+} 掺杂 CaF_2 晶体

（1）用电子天平准确称量一定质量的 TmF_3 和 CaF_2，其中 Tm^{3+} 掺杂量为原子百分含量 2%、4% 和 6%，放入氧化铝研钵中充分研磨。

（2）研磨均匀的 TmF_3 和 CaF_2 置于铂金坩埚中，加入除氧剂 PbF_2，密封坩埚。

（3）真空状态下将铂金坩埚以 10 ℃ /min 的速度程序升温至 900 ℃，保持 120 min 后，将体系以 10 ℃ /min 的速度降温至室温。

2. 吸收光谱和发射光谱的测试

（1）吸收光谱测试。用紫外可见—红外分光光度计测量所合成样品的吸收光谱。测试光谱的波长范围为 720 ~ 880 nm。记录发生光谱宽度。

（2）发射光谱测试。根据紫外—可见吸收光谱图，读取最大的吸收波长，以此作为荧光光谱的激发波长。在激发波长下，利用荧光光谱仪测量所合成样品的发射光谱。记录发生光谱宽度。

【结果与讨论】

将实验过程及测量采集到的数据填入下表，分析相应的吸收光谱和发射光谱，得到 Tm^{3+} 掺杂量与材料激光性能之间的关系。

样品	2%	4%	6%
TmF_3 (g)			
CaF_2 (g)			
激发波长(nm)			
发射光谱宽度(nm)			

【思考题】

1. 当吸收光谱中有不止一个特征吸收峰时，如何确定发射光谱的激发波长？

2. 发射光谱的宽度能说明激光材料的哪些性质？

3. Tm^{3+} 离子掺杂量越高激光发射强度越强吗？有没有最合适的掺杂量，如果让你设计实验，如何确定这个最佳掺杂量？

4. CaF_2 晶体在激光材料中起的作用是什么？是否可以用其他材料替代？

5. 为什么稀土离子具有丰富的发光性能，这与它们独特的电子结构有什么关系？

实验4.4 钛酸钙基荧光粉的制备与发光性质研究

【实验目的】

1. 了解钛酸钙基荧光粉的发光原理；

2. 掌握荧光测试的过程学习钛酸钙基荧光粉的制备过程；

3. 掌握荧光测试的过程。

【实验重点与难点】

荧光粉的合成过程与荧光测试的过程。

【实验原理】

近年来，发光二极管 (LED)、有机发光半导体 (OLED) 等材料的广泛应用引发人们对发光材料的关注。在这样的背景之下，稀土离子掺杂的材料产生光致发光现象也引起了广泛关注。无稀土材料的应用范围广、工业产量大，且与有机荧光材料相比，无机荧光材料具有发光亮度高、性能稳定、经济性高等显著优势。

稀土掺杂的荧光粉是由具有宽带隙的基质材料掺杂少量稀土离子构成。钛酸钙 ($CaTiO_3$) 基质材料由于原料价格低廉，阴离子基团的敏化作用可提高发光效率。三价铕 (Eu^{3+}) 离子具有较窄的发射光谱，其 $^5D_0 \rightarrow {}^7F_1$ 磁偶极跃迁和 $^5D_0 \rightarrow {}^7F_1$ 电偶极跃迁可以产生橙红色的荧光，其中红光较强，可用来制备出发红光的荧光粉，用于白光的 LED 中。已有文献报道，Eu^{3+} 离子半径与 Ca^{2+} 离子半径较为接近，高温下容易发生取代现象。在少量稀土离子掺杂后的钛酸钙中，基质结构并没有变化，只是少量的 Eu^{3+} 替代了基质中的 Ca^{2+} 进入基质晶格。

本实验以钛酸钙为基质材料，向其中掺杂少量氧化铕 (Eu_2O_3)。采用高温固相法制备铕掺杂的钛酸钙 ($Ca_{1-x}TiO_3$: xEu^{3+}) 荧光粉。随后对所得不同铕掺杂量的荧光粉进行荧光测试，观察不同掺杂量下荧光发射光谱的变化。

【仪器与试剂】

仪器：气氛箱式高温实验炉；研钵；电子分析天平；称量纸；电热烘箱；荧光光谱仪；蒸馏水洗瓶。

试剂：二氧化钛 (TiO_2)；氧化铕 (Eu_2O_3)；碳酸钙 ($CaCO_3$)；乙醇 (C_2H_6O)。

【实验内容及步骤】

1. 铕掺杂的钛酸钙荧光粉的制备

(1) 原料配制。依据分子式 ($Ca_{1-x}TiO_3$: xEu^{3+}，x=0.01、0.03 和 0.05) 按照计量比例称量氧化钛、钛酸钙、氧化铕。然后混合加到刚玉研钵中，加入适量的无水乙醇进行研磨，研磨至粉体分散均匀为止。随后放入鼓风干燥箱中进行干燥，待完全干燥后收集样品。

(2) 烧制工艺。将三组样品置于高温实验炉中，烧制温度保持在 1000 ℃，保温时间为 4h，待其降至室温后取出样品。

(3) 样品处理。将刚玉坩埚中的样品移入研体中，进行干磨。样品磨细之后，收集到样品袋中，并做好样品名称的标记。

2. 荧光性质测定

以 397 nm 为激发波长，测定三组样品的发射光谱。反过来，利用发射波长测定三组材料激发光谱，从而确定样品的实际激发波长。用激发波长测试固体样品的荧光性质。将三组样品的荧光光谱谱图进行对比，分析比较固体样品中铕的掺入量与荧光发射光谱的差别，并试做出分析。

【结果与讨论】

1. 将数据记录在下表中。

样品编号	x	氧化钛质量	氧化铕质量	碳酸钙质量
1	0.01			
2	0.03			
3	0.05			

2. 将不同编号样品的荧光测试结果做在一张图中，对比其荧光发射强度，找出荧光最强的一组配比。

【思考题】

1. 荧光光谱仪的原理有哪些？
2. 分析不同掺杂比例制得荧光粉的荧光性质，进行对比并总结出最佳的掺杂比例。

第5章 材料电学性能实验

实验5.1 聚酰亚胺型有机框架材料的制备及电化学传感测试

【实验目的】

1. 掌握聚酰亚胺型多孔有机框架材料的制备方法；

2. 学会测试并分析多孔框架材料的 XRD 和 FT–IR 数据；

3. 了解电化学传感测试的原理和测试方法。

【实验重点与难点】

利用 XRD 和 FT–IR 等基本数据分析聚酰亚胺型多孔有机框架材料的结构。

【实验原理】

1. 多孔有机框架材料

多孔有机框架作为一种新型的晶体材料，是由有机单体通过共价键连接而成（图 5–1）。基于分子工程的合成策略，多孔有机框架材料能够进行灵活的设计，以实现其独特的结构和性能。到目前为止，人们报道了多种键型的多孔有机框架材料，如 B–O、C–N、B–N、C=N、N–N 红外 B–Si–O 等。可设计的构筑单元在综合目标产品和探索其性能方面起着至关重要的作用。

2. 多孔有机框架材料的传感应用

电化学传感技术的核心部件是传感器的电极传感界面或平台。它能感应一定量的目标检测物分子，并且将这种响应转化成一定规律的电化学信号。随着新材料领域的快速发展，越来越迫切的需要合适的材料来修饰电化学传感器。多孔有机框架材料具备吸附、分离、传感和电子设备等应用的潜力。这得益于这种材料高的表面积、孔隙结构，以及可调变的内部结构。此外，人们可以通过单体和聚合物将电活性基团或位点插入到孔有机框架材料的通道壁或孔道中，使其在保持孔隙率的同时具有传感作用。值得一提的是二维芳香族多孔框架材料包含丰富的 $\pi-\pi$ 共轭作用，且其固有的刚性结构，清晰规则的孔道和空间选择性，在检测金属离子和有机小分子方面显示出了重要的分析潜力。因此，使用多孔有机框架材料可以检测特定的物种。

【仪器与试剂】

仪器：管式高温烧结炉；红外光谱仪；X 射线衍射仪；电化学工作站；饱和甘汞电极；铂丝电极；研钵；标签纸；称量纸。

试剂：三聚氰胺；苯四甲酸二酐；去离子水。

【实验内容及步骤】

1. 聚酰亚胺型有机框架材料 (PI–COF 201) 的合成

（1）三聚氰胺和苯四甲酸二酐以摩尔比 1∶1（10 mmol）的比例混合。

（2）将混合物放入瓷器中，以 5 ℃ /min 的速率升温，稳定在 325 ℃的温度下加热 5h；整个加热过程均在 N_2 氛围下进行。

（3）将所得到的淡黄色块状固体充分研磨成粉末，并用热水清洗以去除残余单体。

2. 产物表征

（1）利用红外光谱仪测试定 PI–COF 201 官能团和结构。

（2）利用 X 射线衍射仪确定样品的物相和结晶度。

3. 电化学传感性能测试

利用乙醇，将 PI–COF 201 粉末通过超声制成悬浮液。将糊状的 PI–COF 201 滴加在玻碳电极上，干燥后利用三电极体系进行电化学测试。

【结果与讨论】

1. PI–COF 201 的结构如图 5–1 所示。根据结构图分析此种材料具有催化传感性质的原因。

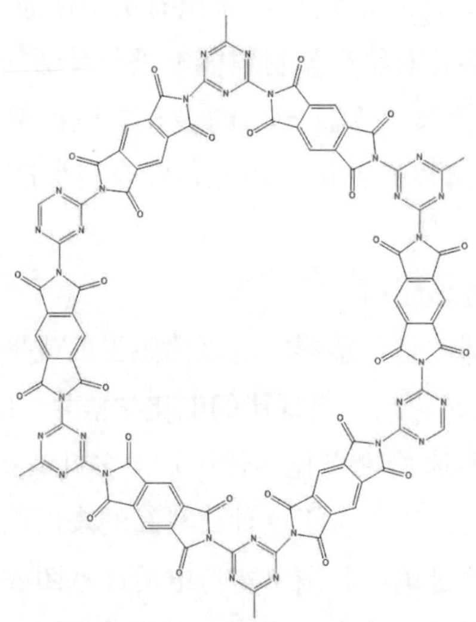

图5–1 PI–COF 201的结构

2. 列出实验结果，包括产品的产率、颜色。

3. 分析 PI–COF 201 的红外光谱和 X 射线衍射数据。

4. 电化学测试数据记录填至下表中。

浓度(μM)	5	10	20	50	150	200
电流响应(mA)						

【思考题】

1. 测试红外光谱前，待测样品须要干燥吗？

2. 为什么此实验中只通过 XRD 不能说明材料的成功合成？

实验5.2　氧化石墨烯制备及pH响应的离子传导测试

【实验目的】

1. 掌握氧化石墨烯在酸碱性条件下的结构特征；

2. 了解氧化石墨烯的离子传导机制；

3. 了解电化学测试的原理和测试方法；

4. 学会分析氧化石墨烯的红外数据。

【实验重点与难点】

氧化石墨烯在不同 pH 条件下的传导机制差异。

【实验原理】

1. 氧化石墨烯的结构

石墨烯是一种具有二维网格结构的单原子层纳米碳材料。良好的导电性、导热性以及强度高、透明度高、比表面积大等优异性质使得石墨烯被广泛应用于微型传感器、发光二极管、催化剂载体、复合高分子材料、超级电容器等领域。氧化石墨烯是石墨烯的一种衍生物，也是由二维网格状的单层碳原子组成，但氧化石墨烯的碳原子层边缘和顶部连接有大量的含氧官能团(图 5–2)。氧化石墨烯特殊的结构为水分子渗透提供了相对有序的通道。同时诸如羧基、羟基、环氧基等含氧官能团增大了氧化石墨烯亲水性能，也赋予氧化石墨烯分子层独特的负电性能。因此，氧化石墨烯在水处理和膜分离领域展现出良好的应用前景。

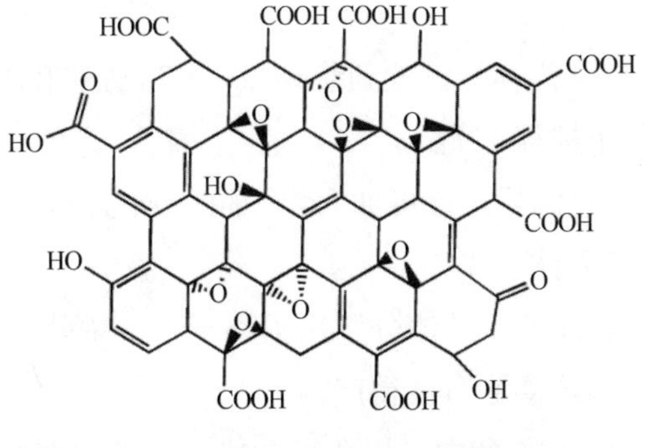

图5–2　氧化石墨烯结构示意图

2. 氧化石墨烯的制备

氧化石墨烯的制备工艺相对成熟，主要有氧化法、溶剂剥离法、化学气相沉积法、微机械剥离法等。最常用的方法是氧化法，包括 Brodie 法、Staudenmaier 法以及 Hummers 法。这些方法的制备原理都是将石墨在强酸和少量强氧化剂的共同作用下形成 I 阶的石墨层间化合物。然后此层间化合物在过量强氧化剂的作用下继续发生深度液相氧化反应，水解后得到氧化石墨，最后通过超声或者长时间搅拌氧化石墨和水的混合物即可获得氧化石墨烯。产物的氧化程度及合成工艺与反应时间有关，可以通过 C、O 的原子比进行衡量。Brodie 法和 Staudenmaier 法的氧化程度高，但反应过程中会产生 ClO_2、NO_2 或者 N_2O_4 等有害气体且反应时间长，而 Hummers 法反应时间短，无有毒气体 ClO_2 产生，安全性较高，因而成为制备氧化石墨烯普遍使用的方法。但是此反应过程中须控制的工艺因素较多，过量的高锰酸离子会造成潜在的污染，因而须要用 H_2O_2 进行处理，并加以水洗和透析。

3. 氧化石墨烯的电化学应用

近年来，质子交换膜燃料电池具有能量转化率高，可实现零排放等优点。氧化石墨烯表面的环氧基团与羟基均可有效吸附水分子进而形成氢键网络，质子可经由该氢键网络在相邻或不相邻的羟基间以较低的能垒传输。相比较而言，环氧基团的质子传导能力较弱，难以观测到自发的质子传输过程。所以，增加羟基含量可有效提高氧化石墨烯的离子传导率。氧化石墨烯类的质子交换膜应用于燃料电池时可以提高膜在高温低湿度的质子电导率，降低甲醇渗透率，提高电池的功率密度。目前，氧化石墨烯在质子交换膜方面的应用非常重要。

【仪器与试剂】

仪器：电子天平；鼓风干燥箱；磁力搅拌器；台式高速离心机；高分辨扫描电镜；X 射线衍射仪；红外光谱仪；细胞破碎机；油浴锅；电化学工作站；烧杯；量筒；烧瓶；搅拌子；标签纸；称量纸。

试剂：浓硫酸；浓磷酸；石墨粉；高锰酸钾；过氧化氢；去离子水；乙醚；乙醇；稀氨水。

【实验内容及步骤】

1. 氧化石墨烯的制备

（1）将 0.75 g 石墨、4.5 g 高锰酸钾放到装有 90 mL 浓硫酸和 10 mL 浓磷酸的混合溶液的烧瓶中，在 50 ℃的条件下搅拌 12h。

（2）将混合体系冷却至室温后，缓慢加入含 5 mL 30% 过氧化氢的 100 mL 冰水中，边加边搅拌，使其产生金黄色固体。

（3）用离心机进行固液分离。固体分别用去离子水、浓盐酸及乙醇洗涤两次，每次 10 min，然后用 6000 r/min 速度离心分离得产物。

（4）将产物分散在 200 mL 乙醚中，用孔径 0.45 μm 的聚四氟乙烯膜抽真空得到黄色固体。最后用真空冷冻干燥器冻干样品，保存在冰箱中备用。

2. 氧化石墨烯的酸碱功能化

（1）用细胞粉碎机将 20 mL 氧化石墨烯（0.9 g/L）超声 30 min 以上，使其成为均一的混合溶液。

（2）用稀盐酸来调节氧化石墨烯溶液的 pH 为 2 ~ 6。

（3）用稀氨水来进行调节氧化石墨烯溶液的 pH 为 7 ~ 12。

（4）用减压真空过滤器过滤酸碱功能化的氧化石墨烯，然后进行干燥得样品。

3. 产物表征

（1）利用 X 射线衍射仪，对氧化石墨烯以及在不同 pH 下获得的酸碱功能化氧化石墨烯进行物相分析。测试条件：扫描区间为 4° ~ 80° ，管压为 40 kV，管流为 30 mA，扫描速度 10 ° /min。

（2）利用红外光谱测试仪，对氧化石墨烯以及在不同 pH 下获得的酸碱功能化氧化石墨烯进行官能团的测定。

4. 电化学测试

将氧化石墨烯样品置于 58% 相对湿度下平衡 6h，然后用电化学工作站测定其阻抗谱的变化。根据阻抗谱数据，计算材料的离子传导速率：

$$\sigma=\frac{L}{AR} \tag{5-1}$$

式 5–1 中，R 为阻抗值；L 为试样的有效厚度 (cm)；A 为试样的有效截面积 (cm^{-2})。

【结果与讨论】

1. 列出实验结果（产品的产率、颜色），并根据产物的颜色判断离子传导能力的强弱。

2. 将电化学测试数据记录至下表中。

温度（℃）	pH										
	2	3	4	5	6	7	8	9	10	11	12
20											
30											
40											
50											
60											

【思考题】

1. 过氧化氢的作用是什么？

2. 为什么要用稀盐酸及稀氨水调节 pH 值？

3. 在酸性和碱性条件下，哪个氧化石墨烯的离子传导性能更好？

【注意事项】

加入过氧化氢时，体系会剧烈放热，注意安全及降温。

实验5.3　单分散的二氧化锆纳米粒子的制备及气敏性能的测试

【实验目的】

1. 了解二氧化锆的晶体类型和结构；
2. 掌握通过脂肪烃辅助的方法制备二氧化锆纳米粒子；
3. 了解气敏特性测试的原理和测试方法；
4. 学会分析二氧化锆的 XRD 数据。

【实验重点与难点】

气敏特性测试的原理和测试方法。

【实验原理】

1. 二氧化锆的结构

二氧化锆是锆的主要氧化物，纯品呈白色，不纯的二氧化锆呈黄色或灰色。自然界中锆的矿物原料与铬的含量相似，属于稀有金属。二氧化锆的熔点为 2715 ℃。二氧化锆具有多晶性，随温度变化表现出三种稳定的同素异晶体：单斜相二氧化锆（m 相）、四方相二氧化锆（t 相）和立方相二氧化锆（c 相），三相之间转化关系如图 5-3 所示。

$$ZrO_2(\text{单斜}) \xleftrightarrow{1100\sim1200°C} ZrO_2(\text{四方}) \xleftrightarrow{2370°C} ZrO_2(\text{立方})$$

图5-3　二氧化锆的三相之间转化关系

在二氧化锆中，每个 Zr 与 7 个以上 O 配位，在立方相二氧化锆的单位晶胞中，Zr^{4+} 位于氧八面体的中心，O^{2-} 占据锆四面体的中心，立方相二氧化锆结构属于萤石结构。二氧化锆的四方晶型是萤石结构沿着 C 轴伸长而变形的晶体结构，单斜相晶体结构则相当于四方相的二氧化锆沿着 β 角偏转一个角度而成的。由四方相到单斜相的相变属于马氏体相变，冷却时会引起大约 3%～4% 的体积增加（见图 5-4）。

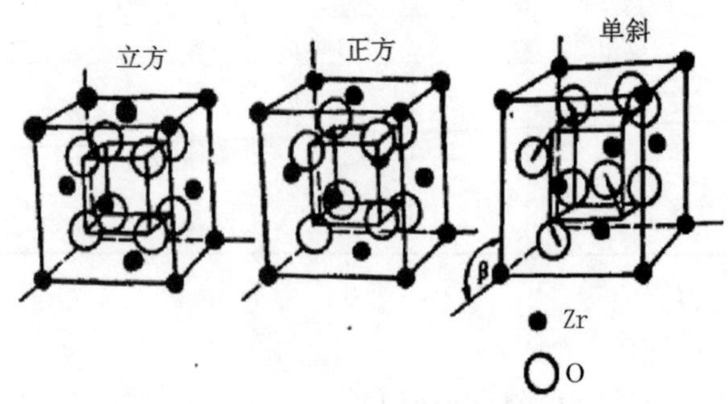

图5-4　二氧化锆的三种晶体结构示意图

2. 二氧化锆的制备

二氧化锆常用制备方法是液相合成法，主要包括沉淀法、溶胶－凝胶法和水热法。

沉淀法是将一些碱性物质如氨水等溶液加入到羟基氯化锆溶液中，两者互相反应生成氢氧化物沉淀，将沉淀物干燥，得到胶态非晶体，再将此胶态非晶体经高温煅烧得到二氧化锆粉末。此方法工艺简单，但制备出的氧化锆容易团聚结块，可采用有机溶剂如乙醇、丙醇或表面活性剂等作为分散剂。

溶胶－凝胶法是先将金属氧化物或氢氧化物的溶胶转化为凝胶，凝胶经过干燥煅烧从而制得氧化物粉体。经过溶胶－凝胶法制备出的二氧化锆一般为纳米氧化锆，由于晶粒尺寸微小，比表面积较大，表面活性很高，很容易发生团聚。可采用有机溶剂做介质以减少凝胶在干燥和煅烧过程中产生的团聚结构。

水热法是在高温、高压下氢氧化锆或凝胶以一定的填充度（$<75\%$）放入高压釜内，前驱体的溶解度增大，当反应釜内的压力增大到一定程度，前驱体最终处于过饱和状态，形成更稳定的新相从而析出二氧化锆。水热生长体系中晶粒的形成主要分为三个类型："均匀溶液饱和析出"机制、"溶解－结晶"机制和"原位结晶"机制。水热法可以制备微孔材料、纳米粉末、单晶及特殊结构材料等。水热反应体系中，溶液的浓度、pH 值、矿化剂浓度及反应温度等均能影响材料的颗粒尺寸、成分及颗粒的形状等。水热法可以通过控制反应过程来控制晶粒发育完整的程度。

3. 二氧化锆的传感应用

传感器当今的科技工程领域离不开各式各样的传感器，每类传感器都具有特殊的性能以获得某种特殊的应用。锆质材料（t-ZrO_2）属于萤石结构，这种松弛结构中锆离子只占据氧八面体空隙的一半，仍有大量的八面体空隙存在，故有利于氧离子的扩散和迁移。用碱土和稀土金属氧化物对氧化锆进行掺杂将会形成固溶体，二氧化锆晶格内氧空位增多，所以锆质材料可以作为重要的固体电解质材料。二氧化锆在高温时，氧离子易于移动，作为氧传感器在车用传感器方面有很好的应用。目前，氧化钇稳定的二氧化锆（YSZ）作为固体电解质在气体传感器方面的应用非常重要。

【仪器与试剂】

仪器：电子天平；Teflon 不锈钢反应釜；鼓风干燥箱；磁力搅拌器；台式高速离心机；管式高温烧结炉；高分辨透射电镜；X 射线衍射仪；激光光散射仪；细胞破碎机；气敏分析仪；电烙铁；烧杯（100 mL，2 个）；；细口瓶（100 mL）。

试剂：八水合氯化氧锆（$ZrOCl_2·8H_2O$）；去离子水（H_2O）；氢氧化钠（NaOH）；正癸烷；苯甲醇；乙醇；标签纸；称量纸；透析袋。

【实验内容及步骤】

1. 氢氧化锆 ($Zr(OH)_4$) 前驱体的制备

（1）2.09 g $ZrOCl_2 · 8H_2O$ 溶解于 65 mL 去离子水中。

（2）将 38 mL NaOH 溶液 (0.125 mol/L) 在剧烈搅拌的条件下滴入溶液 (1) 中，调节溶液的 pH = 2，继续在 70 ℃条件下搅拌 3h，得到氢氧化锆前驱体。

（3）采用透析的方式，用去离子水彻底清洗氢氧化锆前驱体。

2. 单分散二氧化锆纳米晶体的合成

将 1.2 g 正癸烷溶解于 16 mL 苯甲醇中，加入 38 mL 氢氧化锆前驱体水溶液。

将上述混合液转移到 200 mL 聚四氯乙烯衬里不锈钢外衬的反应釜中，在 210 ℃，加热 48h。

待反应釜冷却到室温，打开反应釜，将混合液转移到 100 mL 的烧杯中，在 5000 r/min 下离心 5 min，用水洗涤去除无机离子，得到的白色氧化锆固体再用乙醇清洗三次。

3. 产物表征

（1）利用 X 射线衍射仪对二氧化锆粉末的物相进行分析。测试条件：扫描区间为 10° ~100°，管压为 40 kV，管流为 30 mA，扫描速度 6°/min。

（2）利用透射电子显微镜观测粒子的形态和大小，放大约 20 万倍。

（3）将二氧化锆粉末配成一定浓度的水溶液，用激光光散射仪测量粒子的形貌和大小。

4. 气体敏感性测试

将二氧化锆纳米晶粉末用乙醇调成糊状，涂覆在叉指电极上晾干，放入高温管式炉中 350 ℃老化 12h，然后把电极和加热丝焊接至测量电路中检测气体敏感性。基本测量电路如图 5–5 所示。取加热电流为 200 mA，温度约 350 ℃，向气瓶中逐渐加大乙醇的浓度，分别测量二氧化锆样品在不同气体浓度下的标定样品电阻的初始电压（V_{L0}）及一定浓度检测气体的气氛中样品电阻的两端电压（V_{LS}）。

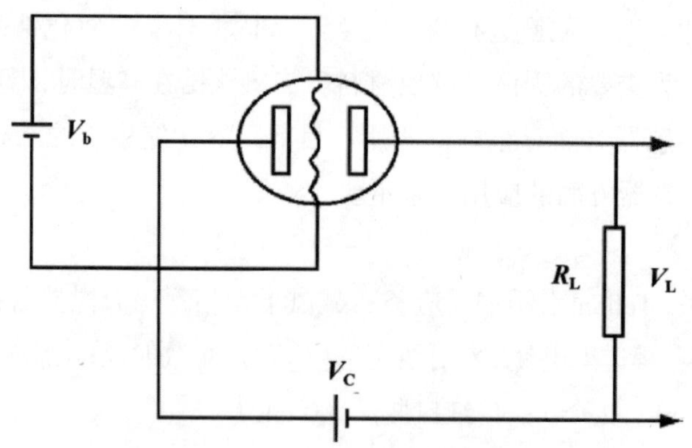

图5–5　气敏性实验基本测量电路

图 5–5 中，V_b 为加热器两端施加的电压；V_c 为测量回路输入端施加的电压；R_L 为测量回路中样品的电阻。

【结果与讨论】

1. 0.125 mol/L NaOH 溶液可以替换为 0.375 mol/L 的 NaOH 溶液。氢氧化锆前驱体的分离操作可以采用离心分离洗涤 3 次，每次 5 min (5000 r/min)。

2. 单分散二氧化锆纳米晶体的制备，添加正癸烷作为辅助分散剂，也可以用 C_{12}、C_{14}、C_{18} 或 C_{22} 烷烃替代。

3. 列出实验结果（产品的产率、颜色），并根据产物的颜色判断 ZrO_2 产品的纯度。

4. 将气体敏感性测试数据记录填至下表中。

温度 (℃)	乙醇浓度(μg/mL)					
	5	10	20	50	150	200
250						
300						
350						
400						
500						

【思考题】

1. 氢氧化钠的作用是什么？在合成氢氧化锆时，继续增大氢氧化钠溶液的浓度，你估计可能得到什么产物？

2. 正癸烷在制备二氧化锆过程中起到什么作用？

3. 在合成二氧化锆粒子的大小与气敏特性是否存在内在联系？

4. 气敏测试前，为何气敏器件要在 350 ℃条件下老化 12h？

实验5.4　聚偏氟乙烯薄膜的制备及压电性能测试

【实验目的】

1. 了解压电材料的分类和应用；

2. 掌握聚偏氟乙烯薄膜的制备工艺；

3. 掌握压电性能测试的原理与测试方法；

4. 初步掌握聚偏氟乙烯薄膜的压电特性。

【实验重点与难点】

1. 压电性能测试的原理与测试方法；

2. 聚偏氟乙烯薄膜的制备工艺。

【实验原理】

1. 压电材料

某些非导电材料受到机械应力（如压力或振动）作用时能够产生电荷，这一现象被定义为材料的压电效应，具有这种效应的材料称为压电材料，如石英晶体和陶瓷。1880 年，皮埃尔·居里（Pierre Curie）和约里奥·居里（Joliot Curie）兄弟在研究石英晶体时发现，在石英晶体特定方向上施加压力或拉力，晶体的一些对应表面上分别出现正或负的束缚电荷，其电荷密度与施力大小成比例。至今，石英一直作为压电晶体的代表而被广泛使用。次年，李普曼（Lippmann）应用能量守恒和电量守恒定律，预言逆压电效应的存在。经过近百年的发展，压电材料的种类已经由最初的压电晶体发展到压电陶瓷进而发展到压电聚合物以及复合材料 80。

2. 高分子压电材料

高分子压电晶体在外压作用下能够进行分子取向重排，晶体某一方向的偶极矩不等于零，从而在该方向上呈现压电性质。整个压电聚合物的研究可以追溯到 20 世纪 20 年代，当时有些科学家发现有些有机高分子材料在电场里退火后形成的固体具有微弱的压电性。关于聚合物压电性的早期著做出现于 1924 年，布雷恩（Brain）研究过各种绝缘材料的压电性，这些材料包括硬橡胶、橡皮、赛璐珞等。早在 1940 年，苏联就发现木材的压电性，相继发现麻、丝、竹和动物的骨、腱、皮肤、筋肉、头发、血管及血浆延伸成的薄膜也有压电性。1950 年日本开始研究纤维素和高取向、高结晶度生物体中的压电性；1967 年研究了高压高频条件对极性和非极性聚合物的作用，发现一些聚合物具有较高的压电效应；1969 年卡瓦依（Kawai）发表了在高温高压条件下聚偏氟乙烯（PVDF）极化后产生有工业应用价值的压电性；从此之后，高分子压电性研究的形势发生了历史性的转折，有人统计过截至 1981 年，有关聚偏氟乙烯的科研论文发表了 1000 篇以上。近年来，奇数尼龙、亚乙烯基二氰共聚物（VDCN）及芳香族和脂肪族聚脲聚合物呈现出与聚偏氟乙烯家族类似强度的压电活性，但这些材料相关性质的研究仍在开展，至今未实现商业化。到目前为止，聚偏氟乙烯及其共聚物，仍然是应用最广泛、最成功的铁电和压电高分子材料。

3. 聚偏氟乙烯

1944 年，杜邦公司成功研制了聚偏氟乙烯。1960 年，庞沃特公司实现了聚偏氟乙烯的商品化。1969 年，卡瓦依发现经单轴拉伸并在高温强电场下极化的聚偏氟乙烯薄膜具有比较强的压电效应。聚偏氟乙烯是目前在压电高分子材料中研究较为系统、应用最广泛的高聚物 81。

聚偏氟乙烯的结构式为 $-(CH_2CF_2)n-$，英文缩写为 poly(vinylidene fluoride)，是一种白色粉末状半结晶型极性聚合物，存在多种晶体结构。聚偏氟乙烯的压电效应，本质上来自晶区内偶极子的取向排列。β 相碳链呈全反构形，不仅每个碳链中偶极子的取向相同，而且 β 相单胞中两碳链平行排列，偶极子方向相同互相增强，形成很强的宏观极化效应。由负氟原子指向正氢原子的真空偶极矩（μ_0）大小为 7×10^{-30} Cm。若 β 相中所有分子偶极矩都具有单一取向，则将产生最大的自发极化。将真空偶极矩对整个 β 相单胞求和即得可能产生的最大晶体极化强度：$P_0=2\mu_0/abc=130$ mC/m^{-2}（a，b，c 为 β 相晶格常数）。

压电效应的物态方程反应了晶体电学量（E，D），和力学量（T，S）之间的相互关系，因此压电方程为：

$$D_i = d_{ip}T_P + \varepsilon_{ij}^T E_i \tag{5-2}$$

式 5-2 中，T 为应力；D 为电位移；为介电常数矩阵的转置矩阵；d 为压电应变常数矩阵；i, j=1、2、3；p=1、2、3、4、5、6。

由聚偏氟乙烯制得的压电元件对湿度、温度和化学物质具有稳定度高，机械强、失真小等优点。此外，聚偏氟乙烯的柔性是昂贵的晶体与脆性的铁电陶瓷无法比拟的优势。近年来，聚偏氟乙烯压电薄膜发展迅速，应用日趋广泛，作为柔性有机材料在大面积机电换能、列阵传感，微型电声转换，水下和人体信号探测及红外摄像等器件开发方面具有独特的优势，几乎涉及所有领域。

溶液流延法是实验室最常用的物理制膜方法，因为流延法的过程简单，对设备的要求也不高，只需要将粉末充分溶解在适当的溶剂中，再取适量的溶液倒入流延器皿，让溶液在流延皿表面均匀地铺展开，然后进行加热，将溶剂蒸发出去，这样溶解在溶液里的就在流延器皿表面形成了薄膜。此方法得到的有机物薄膜成膜致密性较好，强度较高。本实验采用溶液流延法制备不同厚度的 PVDF 压电薄膜，并对其晶体结构及其压电特性进行研究。

【仪器与试剂】

仪器：流延皿；电热烘箱；恒温水浴锅；分析天平；烧杯；磁力搅拌器；真空烘箱；原子力显微镜；差示扫描量热仪；傅里叶红外光谱仪；X 射线衍射仪；阻抗分析仪；压电仪。

试剂：聚偏氟乙烯（分子量 534, 000）；*N, N*– 二甲基甲酰胺；*N, N*– 二甲基乙酰胺；丙酮；二甲基硅油。

【实验内容及步骤】

1. 实验步骤

（1）称取 5.2 g 的聚偏氟乙烯粉末，加入到装有 50 mL 的 *N, N*– 二甲基乙酰胺的烧杯中。利用磁力搅拌器，在水浴 50 ℃的条件下，搅拌 30 min，得到聚偏氟乙烯均匀混合溶液。

（2）将（1）获取到的溶液放到真空烘箱中，室温条件静止 30 min，去除溶液中的气泡。

（3）取适量的聚偏氟乙烯溶液倒入流延皿中，将流延皿调整水平后放入电热烘箱中，设置温度 120 ℃，持续烘干 60 min，制得所需聚偏氟乙烯压电薄膜。

（4）在聚偏氟乙烯压电薄膜上涂覆电极阵列。各电极通过在压电薄膜的正反两面涂覆银薄膜得到。

（5）将涂覆银薄膜后的压电薄膜在硅油中加热到 120 ℃，并在各电极处施加电场，电场强度为 10 kV/mm，持续极化 40 min，得到具有局部极化压电阵列的压电薄膜。

（6）将压电薄膜的电极边缘处钻孔，并用导电胶填充孔，将底部电极引至顶部；通过印制电路将底部电极和顶部电极连接，电路终端通过焊盘引出。在压电薄膜两侧均匀涂抹环氧树脂作为保护层，完成压电薄膜传感器的封装。(见图 5-6)

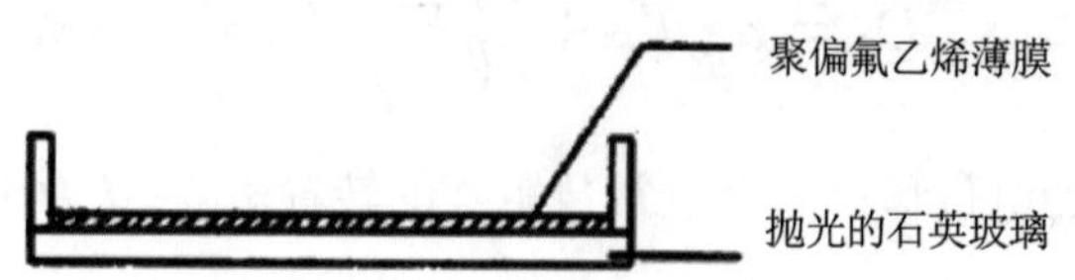

图5-6 聚偏氟乙烯溶液流延示意图

2. 基本表征

(1)原子力显微镜。利用原子力显微镜设备，采用轻敲模式对聚偏氟乙烯薄膜试样表面进行二维扫描。原子力显微镜的针尖运动轨迹表征了聚合物试样表面的形貌，由计算机进行实时数据采集并显示出来。

(2)差示扫描量热法。取样品和参比物置于铝盒中，氧气气氛中在 -50 ~ 180 ℃间以等速升温加热，当聚偏氟乙烯样品发生变化时，在样品和参比物之间就会产生一个温度差。放置于二者下面的一组差示热电偶便会产生温差电势，经差热放大后送入功率补偿放大器。功率补偿放大器则会自动调节补偿加热丝的电流，使样品和参比物之间温差趋于零，即两者温度始终保持相同。此补偿热量即为样品的热效应，以电功率的形式显示于记录仪上，便可得到差示扫描量热图。从图中可以得到有关聚合物的结晶情况和熔点等信息，薄膜试样的结晶度采用仪器软件进行计算，其原理为：

$$X_C = \frac{\Delta H_m}{\Delta H_m^0} \times 100\% \tag{5-3}$$

式 5-3 中，ΔH_m 为测得样品的熔融焓；ΔH_m^0 为 100% 结晶样品的熔融焓；聚偏氟乙烯薄膜的 ΔH_m^0 为 104.7 J/g。

(3)傅里叶红外光谱测试。利用傅里叶变换红外光谱仪获得聚偏氟乙烯薄膜的红外光谱。光谱仪的分辨率为 4 个波数。测定得到的光谱图以波长或波数为横坐标表示各种振动频率，纵坐标是用透射百分率或吸收百分率表示的吸收强度。从红外光谱图的谱带可以确定聚偏氟乙烯相应基团的信息。

(4)广角 X 射线衍射测试。利用 X 射线衍射仪，对试样进行射线衍射分析，获得薄膜在极化前后的结晶度及结晶态结构。在工作电压为 40 kV，工作电流为 30 mA 的条件下，将样品置于样品放置处，扫描范围 10° ~ 80° 区间，从而获得 X 射线谱图。根据已有的 X 射线数据来鉴定晶型。聚偏氟乙烯薄膜试样中的 α、β 结晶相含量可用衍射曲线并根据分峰程序来计算。总结晶度由下面的公式计算：

$$X_C = \frac{S_C}{S_a \quad S_C} \times 100\% \tag{5-4}$$

 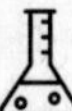

式 5-4 中，S_c 总结晶峰的积分面积；S_a 非晶峰的积分面积。

聚偏氟乙烯薄膜试样中的微晶尺寸，可用 Scherrer（谢乐）方程得到：

$$L_{hkl} = \frac{K\lambda}{\beta\cos\theta} \times 100\% \tag{5-5}$$

式 5-5 中，L_{hkl} 为垂直于某晶面 (hkl) 的微晶尺寸 (nm)；K 为常数，0.89；λ 为入射射线的波长；β 为纯因晶粒度引起的衍射线的宽化度，取衍射峰的半高宽；θ 为衍射峰所对应的 2θ 角的半角值。

3. 介电性能测试

介电常数是表征压电体的介电性质或极化性质的一个参数，是综合反映介质极化行为的一个主要的宏观物理量。薄膜介电常数的测量采用阻抗分析仪。频率范围为 0.01 Hz ~ 5MHz，测量样品的自由电容（C^T）和介电损耗（$\tan\delta$）。通过公式计算：

$$\varepsilon = \frac{C^T \times l}{\varepsilon_0 \times A} \times 100\% \tag{5-6}$$

式 5-6 中，被测样品在一定频率时的电容；l 为薄膜的厚度；ε_0 为真空电容率，数值大小为 8.85×10^{-12} F/m；A 为聚偏氟乙烯薄膜的有效面积。

4. 压电性能测试

薄膜的纵向压电系数（d_{33}）的测量装置如图 5-7 所示。周期性负载作用到聚偏氟乙烯样品上，由负载所产生的力 F=252 N，负载过程中在电极上积累的电荷（Q）和纵向压电常数的关系可表示为：$d_{33}=\frac{Q}{F}$。样品中产生的电响应通过信号放大器显示在液晶屏上。

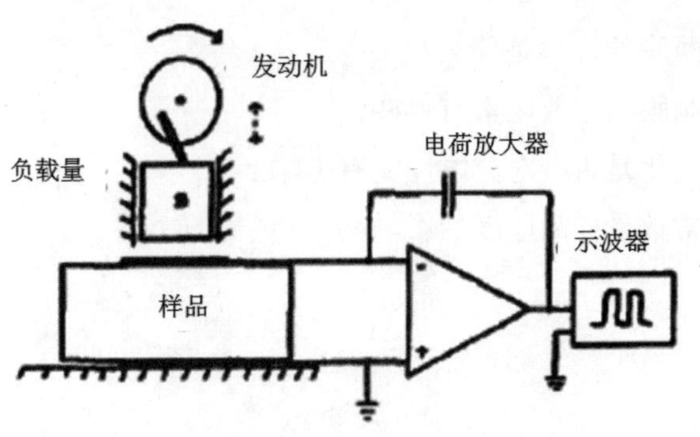

图5-7　压电系数测试装置示意图

在半晶态的聚合物中，压电性主要来源于偶极子的偏转振动、非晶相与结晶相之间的变化、空间电荷的迁移、空间尺寸的变化等。由于具有复杂的多种结晶相，在温度的诱导下，各种物理变化机制导致了不同的压电响应。对于薄膜极化方向上的压电系数的定义为：

$$d_{33}=\left(\frac{\partial P_3}{\partial\sigma_3}\right)_{T,E} \tag{5-7}$$

式 5–7 中，P_3 为垂直于薄膜表面方向上的极化，即聚合物单位体积内的分子平均偶极矩；σ 为作用在薄膜上的应力；T 为温度；E 为电场强度。

聚偏氟乙烯薄膜中的压电效应主要来源于偶极密度效应的空间变化，包括结晶相中偶极子的永久极化、非晶相中“冻结”的偶极子产生的极化、Maxwell–Wagner（麦克斯韦–瓦格纳）界面处空间电荷产生的极化。如果忽略偶极分子间和偶极子之间的相互作用，以及与材料结构间的相关指向力，P_3 极化值表达式为：

$$P_3=\frac{2}{V}(\mu^{SC}\langle\cos\varphi\rangle+\Delta\mu) \tag{5-8}$$

式 5–8 中，为结晶相中分子或分子链节的偶极矩；为晶体偶极矩的热振动衰减系数；为从非结晶相或 Maxwell–Wagner 界面处向结晶相变化的单位偶极子产生的偶极矩；V 为结晶相中单位晶胞体积。其中，和都是温度相关的系数，意味着 P_3 会随着温度的变化而变化，即 d_{33} 随温度变化而变化。

【结果与讨论】

1. 将介电性能测试数据记录填至下表中。

频率(Hz)	10	100	1000	10000	100000	1000000
自由电容						

2. 将压电性能测试数据记录填至下表中。

温度 (℃)	20	30	40	50
d_{33}				

【思考题】

1. 流延法制备薄膜的优势是什么？
2. 影响流延法制膜的主要因素有哪些？
3. 材料厚度的变化是否会对介电性能有影响？
4. 材料的介电常数受样品厚度的影响吗？

第6章　材料催化性能实验

实验6.1　电芬顿氧化去除废水中的盐酸四环素

【实验目的】

1. 了解盐酸四环素的性质及结构；

2. 掌握电芬顿氧化的原理。

【实验重点与难点】

电芬顿氧化的原理。

【实验原理】

1. 盐酸四环素

四环素类抗生素是目前使用最广泛、用量最大的抗生素种类之一，其结构如图 6–1 所示。盐酸四环素作为一种四环素类抗生素之一，属于药物和个人护理用品中的一种。盐酸四环素高浓度时具有杀菌作用，由于强大的功效，广泛应用于医药、畜禽产业中，但许多研究已经证实了抗生素广泛存在土壤、地表水、地下水、沉积物、城市污水以及动物排泄物氧化塘中，具有巨大的生态毒理效应。

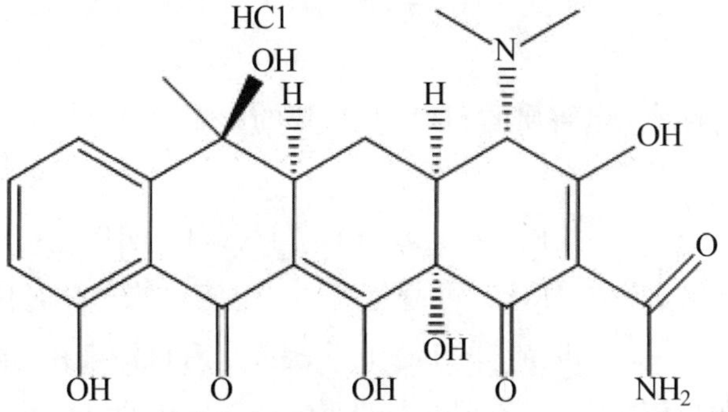

图6–1　盐酸四环素的结构示意图

2. 电芬顿氧化的原理

电芬顿氧化是高级氧化技术的一种，具备操作简单、氧化效率高、易于控制、生产较低等优势，被广泛应用于污水的处理（图 6–2）。根据催化剂的状态不同可将电芬顿法分为均相电芬顿和异相电芬顿。均相电芬顿是指反应的催化剂与溶液是均一的，即所用的催化剂是液态的，而异相电芬顿是指反应的催化剂与溶液不是均一，即所用的催化剂为固体。除了 Fe^{2+}/Fe^{3+} 外，其他金属也可电催化产生 · OH，比如 CuO/Al_2O_3、Al–MCM–41 等。

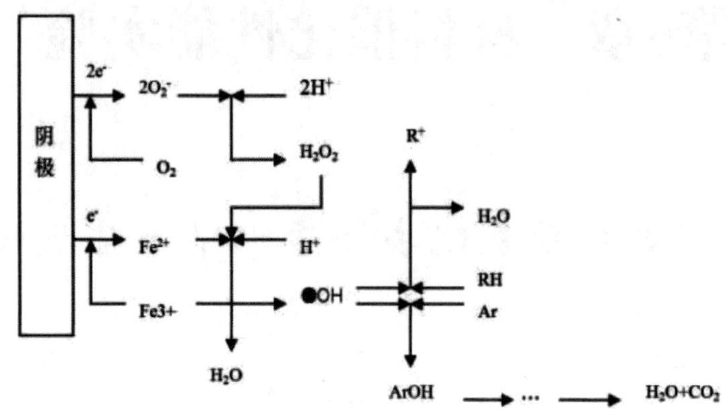

图6–2　电芬顿处理污水的结构图

电芬顿氧化技术是通过在阴极充氧或曝气的条件下，发生氧气的还原生成 H_2O_2，而阴极的还原反应可以得到 Fe^{2+}。在酸性条件下，通过充氧或曝气的方法，氧气在阴极会发生 2e 还原反应，如式 6–1 所示，产生 H_2O_2。在此过程中，氧气先溶解在溶液中，然后在溶液中迁移到阴极表面，在那还原成 H_2O_2；而在碱性溶液中，氧气发生反应如式 6–2 所示，生成 HO^{2-}。溶液中的 Fe^{3+} 可通过反应式 6–3 在阴极还原成 Fe^{2+}。电芬顿氧化技术进一步利用 Fe^{2+} 和 H_2O_2 反应，生成强氧化性的·OH。由于·OH 具有很高的氧化电位和无选择性，因此其可以降解氧化多种有机污染物。

$$O_2 + 2H+ \ + 2e \rightarrow H_2O_2 \tag{6–1}$$

$$O_2 + H_2O + 2e \rightarrow HO^{2-} + OH^- \tag{6–2}$$

$$Fe^{3+} + e \rightarrow Fe^{2+} \tag{6–3}$$

对于电芬顿反应来说，电解质的 pH 值是重要的影响因素之一，构成电芬顿反应的方程式如 6–4 所示：

$$Fe^{2+} + H_2O_2 \rightarrow Fe^{3+} + \cdot OH + OH^- \tag{6–4}$$

电芬顿技术在电化学产生 H_2O_2，可避免运输、储存和操作的危险，控制降解速率实现机理研究的可能性。由于阴极持续的 Fe^{2+} 再生提高了有机污染物的降解速率，这也减小了污泥的产生。在最佳条件下，可实现低花费小的全部矿化的可行性。

本实验以盐酸四环素为目标污染物，利用电芬顿氧化法对水中盐酸四环素进行氧化降解。

【仪器与试剂】

仪器：铁电极（阴阳极均为铁电极，规格为 5 cm × 4 cm）；硫酸钠；去离子水；直流电源；紫外—可见分光光度计；pH 计；烧杯（150 mL）；水系滤膜（0.22 μm）。

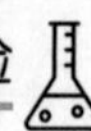

试剂：盐酸四环素；硫酸铁；浓硫酸；高锰酸钾；蒸馏水。

【实验内容及步骤】

1. 电芬顿氧化降解盐酸四环素

（1）配置电解质溶液。电解质溶液由硫酸铁、盐酸四环素、硫酸三种溶质混合而成，其中硫酸铁的浓度为 0.1mmol/L，盐酸四环素的浓度为 0.08 mmol/L。加入适量浓硫酸调节至 pH 值范围在 2 ~ 6 之间。在烧杯（150 mL）中，加入两个铁电极，作为阴阳电极使用，规格为 5 cm × 4 cm，电极与电极间距固定为 2 cm。

（2）电芬顿氧化降解。调节直流电源的电流强度至指定范围，并于 5 ~ 60 min 取样测定盐酸四环素的降解情况。

2. 数据处理

（1）盐酸四环素工作曲线的绘制。配置 0.02 mmol/L 的盐酸四环素溶液，定容的体积为 25 mL。分别量取 0.5、1、2、4 和 6 mL 浓度为 0.02 mmol/L 的标准溶液于 25 mL 容量瓶中，蒸馏水定容摇匀，依次编号 A1#、A2#、A3#、A4# 和 A5# 待用。对于盐酸四环素溶液，在 200 ~ 800 nm 范围内测量吸光度，以吸光度最大的波长为工作波长。依据所测定的吸光度和浓度的关系，绘制工作曲线。

（2）测量降解盐酸四环素吸光度。电芬顿氧化降解盐酸四环素结束后，取少许电解质溶液，经 0.22 μm 水系滤膜立即过滤后进行紫外—可见吸收光谱的定量测定。以蒸馏水为参比，按照从盐酸四环素的浓度由稀到浓的顺序依次测定 B1#、B2#、B3#、B4# 和 B5# 溶液的吸光度。根据标准曲线计算盐酸四环素的电芬顿降解百分率。

【结果与讨论】

1. 通过氧化过程中对电流强度、H_2O_2 投加量以及溶液初始 pH 值的分析和比较发现：电芬顿反应降解 0.08 mmol/L 盐酸四环素的最优条件为电流强度 50 mA，pH 为 3.0 的电解质溶液。在该条件下反应 30 min，盐酸四环素去除率可以达到 97% 以上。

2. 降解过程中的紫外—可见吸收光谱曲线显示，波长 360 nm 处的吸收峰迅速消失，盐酸四环素的共轭结构被破坏，而反应在开始 20 min 内基本进行完毕。将盐酸四环素降解率在不同电解质 pH 值的变化填入下表。

pH值	2	3	4	5	6
盐酸四环素降解的百分比					

【思考题】

1. 与传统的电降解相比较，电芬顿反应的优势是什么？

2. 在电芬顿降解盐酸四环素的过程中，硫酸起到什么作用？

3. 本实验中，可以直接加入过氧化氢溶液来进行反应吗？这样做的优缺点是什么？

实验6.2 Pd负载Er_2O_3的制备及催化加氢性能探究

【实验目的】

1. 了解负载型催化剂的概念；
2. 了解 Pd 基催化剂的催化原理；
3. 掌握 Er_2O_3 纳米棒的制备方法；
4. 掌握催化加氢的操作过程及催化剂的评价手段。

【实验难点与重点】

掌握催化加氢的实验过程及催化剂的评价手段。

【实验原理】

在 19 世纪早期，科学家们就已经发现 Pd 具有非常优异的催化性能，但是非常小的 Pd 纳米颗粒具有非常高的表面能，团聚现象严重，使得暴露在反应体系中的活性位点数量较少，因此单纯 Pd 纳米颗粒的催化效率并不高，而且很容易中毒失活且价格昂贵。为了更高效地运用金属钯，人们开发了负载型 Pd 催化剂。Pd 作为催化中心，负载入载体中，使其比表面积增加，不容易团聚，从而提高催化活性。

本实验中我们以 Er_2O_3 纳米棒为 Pd 载体。Er 作为稀土元素，具有独特的电子结构和丰富的电子能级，这有利于 Pd 在 Er_2O_3 的容留和分散 2, 4。同时 Er_2O_3 纳米棒具有多孔结构，高的表面积也是十分有助于 Pd 的有效分散。此外，Er_2O_3 纳米棒机械强度高，热稳定性好，这都有利于催化剂在苛刻条件中高效工作。

【仪器与试剂】

仪器：反应釜；气相色谱仪。

试剂：四氯钯酸钠；硝酸铒；硼氢化钠；氢氧化钠；无水乙醇；苯乙烯；间三甲苯；去离子水。

【实验步骤】

1. Er_2O_3 纳米棒的制备

将 20 mL 浓度为 0.1 mol/L 的氢氧化钠溶液逐滴加入 10 mL 浓度为 0.1 mol/L 的硝酸铒溶液中。溶液中形成粉红色的氢氧化铒沉淀，充分搅拌后，将其转移至反应釜中，密封好后置于 180℃烘箱中反应；待 12h 后，反应釜自然冷却至室温；将所得混合液离心分离，得到粉红色产物；用乙醇和水洗涤沉淀 2 ~ 3 次后，在 80℃烘箱中充分干燥；将干燥后的固体样品放入马弗炉中，以 5 ℃/min 的升温速率将温度升至 800 ℃，保持恒温 5h，自然冷却到室温，即得 Er_2O_3 纳米棒。

2. Pd/Er_2O_3 催化剂的制备

将 100 mg 的 Er_2O_3 纳米棒分散到 100 mL 水中，并在不断搅拌的情况下滴入 10 mmol/L 的四氯钯酸钠溶液（0 mL，2 mL，4 mL，6 mL 和 8 mL）。继续搅拌 10h，观察体系颜色的变化。

反应结束后，离心，将沉淀在真空干燥箱内干燥过夜。干燥好后将其置于马弗炉中，氩气保护下，通入 5% 的氢气作为还原保护气体，以 5 ℃ /min 的升温速率将温度升至 400 ℃保持 3h，自然冷却到室温，即得 Pd/Er_2O_3 催化剂。

3. 产物表征

（1）产物的结构利用 X 射线衍射仪表征。表征的条件为 CuKα 辐射（λ = 0.154 nm)，电压 50 kV，电流 30 mA，扫描区间为 10° ~ 80°，扫描速度 5° /min。

（2）产物的形态和尺寸用扫描电镜表征。

（3)Pd 在 Er_2O_3 纳米棒上的负载量用电感耦合等离子体质谱仪（ICP–MS）进行测试和分析。

4. Pd/Er_2O_3 催化苯乙烯加氢

在反应器中加入 3.0 mg Pd/Er_2O_3 催化剂，5.0 mL 苯乙烯和 3.6 mL 间三甲苯；在搅拌的状态下加入 10 mL 无水乙醇，反应器内充满氢气。定时取样，通过在线气相色谱分析体系中检测产物浓度。氩气作为吹扫。用苯乙烯的转化率来衡量催化剂活性。苯乙烯转化率 (*W*) 用式 6–5 表达：

$$W = \frac{n_{(苯乙烯输入)} - n_{(苯乙烯生成)}}{n_{(苯乙烯输入)}} \times 100\% \tag{6–5}$$

【结果与讨论】

将实验数据整理到下表中，分析实验数据得到合理的实验结论。

四氯钯酸钠(mL)	0	2	4	6	8
XRD图谱					
扫描电镜图					
Pd/Er (mol/mol)					
苯乙烯转化率 (%)					

【思考题】

1. 催化剂的量与苯乙烯转化率有什么关系？催化剂量是越大越好吗？催化剂与底物间的量是多少时可以得到最好的转化结果，你怎么设计实验探究这一问题？

2. 查阅资料了解还有哪些优异的贵金属催化剂载体？它们有哪些优异的性能？

3. 本实验中间三甲苯的作用是什么？

4. 查阅资料自学 Pd 催化剂催化加氢的原理。

实验6.3 铜掺杂的铈锆氧化物固溶体的CO催化氧化性能测试

【实验目的】

1. 了解二氧化铈存储氧的原理；
2. 掌握二氧化铈的晶体结构；
3. 掌握铜掺杂的铈锆氧化物固溶体的合成方法；
4. 掌握 CO 催化氧化实验方法及评价方法。

【实验重点与难点】

CO 催化氧化实验方法及评价方法。

【实验原理】

二氧化铈（CeO_2）晶体为面心立方萤石结构（如图 6–3 所示）。每个 Ce^{4+} 周围有 8 个 O^{2-} 配位，每个 O^{2-} 周围有 4 个 Ce^{4+} 配位 90。当晶体处于还原性气体的氛围中时，晶体内部很容易产生氧空位，因此二氧化铈晶体中存在 Ce^{4+} 和 Ce^{3+} 的氧化还原循环，故而氧化铈晶体具有存放氧的能力，即在富氧的情况下二氧化铈晶体能够将氧气存储起来，而在乏氧的环境中又可以将氧气释放出来。这也是二氧化铈晶体能用于催化领域的原理。

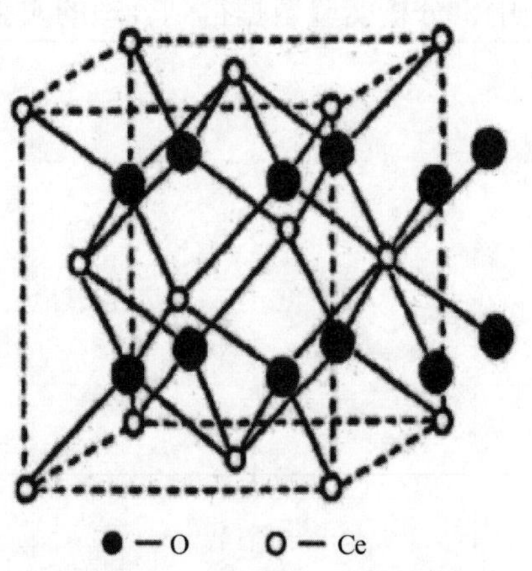

图6–3 二氧化铈晶体结构示意图

单纯的二氧化铈晶体的催化性能并不理想。二氧化铈晶体的热稳定性较差，温度较高时会发生晶体结构的坍塌，颗粒团聚，比表面积减小 92。其原因可能是由于当温度较高时，氧离子空穴增加，造成结构的不稳定。将锆 (Zr) 元素掺杂进二氧化铈的晶体结构内，形成铈锆固溶体（$CexZr_{1-x}O_2$）（图 6–4），可以提高二氧化铈晶体的稳定性和催化性能。在铈锆固溶体中，Zr^{4+} 的离子半径要小于 Ce^{4+}。当 Zr^{4+} 掺杂到二氧化铈晶体中后，会使晶胞体积

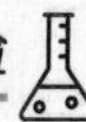

变小，其周围氧离子的配位数也少，这都有利于加大氧离子的扩散能，促使晶体中形成更多的氧缺陷，从而增加晶体的氧化还原能力。

在铈锆氧化物固溶体中掺杂其它金属，尤其是过度金属，能够明显增加其催化性能。很多研究报道显示，铜元素掺杂的二氧化铈 (Cu–$CeZrO_2$) 能够大幅降低催化反应的温度，促进 Ce^{4+} 和 Ce^{3+} 的氧化还原循环，增加固溶体的存储氧能力，对 CO 的氧化过程表现出更高的催化活性。

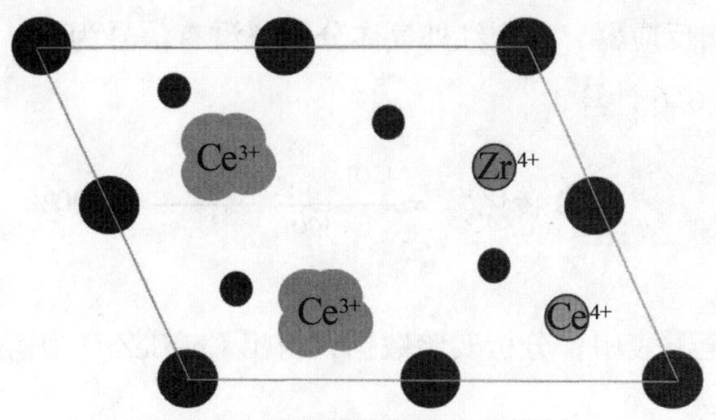

图6–4 铈锆固溶体结构示意图

【仪器与试剂】

仪器：聚四氟乙烯内衬反应釜；去离子水；电子天平；马弗炉；离心机；烘箱；固定床反应器；容量瓶 (250 mL)；烧杯；量筒。

试剂：硝酸铈；氯氧化锆；硝酸铜；聚乙烯吡咯烷酮；甲酸；双氧水；氨水；无水乙醇。

【实验内容及步骤】

1. Cu–$CeZrO_2$ 固溶体的合成

（1）配制氨水溶液。用量筒量取 83 mL 氨水（质量分数为 25%）于 250 mL 的容量瓶中，并用去离子水定容，得到 5 mol/L 的氨水溶液。

（2）配制氯氧化锆溶液。将 1 g 氯氧化锆固体溶于 50 mL 去离子水中，得到 0.05 mol/L 的氯氧化锆溶液。

（3）配制硝酸铜溶液。将 0.604 g 硝酸铜溶于 50 mL 去离子水中，得 0.05 mol/L 的硝酸铜溶液。

（4）Cu–$CeZrO_2$ 的制备。称取 0.115 g 六水合硝酸铈和 0.4 g 聚乙烯吡咯烷酮于反应釜中，并加入 15 mL 乙醇；在搅拌条件下，加入氯化氧锆溶液 300 μL，硝酸铜溶液 118 μL，继续搅拌 15 min；依次加入 150 μL 的双氧水，400 μL 的氨水溶液和 60 μL 的甲酸溶液，继续搅拌半小时，将反应釜密封好，放入 150 ℃烘箱中 16h。待反应釜密自然冷却至室温，离心分离得到固体，并用乙醇清洗几次，最后将固体放在 80 ℃烘箱中干燥。

2. 产物表征

（1）产物的结构利用 X 射线衍射仪表征。CuK α 辐射 (λ= 0.154 nm)，电压 50 kV，电流 30 mA，扫描区间为 10° ~ 80° ，扫描速度 5° / min。

（2）产物的形态和尺寸用扫描电镜表征。

3. CO 催化氧化性能评价

常温常压下，在固定床反应器上进行 CO 催化氧化实验，载气为氮气，一氧化碳和氧气为反应气。三种气体进入反应床的比例为 N_2∶CO∶O_2=85∶5∶10，总气体流速为 65 mL · min^{-1}。催化剂与石英砂以不同比例（0 mg/300 mg，10 mg/300 mg，15 mg/300 mg，120 mg/300 mg 和 25 mg/300 mg）填入反应器中，反应物 CO 和产物 CO_2 的量由在线红外气体分析仪测定。反应前用载气充分吹扫反应器，直到红外气体分析仪没有信号为止。升温步长为 2 ℃ min。CO 的转化率通过下式 6–6 计算：

$$\text{CO 转化率} = \frac{[CO]_{输入}\% - [CO]_{输出}\%}{[CO]_{输入}\%} \times 100\% \tag{6–6}$$

【结果与讨论】

将实验数据整理至下表中，分析实验数据，得出 Cu–$CeZrO_2$ 固溶体催化剂的量与催化性能之间的关系。

催化剂的量(g)	0	10	15	20	25
CO转化率(%)					

【思考题】

1. 二氧化铈晶体具有存储氧的能力，这与它独特的空间结构和电子结构有什么关系？其他稀有元素是否也具有同样的性质？

2. 请查阅文献了解还有哪些金属掺杂到铈锆固溶体中对其改性，效果怎么样？

3. 催化剂的量越多催化性能越好吗，有没有最合适的量？如果让你来设计铜掺杂的铈锆氧化物固溶体催化 CO 实验，如何得到这个最优量？

实验6.4 纳米BiOBr粉末的制备及光催化降解罗丹明B

【实验目的】

1. 了解水热法的原理与特点，学会使用水热法生长粉体；

2. 掌握纳米级 BiOBr 的制备过程；

3. 掌握粉末 BiOBr 降解罗丹明 B 的实验步骤。

【实验重点与难点】

纳米 BiOBr 粉末的合成过程及荧光测试的过程。

【实验原理】

随着时代的发展，科技进步的同时也带来了污染，有害物质的去除已经成为当今世界急需解决的问题，其中光催化降解污染物是一种节能高效的技术手段。基于半导体光催化材料的光催化技术是在有效光源的作用之下，由光子激发光催化材料从而产生电子空穴对，并在催化剂材料表面达到将污染物降解的目的。BiOBr 半导体材料对可见光具有较好的响应，且具备高的的化学稳定性与光催化性能。BiOBr 光催化剂的禁带宽度约为 2.69 eV，对波长约为 460 nm 的光波具有较好的吸收，该波长位于可见光范围之内，能够有效吸收可见光，实现对有机污染物的良好降解。

从相关报道中可以了解到水热合成法制备的 BiOBr 材料已经取得了很大的进展 94。水热法是在特制的密闭反应容器（高压釜）里，采用水溶液作为反应介质，通过对反应容器加热，创造一个高温、高压的反应环境，使得难溶或不溶的物质溶解、反应并重结晶，从而得到理想的产物。自 1982 年开始水热反应制备超细微粉的水热法已引起国内外的重视。用水热法制备纳米 BiOBr 粉末，反应简单易操作，得到的产物形貌好。

在本实验项目中，采用光催化实验中，间隔一定反应时间后从反应管中吸取一定量的样液，然后对样液离心沉淀除去纳米 BiOBr 对测量吸光度的影响，离心过后得到上清液。测试上清液在最大吸收波长处的吸光度。观察随着光催化反应时间的延长，有机染料降解率的变化情况。

【仪器与试剂】

仪器：量筒（50 mL）；烧杯（100 mL）；胶头滴管；高压反应釜（100 mL）；鼓风干燥箱；磁力搅拌器；循环水真空泵；滤纸；抽滤瓶；电子分析天平；光化学反应仪；紫外—可见—近红外光谱仪。

试剂：五水硝酸铋 $[Bi(NO_3)_3 \cdot 5H_2O]$；氯化钾（KCl）；乙醇（C_2H_6O）；溴化钾。

【实验内容及步骤】

1. BiOBr 的制备

（1）用量筒取 80 mL 去离子水倒入 100 mL 的烧杯，称取质量为 1.4640 g 的溴化钾，倒入烧杯，在磁力搅拌器上进行搅拌，时间为 30 min。待溴化钾完全溶解后，用电子分析天平称量 3.9320 g 五水硝酸铋加入到上述溶液中继续搅拌 30 min。

（2）将溶液 (1) 加入烘干的反应釜内胆中，而后将高压反应釜放入 160 ℃的鼓风干燥箱中进行 12h 的水热反应。等反应结束，自然冷却至室温后，取出反应釜。

（3）打开反应釜并用吸管搅拌使反应物成为悬浊液。使用循环水泵将悬浊液进行抽滤，分别用无水乙醇和蒸馏水各洗涤三次，将得到的样品放在 70 ℃下鼓风干燥箱干燥 12h 即得到 BiOBr 粉体样品。

2. 罗丹明 B 的光催化降解

（1）用电子天平称取一定量的罗丹明 B 试剂配制成 10 mg/L 的水溶液。

（2）取两支试管分别装入 30 mL 罗丹明 B 水溶液，向其中一只装入 BiOBr 粉末样品 0.03g，将两支试管放入循环水冷却的光化学反应仪中，在无光条件下搅拌 30 min，以达到催化剂和罗丹明 B 水溶液的吸附平衡。吸附结束后取样 3 mL。

（3）用500 W的氙灯对罗丹明B溶液进行光催化降解。每隔5 min取样一次，共计取样时间30 min。测试结束，将所取试样进行离心处理以达到固体粉末与液体完全分离的目的，并用紫外—可见—近红外光谱仪测定上清液的吸光度。

【结果与讨论】

1. 将BiOBr粉体样品光催化降解罗丹明B的数据填至下表中。

编号	1	2	3	4	5	6	7
取样次数	第一次	第二次	第三次	第四次	第五次	第六次	第七次
取样时间	暗反应30 min	光反应5 min	光反应10 min	光反应15 min	光反应20 min	光反应25 min	光反应30 min
吸光度							

2. 将不同编号样品的紫外—可见测试结果做在一张图中，对比罗丹明B浓度随着时间的变化。

【思考题】

1. 紫外—可见—近红外光谱仪的工作原理是什么？

2. 反应产物洗涤的目的是什么？

3. 影响BiOBr催化降解罗丹明B的因素是什么？

实验6.5　纳米二氧化钛的制备及光催化降解亚甲基蓝

【实验目的】

1. 学习纳米二氧化钛的制备过程；

2. 了解二氧化钛光催化降解有机染料的反应原理及方法。

【实验重点与难点】

1. 纳米二氧化钛粉末的合成过程及其光催化降解测试过程；

2. 学会分析二氧化钛光催化降解曲线。

【实验原理】

光催化是纳米半导体的独特性能之一。纳米半导体材料在光的照射下，通过有效吸收光能产生具有超强氧化能力和还原能力的光生电子和空穴，促进化合物的合成或使化合物（有机物和无机物）降解。二氧化钛具有独特的光催化性，在光催化剂、气敏传感器件等方面具有广阔的应用前景。二氧化钛本身具有性质稳定、抗光腐蚀性强、耐酸碱、原料丰富等优点，成为光催化材料方向的研究热点。

在光照的条件下，当光照能量大于或等于催化剂能隙时，催化剂价带中的电子将被激发跃迁到导带，在价带上留下相对稳定的空穴，从而形成电子空穴对，即为光生电子空穴对。当二氧化钛吸收了有效光子后，价带中的电子就会被激发到导带，产生导带电子和价

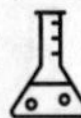

带空穴，在水溶液中二者可以与分子氧、水、OH^- 等发生系列反应，吸附在二氧化钛表面的氧俘获电子形成生成 $\cdot O_2^-$，而空穴则将吸附在二氧化钛表面的 OH^- 和 H_2O 氧化成具有强氧化性的 $\cdot OH$。这些强氧化自由基将有机物彻底氧化降解。

目前，二氧化钛的制备方法很多。操作简便、绿色环保的水热合成法是将前驱物在高温高压水溶液中溶解进而成核、生长，形成具有一定粒度和结晶形态的纳米二氧化钛，而且通过改变条件可控制粉体粒径、晶型、晶面等特性。

本实验项目是采用钛酸丁酯作为钛源，利用高压反应釜水热法制备纳米二氧化钛。实验中，间隔一定时间从反应管中吸取一定量的样液，然后对样液离心沉淀除去纳米二氧化钛对测量吸光度的影响，离心过后得到上清液。测试上清液在最大吸收波长处的吸光度。观察随着光催化反应时间的延长，有机染料降解率的变化情况。

【仪器与试剂】

仪器：50 mL 量筒；100 mL 烧杯；磁力搅拌器；磁力搅拌子；反应釜（100 mL）；鼓风干燥箱；离心管；真空干燥箱；研钵；光催化反应石英管；石英比色皿；紫外灯；离心机；紫外—可见分光光度计。

试剂：钛酸四丁酯（$Ti(OC_4H_9)_4$）；超纯水；柠檬酸；无水乙醇（C_2H_6O）。

【实验内容及步骤】

1. 二氧化钛的合成

以钛酸四丁酯为钛源，取 15 mL 钛酸丁酯放入干净的聚四氟乙烯内衬中，加入 2.4 mL 0.5 mol/L 的柠檬酸（192.13 g/mol）溶液搅拌 30 min。将盛有悬浮液的聚四氟乙烯内衬放入不锈钢高压反应釜中，在 170 ℃下水热反应 20h，然后让反应釜自然冷却至室温。制备的白色沉淀物先离心分离，然后分别用去离子水和无水乙醇反复洗涤三次，所得样品置于真空干燥箱 60℃干燥 6h。将固体在研钵中研细，所得样品即纳米二氧化钛。

2. 亚甲基蓝的降解

（1）分别取少量亚甲基蓝溶于超纯水中，配成稀溶液，在紫外—可见分光光度计上测试，确定最大吸收波长。亚甲基蓝的最大吸收波长约为 664 nm。

（2）配置 0.1 mol/L 的 NaOH 溶液，称取 0.12 g 自制的二氧化钛于离心管中，分别用 0.1 mol/L 的 NaOH 溶液和超纯水离心洗涤 3 次，备用。

（3）配置初始浓度为 35 mg/L 的亚甲基蓝溶液，并测定初始吸光度值（A_0）。取 50 mL 于反应管中，将上述活化好的光催化剂转移到反应管中，搅拌反应。

（4）打开紫外灯照射反应并开始计时，每间隔 15 min 从反应管中吸取一定量的样液，取样总时间为 1h。然后对样液离心沉淀消除二氧化钛对测量吸光度的影响，离心过后得到上清液。用分光光度计测试上清液在最大吸收波长处的吸光度。

（5）可进行对比实验：

① 不加催化剂；

②无紫外灯照射。其他操作过程同上。

【结果与讨论】

1. 纳米二氧化钛的制备光催化降解亚甲基蓝实验数据记录至下表中。

编号	1	2	3	4	5
取样次数	第一次	第二次	第三次	第四次	第五次
取样时间	光反应0 min	光反应15 min	光反应30 min	光反应45 min	光反应60 min
吸光度					

2. 不同催化剂对活性染料降解率的计算用式 6–7。

$$降解率(\%) = \frac{A_0 - A_T}{A_0} \times 100\% \tag{6–7}$$

式中 6–7 中，A_0 为活性染料的初始吸光度值；A_T 为抽样时刻活性染料溶液的吸光度值。将不同编号样品的测试结果做在一张图中，以光照时间为横坐标，降解率为纵坐标，绘制曲线，计算出模拟废水中剩余的染料的浓度。

【注意事项】

1. 溶液取用以及混合时须在通风橱中进行，戴手套操作。

2. 水热反应结束后要自然冷却至室温后再打开反应釜。

3. 尽量避免紫外灯照射到皮肤。

4. 在进行对比实验时，要保持实验条件相同，比如搅拌速度、光照强度等。

【思考题】

1. 水热法制备纳米二氧化钛半导体材料，哪些因素或实验条件影响产品的形貌？

2. 除了水热法，还有哪些方法用于二氧化钛半导体材料的制备？

3. 反应过程中为什么加入柠檬酸？

4. 二氧化钛光降解有机染料的实验中，哪些因素会影响光降解效果？催化剂用量是否越多越好？

5. 催化剂在使用之前为什么要用氢氧化钠溶液和水洗涤？

第7章　材料吸附性能实验

实验7.1　类沸石-咪唑酯框架材料ZIF-8的染料移除性能

【实验目的】

1. 了解类分子筛化合物的概念及应用领域；

2. 掌握 ZIF-8 的制备方法；

3. 学习吸附脱色的过程；

4. 了解朗缪尔单分子层吸附理论及溶液吸附法测定比表面积的基本原理。

【实验重点与难点】

1. ZIF-8 的制备策略；

2. 朗缪尔单分子层吸附理论及溶液吸附法测定比表面积的基本原理。

【实验原理】

1. 类沸石－咪唑酯框架材料

类沸石－咪唑酯框架结构材料（Zeolite Imidazolate Frameworks，ZIFs）是由美国加州大学 O. M. Yaghi 研究组合成的。2006 年，Yaghi 小组首次报道通过溶剂热等方法合成的 12 种 ZIFs（ZIF-1 至 ZIF-12），其中 ZIF-8 和 ZIF-11 都具有高热稳定性（高达 500℃）和化学稳定性（在水、碱性及有机溶液中均保持稳定）。ZIFs 是由二价过渡金属锌或钴金属离子与咪唑类配体（图 7-1），通过配位反应形成具有硅铝分子筛四面体的结构。

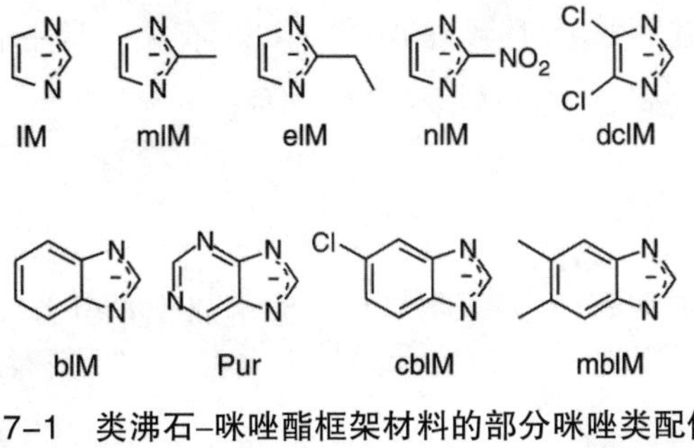

IM　mIM　eIM　nIM　dcIM

bIM　Pur　cbIM　mbIM

图7-1　类沸石-咪唑酯框架材料的部分咪唑类配体

咪唑酯是一类具有共轭性质的五元环结构，通过失去一个质子与金属离子配位，形成一个接近于 145° 的 M–IM–M 键角（M 为过渡金属离子，IM 为咪唑酯），其连接方式刚好对应于传统沸石中的 Si–O–Si 结构（图 7–2）。与传统沸石相比较而言，过渡金属离子取代了传统沸石中的硅元素和铝元素，咪唑酯取代了传统沸石中的氧桥，通过咪唑环上的氮原子相连而成的一种类沸石结构材料。

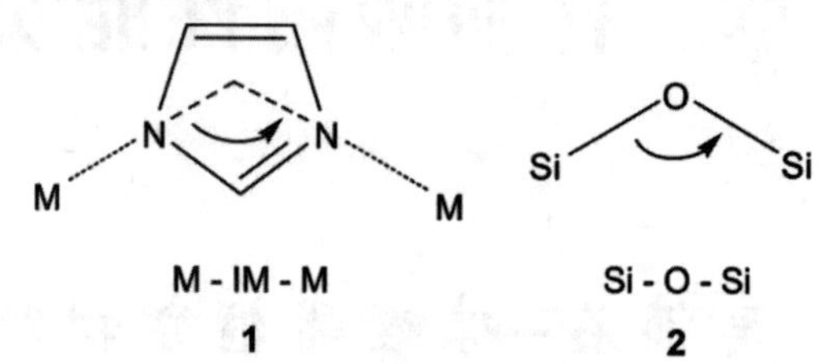

图7–2　类沸石–咪唑酯框架材料的结构键角

类沸石–咪唑酯框架材料中的 M–IM–M 单元的键长比传统沸石中的 Si–O–Si 单元的键长要长，所以 ZIFs 材料结合了金属有机框架材料（MOFs）和沸石的双重优势，即具有 MOFs 材料高的孔隙率和大的比表面积以及结构可调性，又具有无机沸石高的稳定性，因此，ZIFs 材料在很多方面具有潜在的应用价值，如气体储存与分离、异相催化、化学传感器、生物医学成像和药物传输等。

如图 7–3 所示，ZIF–8 是采用二价锌盐和 2– 甲基咪唑合成的具有沸石方钠石拓扑结构的一种金属有机框架化合物，属于纳米材料。ZIF–8 的孔径约为 0.34 nm，笼径为约为 1.16 nm。

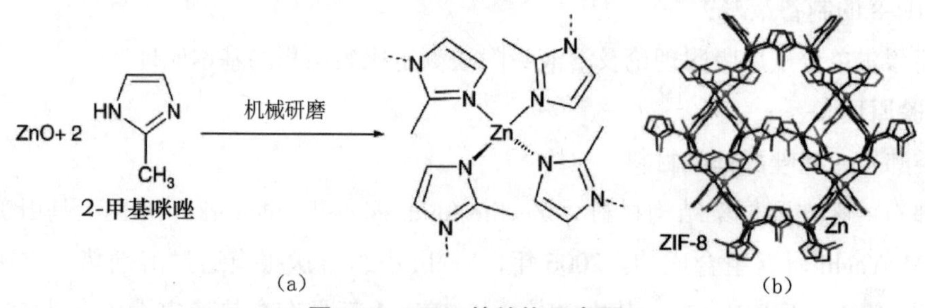

图7–3　ZIF–8的结构示意图

2. 溶液吸附原理

吸附能力的大小常用吸附量（q_e）表示。吸附量通常指每克吸附剂上吸附溶质的物质的量。吸附量的大小与吸附平衡时溶质的浓度（C_e）有关，常用的关联式有两个。

（1）Freundlich 经验公式，主要适用于中等温度。

$$q_e = K_f C_e^{\frac{1}{n}} \tag{7-1}$$

式 7–1 中，K_f 为吸附常数；n 为吸附过程经验常数（$n > 1$），由温度、溶剂、吸附质与吸附剂的性质决定。

q_e 与 C_e 的对数形式：

$$\lg(q_e) = \lg K_f + \frac{1}{n}\lg(C_e) \tag{7-2}$$

式 7-2 中，$\lg(q_e)$ 对 $\lg(C_e)$ 作图，得吸附等温线，其中斜率为 $\frac{1}{n}$，截距为 $\lg(K_f)$。

（2）朗缪尔吸附等温线。朗缪尔吸附理论的基本假设是固体表面是均匀的，吸附是单分子层吸附，吸附剂一旦被吸附质覆盖就不能被再吸附。在吸附平衡时，吸附和脱附建立动态平衡。吸附平衡前，吸附速率与空白表面成正比，解吸速率与覆盖度成正比。由单分子吸附动力学推出朗缪尔吸附等温线方程。

$$\frac{C_e}{q_e}=\frac{1}{q_{\max}K_L}+\frac{C_e}{q_{\max}} \tag{7-3}$$

式 7-3 中，$q_{\max}$ 为每克吸附剂对吸附质的饱和吸附量为最大吸附量；K_L 为吸附平衡常数，其值决定于吸附剂和吸附质的性质及温度。K_L 值越大，固体对吸附质吸附能力越强。作 $C_e/q_e \sim C_e$ 图，从直线斜率可求得 $q_{\max}$，再结合截距便可得到 K_L。若每个吸附质分子在吸附剂上所占据的面积为 σ_A，则吸附剂的比表面积可以按照下式 7-4 计算。

$$S=q_{\max}N_A\sigma_A \tag{7-4}$$

式 7-4 中，S 为吸附剂比表面积，N_A 为阿伏加德罗常数。

3. 废水处理

染料在国民生产的各行各业中有着日益突出的作用；与此同时，生产过程中排放的染料废水的处理成为科技工作者的研究重点。染料工业中所产生的大量染料废水往往伴随着浓度高、色泽深等特点，排入水体中不但影响了水生生物的光合作用，而且造成人类水资源的匮乏。因此，对于染料废水的研究，有利于改善水域环境以及缓解水资源的紧张。

吸附是用于处理染料废水较为新颖的一种方法，其工作原理是通过多孔物质将染料吸附在其表面，然后通过固液分离将污染物从水体中去除。在吸附和分离的整个过程中不出现新的物质，吸附剂通过固液分离不在水体残留。因此，吸附不仅能够快速地将染料分子吸附在吸附剂表面进而分离出水体，而且不会造成水体的二次污染。常用的吸附剂包括活性炭、硅胶、天然黏土、沸石分子筛等。

本实验项目以酸性红 66 为废水染料基质（图 7-4），利用 ZIF-8 材料的多孔结构，通过吸附的方法处理废水。

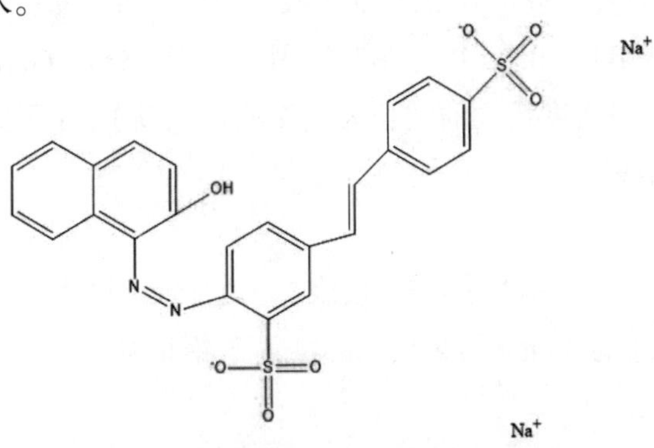

图7-4　酸性红66的分子结构示意图

【仪器与试剂】

仪器：烧杯；单口磨口圆底烧瓶(250 mL)；磨口的玻璃塞子；恒温磁力搅拌器；搅拌子；量筒；电子分析天平；称量纸；搅拌子；定量滤纸；布氏漏斗；吸滤瓶；循环水式真空泵；电热烘箱；离心机；紫外—可见光谱仪；石英比色皿。

试剂：六水合硝酸锌；2–甲基咪唑；甲醇；乙醇；酸性红 66；去离子水。

【实验内容及步骤】

1. ZIF–8 的制备

（1）溶剂热方法。

①将 0.74 g 六水合硝酸锌溶入装有 80 mL 甲醇的烧杯中。

②将 0.41 g 2–甲基咪唑溶入装有 80 mL 甲醇的圆底烧瓶中。

③将①得到的硝酸锌溶液混入到②的 2–甲基咪唑溶液中，溶液中各成分的摩尔比为 Zn^{2+}∶2–甲基咪唑 = 1∶2。混合液很快出现乳状的悬浮体。

④常温条件下搅拌 40 min 后，在 10000 r/min 离心分离速率下离心分离出固体，再用乙醇离心洗涤 3 次，将样品放在 80 ℃烘箱中烘干，留待以后的实验使用干燥后的样品。

（2）水热法。

①将 1.17 g 六水合硝酸锌溶入 8 mL 去离子水中。

②将 22.70 g 2–甲基咪唑溶入 80 mL 去离子水中。

③将硝酸锌溶液与咪唑溶液在搅拌的条件下混合，溶液迅速变成乳色状。此时，混合液中各成分的摩尔比是：Zn^{2+}∶2–甲基咪唑∶H_2O =1∶70∶1238。

④经 5 min 搅拌，使用离心机在 10000 r/min 离心分离速率下对溶液进行固液分离，得到的样品用去离子水浸洗 2~3 次，取样风干。ZIF–8 放入 150 ℃烘箱中活化 24h，然后置于干燥器中备用。

2. 酸性红 66 的吸附

（1）酸性红 66 标准溶液的配制。分别量取 0.50 mL、1.00 mL、3.00 mL、5.00 mL、8.00 mL、10.00 mL 和 15.00 mL 浓度为 50 mg/L 的标准溶液于 50 mL 容量瓶中，蒸馏水定容摇匀，依次编号 B1#、B2#、B3#、B4#、B5#、B6#、B7# 待用。对于酸性红 66 溶液，在 200 ~ 800 nm 范围内测量吸光度，以吸光度最大的波长为工作波长。以 1 cm 比色皿，以水做参比，测定吸光度，绘制工作曲线。

（2）溶液吸附。

①取 5 只干燥的锥形瓶，编号 1 ~ 5。按表 7–1 配制不同浓度的酸性红 66 溶液。

②准确称取活化过的 30 mg 的 ZIF–8 材料置于锥形瓶中。常温下，磁力搅拌器上 200r/min 搅拌吸附 60 min。

③将锥形瓶取下，离心得到吸附平衡后的滤液。如果吸光度超出量程，分别量取滤液

5 mL 于容量瓶中 (25.00 mL)，用蒸馏水定容摇匀待用。

表7–1　吸附试样配制比例表

编号	1	2	3	4	5
V(100 mg/L酸性红66溶液) (mL)	3.00	6.00	15.00	24.00	30.00
V(蒸馏水) (mL)	27.00	24.00	15.00	6.00	0.00
酸性红66浓度 (mg/L)	10.0	20.0	50.0	80.0	100.0

（3）测量吸光度。因为酸性红 66 具有吸附性，应按照从稀到浓的顺序测定。用自来水冲洗，再用蒸馏水清洗 2 ~ 3 次。以蒸馏水为参比，测量 1#、2#、3#、4# 和 5# 吸附平衡溶液的稀释液的透光率。

【结果与讨论】

1. ZIF–8 可以采用传统的溶剂热合成法制备

主要步骤如下：将醋酸锌与 2– 甲基咪唑配体加入到内衬聚四氟乙烯的不锈钢反应釜中，然后加入 40 mL 的甲醇溶剂，密封后置于 120 ℃烘箱中静置反应 72h。产物经乙醇洗涤、离心分离后，于马弗炉煅烧。

2. 数据处理

（1）工作曲线。以蒸馏水为参比，测量 1#、2#、3#、4# 和 5# 酸性红 66 溶液的吸光度（A）对浓度（c）作图，所得直线即为工作曲线。

（2）酸性红 66 的平衡溶液浓度。据稀释后原始溶液的吸光度，从工作曲线上查得对应的浓度，乘上稀释倍数，即为原始溶液的浓度 c_0；将试验测定的各个稀释后的平衡溶液吸光度，从工作曲线上查得对应的浓度，乘上稀释倍数，即为平衡溶液的浓度 c_i。由吸附前后染料浓度的变化，求得 ZIF–8 材料的吸附容量。

$$Q = \frac{(\rho_0 - \rho)V}{m} \tag{7–5}$$

式 7–5 中，Q 为 ZIF–8 的吸附容量，单位 mg/g；ρ_0 为吸附前染料的质量浓度，单位 mg/L；ρ 为吸附后染料的质量浓度，单位 mg/L；V 为染料废水体积，单位 L；m 为 ZIF–8 投加量，单位 g。

（3）将实验数据填至下表中。

ZIF–8材料质量(mg)	25.0	25.0	25.0	25.0	25.0
酸性红66初始质量浓度(mg/L)	10.0	20.0	50.0	80.0	100.0
吸附后染料的吸光度(a.u.)					
吸附后染料质量浓度(mg/L)					
ZIF–8材料的吸附容量(mg/g)					

【注意事项】

1. 溶液的浓度配制要准确，ZIF–8 颗粒要均匀并干燥。

2. 测量吸光度时要按从稀到浓的顺序，每个溶液要测 3～4 次，取平均值。

【思考题】

1. ZIF–8 的结构特点是什么？

2. ZIF–8 粉体制备的方法有哪些？

3. 紫外—可见分光光度计对光源的要求是什么？一般采用哪几种光源？

4. 吸附染料过程中，吸附时间是如何确定的？

5. 紫外—可见分光光度仪仪器的原理有哪些？

实验7.2 多级孔碳对重金属离子Cr(Ⅵ)的吸附性能

【实验目的】

1. 了解 Cr(Ⅵ) 去除的环境意义；

2. 掌握吸附性能的评价方法。

【实验重点与难点】

多级孔碳材料的吸附模型计算。

【实验原理】

铬是一种有毒的重金属，也是一种强致癌物质。地下水中的铬有 Cr(Ⅲ) 和 Cr(Ⅵ)，其中 Cr(Ⅵ) 的毒性比 Cr(Ⅲ) 大。当饮用水中 Cr(Ⅵ) 含量超过环境质量标准限制时，饮用后有致癌的危险，所以，国家环保局把废水中的 Cr(Ⅵ) 列为治理重点。活性炭具有较大的比表面积和较强的吸附能力，可吸附去除污水中的杂质，包括一些致癌或毒性较大的微量芳香物质，成为污水深度处理的重要材料 100。

【仪器与试剂】

仪器：烧杯；磁力搅拌器；高压反应釜；胶头滴管；移液管；电子分析天平；称量纸；玻璃棒；搅拌子、滤纸；离心机；离心管（7 mL）；布氏漏斗；吸滤瓶；循环水式真空泵；容量瓶（50 mL）；玻璃棒；老虎钳；电热式烘箱；表面皿；锥形瓶；紫外—可见光谱仪；马弗炉；管式炉。

试剂：氨水、（1+1）氨水、（1+1）硫酸、（1+1）磷酸、乙醇、H_2O、间苯二酚、甲醛溶液、三嵌段共聚物 F127、重铬酸钾、0.1 mol/L HNO_3、0.1 Mmol/LNaOH、20% 的尿素、2% 的亚硝酸钠；高锰酸钾；二苯碳酰二肼；丙酮。

【实验内容及步骤】

1. 吸附实验

吸附装置中分别加入 50 mg 吸附剂和多份不同浓度（25 mol/L、50 mol/L、100 mol/L 和

250 mol/L)的 Cr(Ⅵ)溶液 30 mL，用 0.1 mol/L 的 HNO_3 或 NaOH 调节溶液 pH 值为 5.0，控制温度为 25 ℃，搅拌速率为 600 r/min，在磁力搅拌器上搅拌 45 min，离心分离后取清液，测定清液中 Cr(VI) 浓度并计算其含量，吸附量 q 按式 7–6 进行计算：

$$q=\frac{(C_0-C_e)V}{m} \tag{7-6}$$

式 7–6 中，q 为 Cr(Ⅵ)的吸附量 (mg/g)；C_0 为溶液中 Cr(Ⅵ)的初始质量浓度 (mg/L)；C_e 为溶液中 Cr(Ⅵ)的平衡质量浓度 (mg/L)；V 为待吸附 Cr(Ⅵ)溶液的体积；m 为量有序介孔材料的质量。

2. 高锰酸钾氧化 – 二苯碳酰二肼比色法测定总铬

（1）分析原理。在酸性溶液中，三价铬被高锰酸钾氧化为六价铬，六价铬与二苯碳酰二肼反应生成紫红色化合物，可在一定条件下比色测定。

（2）标准曲线制作。分取 5.00 mg/L 的六价铬的标准溶液 0mL、0.2mL、0.5mL、1mL、2mL、4mL、8mL、10mL 于 50mL 的容量瓶中，分别加入 2 mL 的显色剂，加水稀释至 50 mL，摇匀，放置 10min 后，于 540 nm 的波长处，以 1 cm 比色皿，以水做参比，测定吸光度。

（3）将实验数据填至下表。

溶液	空白溶液（50.00 mL）	标准溶液的体积【V(mL)/50.00 mL】							
		0	0.2	0.5	1	2	4	8	10
六价铬质量(μg)									
扣除空白溶液吸光度									

（4）高锰酸钾氧化。将多级孔炭吸附后的溶液用（1+1）氨水和（1+1）硫酸调节 pH 值至 6 ~ 8，加入 0.5 mL（1+1）硫酸、0.5 mL（1+1）磷酸，摇匀，加入 2% 的高锰酸钾溶液 2 滴，若溶液褪色，则再滴入高锰酸钾溶液几滴，保持溶液紫红色，加入 1 mL 20% 的尿素溶液，摇匀，用滴管滴加 2% 的亚硝酸钠溶液，每加一滴充分摇匀，至高锰酸钾紫红色恰好褪去，稍停片刻，待溶液中气泡逸出，定量转移入 50 mL 容量瓶中，定容，供测定。

（5）样品测定。样品溶液也与制作标准曲线相同的操作，加入显色剂，放置 10 min 后，比色测定。

【结果与讨论】

1. 以六价铬质量 (μg) 作为横坐标，扣除空白溶液吸光度作为纵坐标，求出回归方程和相关系数。

2. 将样品溶液的吸光度扣除空白溶液吸光度后，代入回归方程，得出水样中六价铬的质量，并根据水样体积换算出水样中总铬的浓度 (mg/L)。

3. 将实验数据填至下表中。

溶液	空白溶液(50.00 mL)	孔炭吸附后的溶液浓度(mg/L)		
		25	100	250
扣除空白溶液吸光度				
吸附后溶液的总铬浓度(mg/L)				
多级孔炭吸附的总铬				

【思考题】

1. 多级孔炭的结构特点是什么？

2. 多级孔炭的粉体制备的方法有哪些？

3. Cr(VI) 的测定原理是什么？

实验7.3　共价有机框架材料SNW的气体吸附性能

【实验目的】

1. 了解共价有机框架材料的结构特点及制备原理；

2. 掌握微波辅助合成法制备共价有机框架材料；

3. 能够分析处理多孔材料的气体吸附数据。

【实验重点与难点】

利用吸附等温线数据，分析处理多孔材料的气体吸附数据。

【实验原理】

1. 背景介绍

工业革命以来，大量的煤炭等化石燃料的燃烧向大气中排放了大量的 CO_2 等气体，导致了全球温室效应的增强。近几年全球气候呈变暖趋势，其中中国地区，年平均最低气温依然保持上升趋势 (0.06C/10 年)，尤其西北和西南地区则呈现出较强的升温趋势，致使青藏高原的多年冻土正在发生严重退化。所以现阶段开发出一种能够有效吸附大气中温室气体的材料已成为科研工作者和环境保护者研究的重点。

2. 共价有机框架材料

共价键有机框架材料 (COFs) 是一类具有多孔性、结晶性的以有机化合物为结构单元，通过单体的官能团反应形成共价键相连的新型多孔材料。COFs 具有孔隙率高、可设计合成、比表面积较大等优点，在储能、气体储存和吸附、催化、有机离子吸附和分离等方面有广阔的应用前景。

研究者发现不同的共价有机框架材料的合成对材料的结构性能有一定的影响，同时探索更高效、节能、便捷的合成方法也成为人们关注的重点。现已知的合成共价有机框架材料的方法主要有溶剂热法、高温离子热法、微波辅助加热法、机械研磨法等。溶剂热法是目前实验室工作者用作合成共价有机框架材料的最通用的一种方法。它是指在密闭的体系中加入反应单体和有机溶剂，有时也需要混合一定的催化剂，控制反应温度和压力的条件，使该混合体系能够进行化学合成。离子热法不同于溶剂热法，它是以离子液体或者低共熔混合物为溶剂，其作用不仅是溶解单体，还作为反应的催化剂。因为使用离子热法合成材料条件比较苛刻，需要较高温度和较长时间，可逆反应难控制，且需要构建的基元具有高的热稳定性，所以该方法难以大量推广。微波辅助加热的方法是近些年被广泛推广的一种合成方法。2009 年 Cooper 小组首次报道了利用微波加热的方法成功合成了两种共价有机框架材料：二维的 COF-5 和三维的 COF-102 把反应时间大大缩短，仅需要 20min，相比于溶剂热法效率提高了 200 倍以上，得到的材料比表面积也显著提高。相比其他方法，微波加热的方法操作简单，升温速度快、加热均匀，能量利用率高，副反应少、污染轻，是一种较为理想的合成方法。微波加热法在多种 COFs 材料的合成上，都可以加快反应速率、节省时间，合成的材料更易得到纳米级孔道，在催化、吸附上应用前景好。

3. 气体吸附

近十几年，因为环境问题已是全球急需共同解决的问题，全球的大多数科研工作者都热衷于研究新的材料来吸附、存储二氧化碳、硫化氢等气体。与此同时，大家也在积极探索清洁能源：氢气是一种具有极高能量且产物仅为水的可燃气体；而甲烷燃烧产生较少的二氧化碳和水，不会产生其他废气且可充分燃烧，所以这两种气体极为受欢迎，但是它们的储存和运输条件是很苛刻的。现阶段对于如何安全有效地储存此类气体成为人们探索的方向。而共价有机框架材料因其本身具有较大的比表面积、丰富的孔体积、低的结晶度和高的热稳定性等优点，使其在气体吸附、储存方面有高的研究价值。

4. SNW-1

SNWs 材料是 Schwab 小组根据 Hugo Schiff 理论合成的，因得到的材料具有三维立体网络结构，所以该材料被命名为 SNW（Schiff Net Works）。Schiff 反应机理是含有伯胺基团（—NH_2）的化合物和含有活泼羰基（$R_1R_2(H)C=O$）化合物发生缩合反应，生成含有亚胺基（$R_1R_2C=N-R_3$）的产物，也被称为席夫碱。该反应的历程是（图 7-5）：首先在羰基上进行亲核加成反应，随后 H 质子转移，分子结构不稳定，脱去一分子水，形成稳定态的亚胺结构。

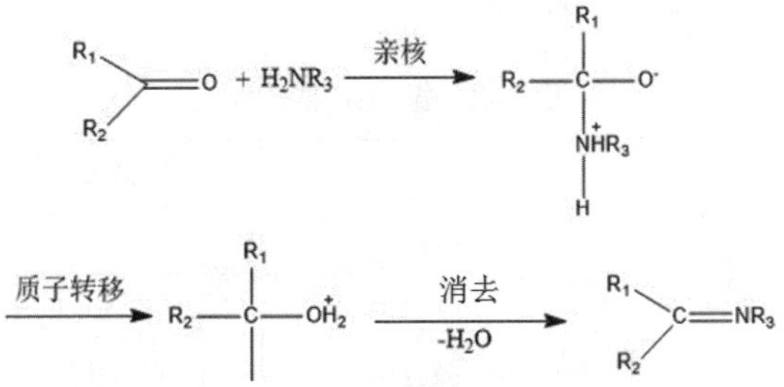

$$R_1R_2C=O + H_2NR_3 \xrightarrow{\text{亲核}} R_2-\overset{R_1}{\underset{NH^+HR_3}{C}}-O^- \xrightarrow{\text{质子转移}} R_2-\overset{R_1}{C}-O^+H_2 \xrightarrow[-H_2O]{\text{消去}} R_1R_2C=NR_3$$

图7-5　Schiff反应机理

利用 Schiff 反应机理以三聚氰胺和对苯二甲醛作为反应单体，能够得到三维网络结构的多孔聚合物 SNW-1。以加热回流方法合成材料较为费时耗能，而现在利用微波辅助加热的方法（图 7-6）就可以极大地缩短反应时间，且操作过程更简单。

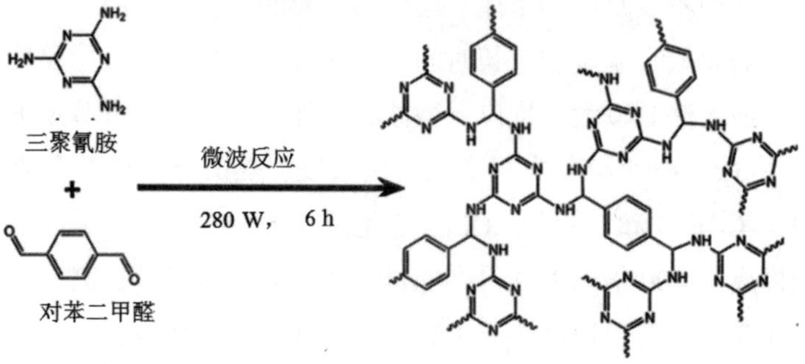

图7-6 采用微波辅助加热方法合成三维网状聚合物SNW-1材料示意图

【仪器与试剂】

仪器：智能微波消解 / 萃取仪；X 射线衍射仪；傅里叶转换红外光谱仪；数显恒温磁力搅拌器；电热鼓风干燥箱；高速离心机；电子天平。

试剂：三聚氰胺；对苯二甲醛；二甲基亚砜；*N*, *N*- 二甲基甲酰胺；四氢呋喃；甲醇。

【实验内容及步骤】

1. SNW 的制备

（1）将实验所需的烧杯、玻璃棒等玻璃仪器和消解罐提前洗净干燥，因为实验反应要在无水的条件下进行。

（2）用移液管准确移取 50 mL DMSO 于 100 mL 烧杯中，放入搅拌子，覆盖保鲜膜，置于磁力搅拌器上进行搅拌。准确称取三聚氰胺（白色固体粉末）0.63 g（5 mmol）移入烧杯中，再准确称取对苯二甲醛（黄色固体颗粒）1.00 g（7.5 mmol）移入烧杯中，待两种固体都溶解，溶液呈淡黄色。

（3）将烧杯中的溶液转移 15 ~ 20 mL 至消解罐中的反应釜内，该过程要保证消解罐内外的干净无水，安装好消解罐，不可拧紧。

（4）调节微波消解仪的加热参数（表 7-2），进行合成。待几分钟反应结束后，取出消解罐，冷却至室温。

表7-2 微波加热条件

样品	阶段	条件	阶段	条件
1	一	1 kg 60 s	二	5 kg 120 s
2	一	1 kg 60 s	二	10 kg 120 s
3	一	1 kg 60 s	二	10 kg 240 s
4	一	1 kg 60 s	二	8 kg 240 s

（5）将反应后消解罐内的固体产物（呈黄色、蜂窝煤状）和液体（呈黄褐色）一同转移至离心管内，离心得到固体产物。

（6）依次用 DMF 和 THF 各震荡洗涤、离心三次，将洗涤后的产物浸泡在盛有约 70 mL 甲醇溶液的烧杯中。每隔 12h 离心更换洗涤剂一次，共浸泡 48h。

（7）将浸泡过 48h 的产物离心，放入电热鼓风干燥箱中（100 ℃）烘干 24h，得到最终产物 SNW-1(近白色粉末)。

（8）重复步骤 (3)-(7)，大量合成产物，收集，以备表征测试的需要。

2. 基本表征

（1）XRD。基于四种微波加热的条件合成的 SNW-1 材料经过 X 射线衍射仪扫描得到的衍射图。扫描范围为 4°～40°，速度为 4°/ min，扫描方式为连续扫描。

（2）氮气吸—脱附测试。利用氮气吸附仪测试材料的吸附等温线，通过 BET 多分子层吸附模型计算材料的比表面积；利用 DFT 模型由计算机模拟得到的材料的孔径分布图。

（3）红外表征。通过红外光谱仪对选定的材料进行表征，来确定材料的结构中的特征官能团，例如— C-H、三杂氮苯结构、— C-N、— C=N 亚胺结构、— NH_2 等。

（4）扫描电镜。利用扫描电镜测试不同微波加热条件得到的材料，观察材料是否呈现出明显的无定形、松散堆积如絮状的结构。

3. CO_2 和 CH_4 吸附能力测试

（1）测试材料在 273 K 和 298 K 温度下的 CO_2 和 CH_4 两种气体吸附等温线。

（2）分析材料吸附等温线在 $P/P_0 = 0.99$，$P_0 = 0.1$ Mpa 的压力条件下，对 CO_2 和 CH_4 的最大吸附量。

（3）利用 Clausius-Clapeyron 方程（克拉伯龙方程）计算出两种气体的吸附热（Q_{st}）。

$$Q_{st}=Rln\left(\frac{P_2}{P_1}\right)\left(\frac{T_1 T_2}{T_2\ T_1}\right) \tag{7-7}$$

式 7-7 中，T 为温度；P 为压力。

（4）利用一种较为简单的方法：比较两种气体的吸附等温线的初始斜率，来量化 CO_2/CH_4 吸附选择性。

【结果与讨论】

1. 本实验以三聚氰胺和对苯二甲醛为原料，DMSO 为溶剂，在微波辅助加热的条件下进行缩聚反应，将得到的产物经洗涤、浸泡、烘干，便可得到 COFs 材料 SNW-1。最佳的反应原料配比：三聚氰胺和对苯二甲醛摩尔比为 2∶3。经表征测试后，探究材料对气体的吸附能力。

2. 溶剂交换过程是利用浓度梯度的原理置换出材料孔洞中的溶剂，有效释放孔洞，得到可以利用的孔道结构。

3. 根据第一次反应条件，通过不断改变第二阶段微波加热的压力、反应时间，探究出更适宜的反应压力和时间。对于每种反应条件都需要进行多次合成，以得到足够的产品。

实验7.4　聚丙烯酸钠的高吸水性能

【实验目的】

1. 了解聚丙烯酸钠的合成原理和应用；
2. 掌握丙烯酸聚合反应的基本操作；
3. 了解高分子树脂的吸水原理。

【实验重点与难点】

丙烯酸聚合反应的基本操作要点和注意事项。

【实验原理】

聚丙烯酸钠 (PAANa) 是一类高分子电解质，是一种新型功能高分子材料，用途广泛，可用于食品、饲料、纺织、造纸、水处理、涂料、石油化工、冶金等领域。 PAANa 的用途与其分子量有很大关系，一般来说，低分子量 (500 ~ 5000) 产品主要用作颜料分散剂、水处理剂等；中等分子量 (104 ~ 106) 产品主要用作黏度稳定剂、保水剂等；高分子量产品主要用作絮凝剂、增稠剂等 108。

在造纸工业，随着高浓度涂布机的引进和铜版纸生产的发展，对分散剂的需求越来越大。低分子量PAANa作为造纸工业的有机分散剂，能提高颜料的细度、分散体系的稳定性，提高纸张的柔软性、强度、光泽、白度、保水性等，且具有可溶于水、不易水解、不易燃、无毒、无腐蚀性等特点，因此低分子量 PAANa 在造纸工业越来越受到重视。

PAANa 的合成路线主要有先聚合再中和、先中和再聚合等几种。本实验采用先中和再聚合的路线，其反应式如图 7–7 所示。

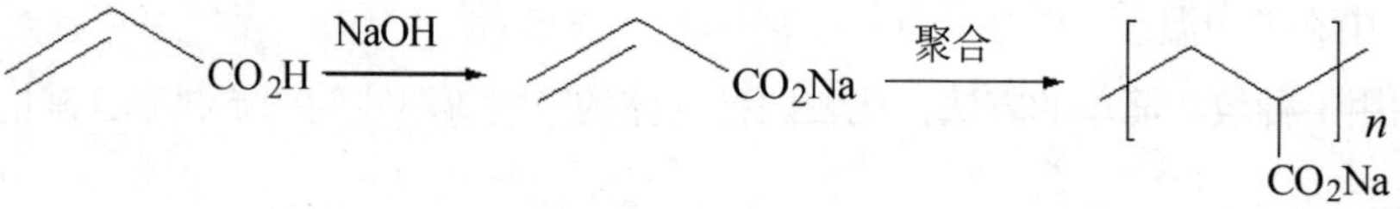

$$CH_2=CH-CO_2H \xrightarrow{NaOH} CH_2=CH-CO_2Na \xrightarrow{\text{聚合}} \left[CH_2-CH(CO_2Na) \right]_n$$

图7–7　PAANa的先中和再聚合合成路线

高吸水树脂的吸水原理：高吸水树脂一般为含有亲水基团和交联结构的高分子电解质。吸水前，高分子链相互靠拢缠在一起，彼此交联成网状结构，从而达到整体上的紧固。与水接触时，因为吸水树脂上含有多个亲水基团，故首先进行水润湿，然后水分子通过毛细作用及扩散作用渗透到树脂中，链上的电离基团在水中电离，由于链上同离子之间的静电斥力而使高分子链伸展溶胀。由于电中性要求，反离子不能迁移到树脂外部，树脂内外部溶液间的离子浓度差形成渗透压。水在渗透压的作用下进一步进入树脂中，形成水凝胶。

同时，树脂本身的交联网状结构及氢键作用，又限制了凝胶的无限膨胀。

高吸水树脂的吸水性受多种因素制约，归纳起来主要有结构因素、形态因素和外界因素三个方面。结构因素包括亲水基的性质、数量、交联剂种类和交联密度，树脂分子主链的性质等。其中交联剂的影响在于：交联剂用量越大，树脂交联密度越大，树脂不能充分地吸水膨胀；交联剂用量太低时，树脂交联不完全，部分树脂溶解于水中而使吸水率下降。(吸水力与水解度的关系：当水解度在 60%~85% 时，吸收量较大；水解度大于 85% 时，吸收量下降，其原因是随着水解度的增加，尽管亲水的羧基增多，但交联剂也发生了部分水解，使交联网络被破坏。) 形态因素主要指高吸水性树脂的产品形态。增大树脂产品的表面，有利于在较短时间内吸收较多的水，达到较高吸水率，因而将树脂制成多孔状或鳞片可保证其吸水性。

外界因素主要指吸收时间和吸收液的性质。随着吸收时间的延长，水分由表面向树脂产品内部扩散，直至达到饱和。高吸水树脂吸水性受吸收液性质，特别是离子种类和浓度的制约，在纯水中吸收能力最高。盐类物质的存在，会产生同离子效应，从而显著影响树脂的吸收能力；遇到酸性或碱性物质，吸水能力也会降低。电解质浓度增大，树脂的吸收能力下降。对于二价金属离子来说，除盐效应外，还可能使树脂大分子之间的羧基发生交联，阻碍树脂凝胶的溶胀作用，从而影响吸水能力，因而二价金属离子对树脂吸水性的降低影响更为显著。

本实验以丙烯酸为聚合单体，*N, N*– 亚甲基双丙烯酰胺为交联剂，过硫酸钾为引发剂制备聚丙烯酸钠，并测试其吸水倍率。

【仪器与试剂】

仪器：容量瓶；量筒；烧杯；培养皿；玻璃棒；天平；烘箱。

试剂：丙烯酸（AA）；*N, N*– 亚甲基双丙烯酰胺（NMBA）；过硫酸钾（$K_2S_2O_8$）；NaOH。

【实验内容与步骤】

（1）用量筒移取 10mL 丙烯酸置于 100mL 烧杯中，逐滴缓慢滴入 40% NaOH 溶液（冰浴中），使其中和度为 70% ~ 80%（pH 值为 6.5~7）；在滴加过程中要不断地搅拌以控制反应放热速度，中和溶液的温度以不超过 45 ℃为宜。然后加入去离子水稀释至单体浓度为 20%（pH 值为 6.5~7）。

（2）待反应液温度降到室温后，逐滴滴加 0.05 g 交联剂 *N, N*– 亚甲基双丙烯酸胺溶于 5mL H_2O 配置成的溶液，然后再逐滴滴加 0.1 g 过硫酸钾溶于 5mL H_2O 配置成的溶液，将反应体系置于恒温水浴中（40 ℃）加热，继续反应 2h 后停止。

（3）将溶液倒入大面积的玻璃培养皿中，然后将其放入温度为 80 ℃烘箱中进行干燥，待烘干至成型并且不再黏手时取出，用剪刀将产品剪成小块，并将剪好的小块放在表面皿上继续放入烘箱烘干，直至产品完全干燥，3 ~ 5 个小时。

（4）将烘干后的产品称取 1g 左右（精确到 0.1 mg）放入 500mL 烧杯中进行吸水倍率的测定。

【结果与讨论】

高吸水性聚丙烯酸钠的制备流程如图 7–8 所示。

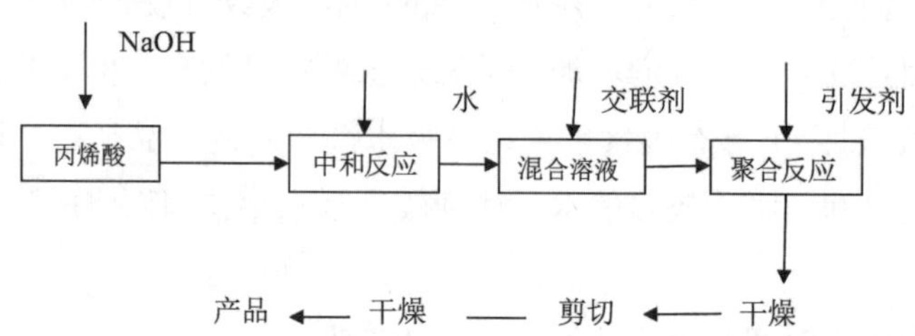

图7–8　高吸水性聚丙烯酸钠的制备流程图

【思考题】

1. 在第 2 步实验反应中如果将反应时间延长至 3h 甚至 4h，对产物的吸水率有什么影响？

2. 如果交联剂的用量增大会对产物的相对分子质量有什么影响？对产物的吸水性会有什么影响？

3. 中和反应过程中产生的固体为何物？为何会析出固体？

实验7.5　锌–有机框架材料的选择吸附染料性能

【实验目的】

1. 了解金属有机框架化合物；

2. 掌握多孔材料的吸附性；

3. 掌握紫外—可见分光光度计测量溶液吸光度的方法。

【实验重点与难点】

1. 不同浓度溶液的配制；

2. 紫外—可见分光光度计测量溶液吸光度。

【实验原理】

污染物的处理一直是一个世界性的问题，需要从生物学和环境两方面加以认真研究。液体污染物的处理仍然是一个挑战，特别是在无机成分（如含营养物质、重金属等的肥料）和有机成分（如石油碳氢化合物、染料等）混合的情况下。在溶液中，通常采用颗粒活性炭吸附等技术来吸附有机成分，而无机成分则采用离子交换或反渗透过滤处理。尽管如此，活性炭仍面临着粉化和有限吸收的问题，而离子交换或反渗透通常需要复杂的预过滤处理，而且它们的再生也很昂贵。由于具有高度复杂的无机 / 有机成分，液体净化常常需要许多步骤和巨大的装置。可同时处理各种有机和无机杂质的有效方法是非常需要的。金属有机框架（MOFs）是一种由金属离子和有机连接物构成的高孔隙晶体材料，现已引起了科学界的广泛关注。由于其结构的可调性，高孔隙度和丰富的功能性，不同金属中心的 MOFs 或 MOF 复合材料，可被用于各种系统的污染物处理，并且有希望成为污染物过滤的替代品。然而，MOFs 的结晶性阻碍了它们的进一步应用。此外，迄今为止所报道的工程中通常只使用一种 MOF 来处理一种污染物。因此，在实际应用场合中，可以将各种 MOFs 集成在混合污染物过滤系统中，并克服 MOFs 的脆性，从而形成所需的过滤材料。

MOFs 是纳米多孔材料家族的新型成员，自 20 世纪 90 年代以来迅速发展，成为材料化学领域的研究热点。MOFs 材料具有很多独特的性质和特点：可以通过选择适宜的金属离子与不同的有机配体控制孔道的尺寸、形状、结构，具有极高的比表面积和孔隙率，特殊的金属中心（饱和或不饱和金属位点）等，这些独特的结构性能以及潜在的应用前景引起了人们对 MOFs 材料的设计合成开发及应用领域的极大兴趣。

有关 MOFs 材料的报道最早可追溯到 1965 年，托米奇（Tomic）将芳香族羧酸配体与金属离子配位合成框架材料。2010 年，Enamui Haque 等首次将 MOFs 材料应用于对甲基橙染料的吸附研究，其文章中合成了 MIL-53，MIL-101，乙二胺功能化的 ED-MIL-101 和质子化的 PED-MIL-101 材料，结果表明 PED-MIL-101 对甲基橙的吸附容量最高。2014 年，同济大学李风亭课题组以十六烷基三甲基溴化铵（CTAB）和组氨酸（His）为双模版合成了具有微孔 - 介孔多级结构的 ZIF-8，通过调节 CTAB 与 His 模版的比例，合成出的材料比表面积也不同，将这些材料用于水中砷的吸附去除。ZIF-8 是一种典型的 MOFs 材料，由于其高的孔隙率、大的比表面积和结构的可调性，使其广泛应用于气体吸附分离、水中重金属离子的吸附脱附等研究中。

实验以硝酸锌和 2- 甲基咪唑为反应原料合成 ZIF-8，使用海藻酸钠 (SA) 作为聚合物，运用多功能的模板化冷冻干燥方案合成用于污染物处理的多功能中空管——ZIF-8@SA，并且对该材料进行了 XRD 和 FT-IR 表征。并运用甲基橙溶液考查了 ZIF-8@SA 材料对有机染料的吸附性能，测试了质量分数为 10%、30%、50% 三种不同 ZIF-8/SA 配比的该中空管在不同吸附时间、吸附浓度、吸附温度下对有机染料甲基橙的吸附性能。

【仪器与试剂】

仪器：数显恒温电磁力搅拌器；X 射线粉末衍射仪；傅里叶转换红外光谱仪；冷冻干燥机；细胞破碎仪；紫外—可见分光光度计；电热鼓风干燥箱；高速离心机；电子天平。

试剂：硝酸锌；2- 甲基咪唑；甲基橙；*N, N*- 二甲基甲酰胺；海藻酸钠（SA）。

【实验内容及步骤】

1. ZIF-8 的制备

将 1.17 g 的 $Zn(NO_3)_2 \cdot 6H_2O$ 和 22.7 g 的 2- 甲基咪唑分别溶解在 8 mL 和 80 mL 的水中，

然后将两种溶液在搅拌的条件下混合，所得产物为悬浊液，将其在 8000 r/min 转速下离心 5 min 后，取下层沉淀待用。

2. 基于 ZIF-8 的空心管的合成

通过模板冷冻干燥制备基于 ZIF-8 的空心管：0.3 g SA 溶于 10 mL 水中得到 SA 溶液，将 ZIF-8 纳米颗粒在电动搅拌机搅拌下少量多次加入，使其均匀分散在 SA 溶液中，用高频超声处理以促进 ZIF-8 纳米粒子在 SA 溶液中的均匀分散。将得到的 ZIF-8@SA 溶液填充到中空的模具中。在液氮冷冻后，获得具有模具形状的冰固体。然后将模板剥离，用冷冻干燥处理空心冰固体，产生空心管。

3. 有机染料—甲基橙的吸附性能测试

为了测试 MOF 的空心管对于有机染料的吸附性能，配制一系列溶剂为 DMF 的不同浓度（15 mg/L、25 mg/L、35 mg/L、50 mg/L）甲基橙染料溶液，控制实验温度、时间，在分别为 10 %、30 %、50 % 的三种不同 ZIF-8/SA 配比的 MOFs 空心管中找到最佳配比。

（1）甲基橙溶液的配置。准确称取一定量的甲基橙粉末，用一定量的 DMF 溶解后转移至 50 mL 容量瓶，定容，得到甲基橙标准溶液，备用。浓度分别为 15 mg/L、25 mg/L、35 mg/L 和 50 mg/L。

（2）ZIF-8/SA 配比对有机染料吸附效果的影响。称取 0.02 g 的 10%、30%、50% 的三种不同配比的 ZIF-8@SA 空心管，分别放入三个锥形瓶中，在锥形瓶中加入 10 mL 的 50 mg/L 的甲基橙溶液，在搅拌的条件下进行吸附，注意控制吸附的时间、温度相同。吸附完毕后，离心取上清液，使用紫外—可见分光光度计测量溶液吸光度，确定最佳吸附配比。

（3）浓度对有机染料吸附效果的影响。在四个锥形瓶中分别加入 10 mL 的浓度为 15 mg/L、25 mg/L、35 mg/L 和 50 mg/L 的甲基橙溶液，称取 0.02 g 的 50% 的 ZIF-8@SA 配比的 MOFs 空心管，分别加入到 4 个锥形瓶中，在搅拌的条件下进行吸附，控制吸附的时间、温度相同。吸附完毕后，离心取上清液，使用紫外—可见分光光度计测量溶液吸光度，确定最佳吸附浓度。

（4）时间对有机染料吸附效果的影响。在锥形瓶中加入 10 mL 的浓度为 15 mg/L 的甲基橙溶液，称取 0.02 g 的 50 % 的 ZIF-8@SA 配比的 MOFs 空心管，分别加入到五个锥形瓶中，在搅拌的条件下进行吸附，控制吸附的时间分别为 2 min、4 min、6 min、8 min 和 10 min，保证吸附的温度相同。吸附完毕后，离心取上清液，使用紫外—可见分光光度计测量溶液吸光度，确定最佳吸附时间。

（5）温度对有机染料吸附效果的影响。在锥形瓶中加入 10 mL 的浓度为 15 mg/L 的甲基橙溶液，称取 0.02 g 的 50% 的 ZIF-8@SA 配比的 MOFs 空心管，分别加入到 5 个锥形瓶中，在搅拌的条件下进行吸附，在控制吸附的温度分别为 25 ℃、35 ℃、45 ℃、55 ℃、65 ℃ 的条件下吸附 2 min。吸附完毕后，离心取上清液，使用紫外—可见分光光度计测量溶液吸光度，确定最佳吸附时间。

4. 数据处理

（1）平衡吸附量的计算。

$$q_e=\frac{(C_0-C_e)V}{m} \tag{7-8}$$

（2）脱色率的计算。

$$\eta=\frac{(C_0-C_e)}{C_0} \tag{7-9}$$

式 7–8 和 7–9 中，q_e 为平衡吸附量；C_0 为染料溶液起始浓度；C_e 为染料溶液吸附平衡浓度；V 为染料溶液体积；m 为吸附剂质量；η 为吸附剂脱色率。

【结果与讨论】

将测试结果填入相关表格中，得出结论。

1. 染料浓度在 50 mg/L 时，三种不同配比的 ZIF–8@SA 材料对甲基橙染料吸附性能的对比，由此可确定最佳吸附材料的质量配比将实验数据填至下表。

样品	10%	30%	50%
吸附后吸光度(A)			
吸附剂质量(mg)			
吸附后浓度(mg/L)			
被吸附浓度(mg/L)			
平衡吸附量(mg/g)			

2. 当 ZIF–8@SA 材料配比确定后，对比 4 种不同浓度的甲基橙溶液吸附数据，以确定最佳吸收浓度，将实验数据填至下表。

甲基橙浓度(mg/L)	15	25	35	50
吸附前的吸光度(A)				
吸附后的吸光度(A)				
吸附剂质量(mg)				
吸附后溶液浓度(mg/L)				
被吸附溶液浓度(mg/L)				
平衡吸附量(mg/g)				

3. 前两个条件确定后，测定不同吸附时间的吸收数据，填入下表。

时间（min）	2	4	6	8	10
吸附后吸光度(A)					
吸附剂质量(mg)					
吸附后浓度(mg/L)					
被吸附浓度(mg/L)					
平衡吸附量(mg/g)					

4. 在选定了最优吸附时间后，测试不同温度下的吸收数据填入下表中，确定最佳吸收温度。

温度(℃)	25	35	45	55	65
吸附后吸光度(A)					
吸附剂质量(mg)					
吸附后浓度(mg/L)					
被吸附浓度(mg/L)					
平衡吸附量(mg/g)					

5. 最终确定 ZIF-8@SA 中空管吸附有机染料甲基橙的最佳吸附条件。并计算平衡吸附量 q_e，脱色率 η。

【注意事项】

不同浓度溶液的配置要精准。

【思考题】

1. 为什么冷冻干燥方法可以产生中空管？

2. 测试吸光度的时候为什么先要离心操作？

第8章　材料生物医用与环境性能实验

实验8.1　基于有序介孔MCM-41的有机分子缓释性能

【实验目的】

1. 了解有机分子缓释过程；

2. 掌握介孔材料 MCM-41 的合成过程；

3. 掌握介孔 MCM-41 的有机分子缓释性能评价方法。

【实验重点与难点】

1. 有序介孔 MCM-41 的制备；

2. 有机分子缓释操作。

【实验原理】

“洁厕宝”是一种置于卫生间马桶水箱中能够长效释放清洁、消毒成分的释放体系。虽然“洁厕宝”已经走进欧洲、澳大利亚、日本等发达国家的家庭，但是，对许多中国人来说，它还是一种比较陌生的保洁用品。只有一些南方较发达省市的公共场所的卫生间中使用，个人家庭很少用到，东北地区则是更为少见。因此，“洁厕宝”在中国特别是东北地区有着广阔的市场前景。

目前，国内外市场出售的蓝色“洁厕宝”其载体为可溶性的物质，如联苯、联苯醚、壬基酚等，在使用过程中载体逐渐溶解并逐渐释放出有效成分，溶解后的载体被直接排放掉，长期排放会引起地下水以及土壤污染，破坏生态环境，危及人类生存。

以介孔分子筛作为载体，将洁厕有效成分邻苯二甲酸二乙酯（图 8-1）组装到介孔分子筛的孔道中，然后，在水体系中通过半透膜袋缓慢释放出来，达到去污、消毒、节约用水等功效。有效成分释放完后，固体载体可以回收，避免对环境的污染。

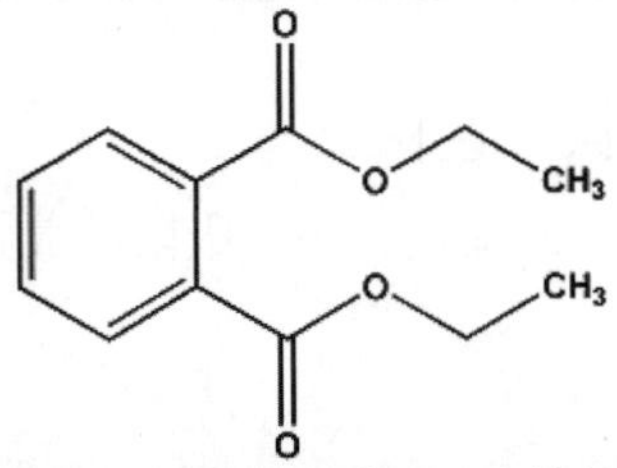

图8-1　邻苯二甲酸二乙酯的结构

【仪器与试剂】

仪器：恒温磁力搅拌器；搅拌子（2个）；带塞锥形瓶（19#，100 mL，3个）；移液管（10 mL和25 mL，2个）；容量瓶（25mL，2个；50mL，5个）；电热式烘箱；电子分析天平；称量纸；离心机；离心管（7 mL）；毛刷（10支）；去污粉；紫外—可见光谱仪；石英比色皿（4个）；红外压片机；红外压片机模具；蒸馏水洗瓶。

试剂：MCM-41；邻苯二甲酸二乙酯；无水乙醇。

【实验内容及步骤】

1. 邻苯二甲酸二乙酯标准曲线的建立

准确称取0.1 g邻苯二甲酸二乙酯溶于无水乙醇中，定容50mL容量瓶中。将标准溶液以乙醇为溶剂配制邻苯二甲酸二乙酯系列标准溶液（浓度60 ~ 180 mg/L），紫外扫描范围190 ~ 300 nm，在274nm处有最大吸收，标准曲线方程：$A = 0.00509 + 0.00531\ C$（$r = 0.9990$），线性范围60 ~ 180 mg/L。

2. 药物组装体释放方法

固定邻苯二甲酸二乙酯的浓度为0.10 mol/L时，组装量随时间的变化曲线。当时间达到40 min时，测定组装量，采用液体紫外分析方法，计算组装体中邻苯二甲酸二乙酯的组装量，其质量分数2.39%。将130 ~ 150 mg邻苯二甲酸二乙酯/SBA-15组装体经3 MPa压片后，室温下浸泡于500 mL无水乙醇中，10 min、30 min、60 min、100 min、120 min后吸取释放液，每次吸取后及时补充等量的无水乙醇，适当稀释，紫外测定。计算不同时间下无水乙醇中的邻苯二甲酸二乙酯的释放量，并确认释放量保持平稳的时间。

【结果与讨论】

将实验数据填至下表中。

释放时间（min）	释放吸光度(a.u.)	释放浓度(mol/L)	释放率(%)
10			
30			
60			
100			
120			

【思考题】

1. 紫外—可见分光光度仪的原理是什么？

2. 吸附有机分子邻苯二甲酸二乙酯过程中，吸附的最大量是如何确定的？

实验8.2　氧化石墨烯的制备及其对尿酸电传感性能的研究

【实验目的】

1. 了解石墨烯的晶体类型和结构；
2. 掌握 Hummer 方法制备氧化石墨烯（GO）；
3. 了解电化学传感的原理和测试方法；
4. 学会分析 GO 的 XRD 和 SEM 数据。

【实验重点与难点】

1. 掌握 Hummer 方法制备 GO 的后处理过程；
2. 利用 XRD 和 SEM 数据分析 GO 结构。

【实验原理】

1. 石墨烯的结构

石墨烯是由单层碳原子（图 8–2）组成的具有二维结构的纳米晶体，其中的 C 原子以 sp^2 杂化方式成键。

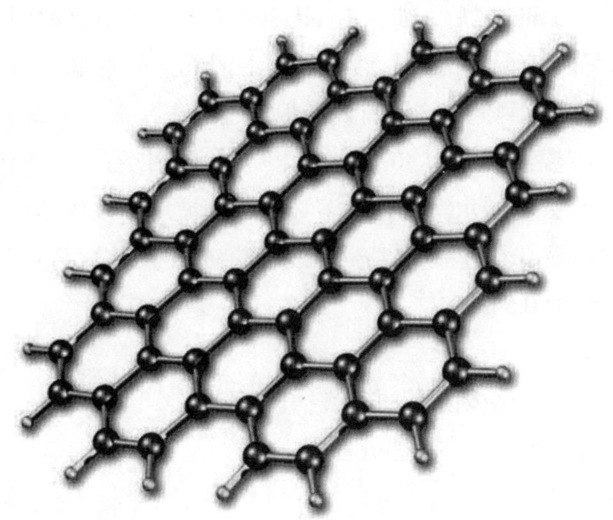

图8–2　GO的结构示意图

2. 石墨烯的制备

物理方法：包括加热 SiC 法、取向附生法、爆炸法和机械剥离法，这些方法所用原料是具备高晶格完备性的石墨或类似的材料，最后制得尺度 80 nm 以上的石墨烯。

化学方法：包括化学气相沉积法、石墨插层法、电化学法、热膨胀剥离法、球磨法和氧化石墨还原法。化学方法可以通过溶液分离或小分子合成的方法得到尺度 10 nm 以下的石墨烯。

3. 石墨烯的传感应用

石墨烯具有高的比表面积、低成本、高的抗拉强度和优异的导电性等优点。它优异的电化学性质，使其成为电容器、燃料电池和传感器领域中新型的理想材料。石墨烯材料修饰电极具有高的比表面积、较快的电子传递速率和特异的孔状结构，充当信号放大器的作用，可以催化某种特定反应，在构建高性能的电化学传感器和生物样本的实时检测过程中具有较为广阔的应用前景。

【仪器与试剂】

仪器：圆底烧瓶；玻碳电极；电化学工作站；扫描电子显微镜；超声波震荡仪。

试剂：石墨粉；硝酸钠 ($NaNO_3$)；高锰酸钾 ($KMnO_4$)；双氧水 (H_2O_2)；浓硫酸 (H_2SO_4)；氯化钡 ($BaCl_2$)；尿酸 ($C_5H_4N_4O_3$)；磷酸二氢钠 (NaH_2PO_4)；磷酸氢二钠 (Na_2HPO_4)。

【实验内容及步骤】

1.GO 的制备

在装有 1.0 g 石墨粉和 0.5 g 硝酸钠混合粉末的 100 mL 圆底烧瓶中加入 24 mL 浓硫酸，并在冰浴的条件下强烈搅拌 30 min，移去冰浴，缓慢加入 3g 高锰酸钾并保持溶液的温度在 20 ℃下搅拌 30 min。然后将 46 mL 的去离子水缓慢加入到体系中，体系的温度很快上升到 98 ℃，强烈搅拌 15 min 之后，加入 10 mL 30% 的双氧水，此时混合溶液变为淡黄色，用 140 mL 去离子水稀释该混合溶液。然后对以上溶液进行抽滤，用 5% 的稀盐酸清洗，用 $BaCl_2$ 溶液检验滤液，直到滤液中没有硫酸根离子为止，再用去离子水清洗样品。在真空烘箱中烘干样品，将温度设定为 40 ℃，烘干后得到氧化石墨烯固体粉末，称取 10 mg 所得粉末，加入 10 mL 去离子水溶解，将溶液在超声波震荡仪中超声 90 min 后离心，得到 10 mL 氧化石墨烯溶液，经过称量离心干燥后离心管中固体样品的质量，算出所得的氧化石墨烯溶液的浓度约为 0.5 mg/mL。

2. 产物表征

（1）GO 的物相利用 X 射线衍射仪进行表征。

（2）利用扫描电镜对 GO 的形貌进行表征。

3. 电化学传感性能测试

取 0.15 mL 上述得到的氧化石墨烯溶液滴涂在玻碳电极（GCE）表面，并在常温下干燥后进行测试。选用 pH 值为 7 的磷酸缓冲盐溶液作为缓冲溶液。

【结果与讨论】

1. 列出实验结果（产品的产率、颜色）。

2. 将电化学传感器测试不同浓度尿酸的传感数据记录在下页表中。

 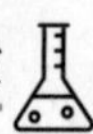

UA浓度 (μg/mL)	5	10	20	50	150	200
电流(μA)						
GO/CCE						

【思考题】

1. 实验中 $BaCl_2$ 的作用是什么？

2. 氧化石墨烯和还原石墨烯的区别在哪里？

实验8.3　超顺磁性氧化铁纳米粒子的核磁共振成像造影性能测试

【实验目的】

1. 了解 MRI 及 MRI 造影剂的作用原理；

2. 掌握氧化铁纳米粒子的合成方法（化学共沉淀法）及表征手段；

3. 学会绘制弛豫效能曲线和计算弛豫率数值。

【实验重点与难点】

氧化铁纳米粒子的合成方法及表征手段。

【实验原理】

核磁共振成像的原理是自旋量子数不为零的原子（在医学影像领域主要指的是氢原子）在自旋的过程中产生磁矩，在没有外加磁场的情况下，这些磁矩的方向是散乱随机的，当有外加磁场（主磁场）作用时这些杂乱的磁矩会逐渐进入一种有序的状态并最终达到平衡状态（产生磁向量），此时体系如果受到某一特定频率的射频脉冲（激发磁场）激发就会由低能级跃迁至更高的能级，这个过程就称为“核磁共振”。撤去激发磁场后，体系将会恢复到只有主磁场的平衡状态，这个过程就称之为“弛豫”，发生弛豫过程中体系会以射电信号的形式释放能量。但是对于不同的组织和器官而言，氢原子所处的生理环境不同，导致在垂直方向（或者水平方向上）回到初始平衡状态所耗费的时间并不相同，即纵向弛豫时间 T_1（或横向弛豫时间 T_2）各不相同。核磁扫描范围内，某一区域内氢原子纵向弛豫时间 T_1 越短（或横向弛豫时间 T_2 越长），对应的电信号越强，影像上这一区域就越亮，反之则越暗。这种明暗的不同就是核磁共振成像的根源所在。但是遗憾的是在临床应用中，大多数时候健康组织与病变组织的弛豫时间是相互重叠的，差别很小，导致核磁共振影像模糊不清，无法进行诊断。显而易见，如果我们能尽量拉大不同组织器官之间、病变和正常部位之间的纵向弛豫时间 T_1（或横向弛豫时间 T_2），那么影像上的明暗对比就会越大，影像整体就会越清晰。于是核磁成像造影剂“应运而生”。

核磁成像的造影剂本身不会产生核磁信号，它们通过改变特定区域内氢原子的弛豫时间，达到提高影像明暗对比度的目的。理论上讲造影剂对氢原子的横向弛豫时间和纵向弛豫时间都有影响，但是影响程度各不相同，据此，MRI 造影剂主要分为 T_1 型和 T_2 型两种。T_1 型造影剂显著影响氢原子纵向弛豫时间，使得被影响区域的核磁信号增强，影像更明亮。T_2 型造影剂显著影响氢原子横向弛豫时间，使得被影响区域的核磁信号减弱，影像更暗。本实验所合成的四氧化三铁纳米粒子就是一种 T_2 型核磁成像造影剂。

【仪器与试剂】

仪器：三颈瓶（500 mL，1 个）；量筒（100 mL，1 个；10 mL，1 个）；容量瓶（20mL，7 个）；电子天平；磁力搅拌器；恒温水浴锅；磁铁；真空干燥箱；红外光谱仪；高分辨扫描电镜；X 射线衍射仪；量子干涉仪；MRI 扫描仪。

试剂：氯化铁（$FeCl_3 \cdot 6H_2O$）；氯化亚铁（$FeCl_2 \cdot 4H_2O$）；PEG–400；水合肼（$N_2H_4 \cdot H_2O$）；氨水；无水乙醇；去离子水。

【实验内容】

1. Fe_3O_4 纳米粒子的合成

于 500 mL 三颈瓶中加入 140 mL 去离子水和 2 mL $N_2H_4 \cdot H_2O$，搅拌 30 min，除去氧气，将 2.3g $FeCl_3 \cdot 6H_2O$ 和 1.12g $FeSO_4 \cdot 4H_2O$ 溶解在 20 mL 去离子水中，将得到的溶液注入三颈瓶中，水浴恒温 40 ℃，剧烈搅拌下加入浓 $NH_3 \cdot H_2O$ 至 pH 值为 9~10，反应 30 min 后加入质量分数 1% 的表面活性剂 PEG–400，于 80 ℃下水浴恒温熟化 1.5h，磁分离后，将得到的沉淀用去离子水和无水乙醇分别清洗几遍至清洗液 pH 值为 7，然后将沉淀真空干燥得到 Fe_3O_4 纳米粉末。

2. 产物表征

（1）Fe_3O_4 纳米粒子的结构利用 X 射线衍射仪表征。Cu–Kα 辐射 (λ = 0.154 nm)，电压 50kV，电流 30 mA，扫描区间为 10° ~ 80°，扫描速度 5° /min。

（2）傅里叶变换红外光谱用于表征 Fe_3O_4 纳米粒子的特征吸收峰。真空压强小于 6.6×10^{-2} Pa 条件下测定，KBr 压片。

（3）Fe_3O_4 纳米粒子的形态和尺寸用透射电镜表征。

（4）应用量子干涉仪得到 Fe_3O_4 纳米粒子的磁化曲线，场强从 0 变化到 5 T，以 Ni 作为基准。

3. T_2 造影性能测试

弛豫率 r_2 的计算公式：$r_2=1/(T_2 \times c)$，c 为 Fe 元素的浓度。以 c 为自变量，$1/T_2$ 为因变量作图，所得曲线即为弛豫效能曲线，该曲线斜率即为弛豫率 r_2。

分别配制铁元素浓度为 0.015 mmol/L、0.030 mmol/L、0.060 mmol/L、0.120 mmol/L、0.250 mmol/L、0.500 mmol/L 和 1.00 mmol/L 的 Fe_3O_4 纳米粒子酸性水溶液。在室温条件下

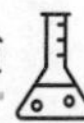

将这些溶液用 MRI 扫描仪测试，T_2 设置参数为：回波时间 (TE) =93 ms，重复时间 (TR) = 5000 ms, 视野范围 (FOV) = 242 × 242 mm^2, 切片厚度 = 3 mm, 翻转角 pangle =120° 。记录不同 Fe 元素浓度对应的 $1/T_2$ 值，将实验数据填入下表中，并依据记录的数据作图，计算出曲线斜率即弛豫率 r_2 数值。

c (mmol/L)	0.015	0.030	0.060	0.120	0.250	0.500	1.00
$1/T_2$ (s)							

【思考题】

1. 合成的过程中加入表面活性剂的作用是什么？你还能想到其他可用的表面活性剂吗？

2. 合成过程中为什么要先剧烈搅拌除去氧气，为什么要使用去离子水？

3. 你认为可能的初始铁盐与亚铁盐的投料比为多少最适宜，为什么？

4. 你认为合成过程中哪些步骤有可能影响最终纳米粒子的尺寸？

5. 请你查阅资料了解磁化曲线的分析方法，超顺磁性物质的磁化曲线有什么特点呢？

【注意事项】

1. 注意强调的是 Fe 元素的浓度，而非 Fe_3O_4 纳米粒子的浓度。

2. 各项表征前样品应尽量干燥充分。

3. 表面活性剂浓度不宜过浓。

实验8.4　ZIF-8纳米粒子担载抗肿瘤药物阿霉素及其pH响应的药物释放

【实验目的】

1. 掌握 ZIF-8 担载客体药物的方法和表征手段；

2. 掌握载药量的概念及计算方法；

3. 掌握药物缓释的概念和研究方法。

【实验重点与难点】

1. ZIF-8 担载客体药物的方法和表征手段；

2. 载药量的概念及计算方法。

【实验原理】

ZIF-8 作为药物载体担载客体分子的方式主要有两种：①自由扩散的方式。具体来讲就是先合成出 ZIF-8 纳米晶，然后将其分散在溶有药物的溶液中，在超声或者搅拌的条件下，药物分子自由扩散进入 ZIF-8 的孔道中。②一步合成法。这种方法最早见于 2016 年，邹晓东等人第一次报道了该合成方法。简单地说就是将硝酸锌与药物先溶解在溶剂中形成溶液，同时调节溶液 pH 呈碱性，然后向其中加入 2- 甲基咪唑溶液，经搅拌形成包覆药物分子的 ZIF-8 纳米晶。

ZIF-8 的结构（图 8-3）我们在前文的实验中已经介绍过，六元环孔道开口为 3.4 Å，内部腔体尺寸 11.6 Å，是一种“小开口大肚子”的笼状结构。当客体分子尺寸较大时很难通过自由扩散的途径进入 ZIF-8 的腔体中，从而导致载药量低。所以尽管自由扩散的方法原理清晰，后续载药量的计算也相对简洁，但是应用的局限性也很明显。而一步合成法中，ZIF-8 自组装的同时就将客体药物分子装载在孔道内，很好地解决了这一难题。

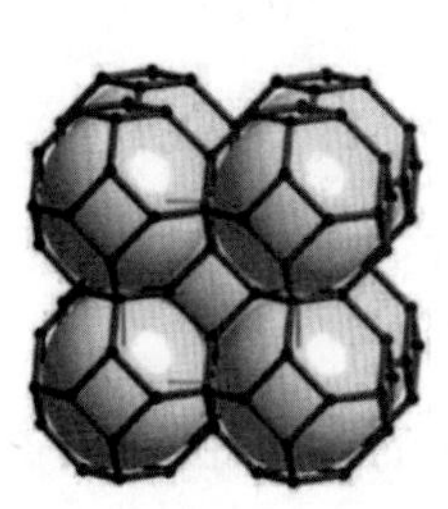 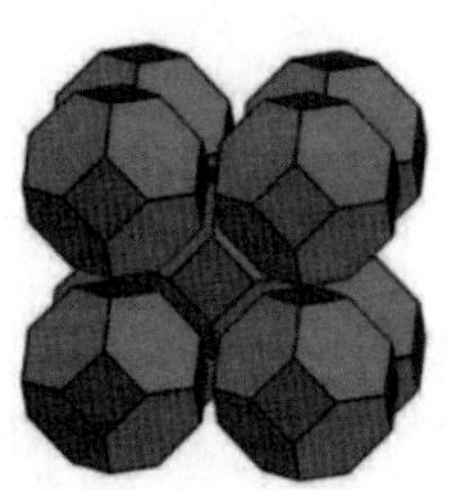 

图8-3　ZIF-8的空间结构

本实验采用一步合成的方法在 ZIF-8 孔道内装载相对分子质量较大的抗肿瘤药物阿霉素（DOX, 图 8-4），并且具体探究在不同 pH 缓冲溶液中 ZIF-8 孔道内阿霉素的缓慢释放行为。利用紫外可见吸收光谱标准曲线法对载药量以及释放量进行定量测试。

图8-4　阿霉素的分子结构

【仪器与试剂】

仪器:烧杯（50 mL, 3 个）;烧杯（20 mL, 1 个）;烧杯（100 mL, 2 个）容量瓶（1000mL, 2 个）；容量瓶（10 mL，4 个）；量筒（100 mL，1 个）；移液枪；移液管；电子天平；磁力搅拌器；台式高速离心机；真空干燥箱；高分辨扫描电镜；X 射线衍射仪；紫外—可见分光光度计。

试剂：硝酸锌 [$Zn(NO_3)_2 \cdot 6H_2O$]；2- 甲基咪唑；阿霉素；氢氧化钠；甲醇；磷酸氢二钠（$Na_2HPO_4 \cdot 12H_2O$）；磷酸二氢钠（$NaH_2PO_4 \cdot 2H_2O$）；去离子水。

【实验内容】

1. DOX/ZIF-8 纳米粒子的合成

配制 20 mL 浓度为 10 mg/mL 的阿霉素水溶液。将 0.6g $Zn(NO_3)_2 \cdot 6H_2O$ 溶解在 2.5 g 水中，并用氢氧化钠调节溶液 pH 值为 8，记为溶液 1。将 12 mL 浓度为 10 mg/mL 的阿霉素水溶液加入到溶液 1 中，室温搅拌 1 min，形成溶液 2。称取 6g 的 2- 甲基咪唑溶于 24g 水中，形成溶液 3。将溶液 3 逐滴加入溶液 2 中，在室温下搅拌 15 min。离心分离后将沉淀用水和甲醇的混合溶液清洗三遍。沉淀置于 65 ℃真空干燥箱内干燥 12h，称量其质量记为 m0，所有上清液收集起来用来计算载药量。

2. 产物表征

（1）ZIF-8 纳米粒子的结构利用 X 射线衍射仪表征。CuKα 辐射 (λ = 0.154 nm)，电压 50 kV，电流 30 mA，扫描区间为 4° ~ 50° ，扫描速度 5° /min。

（2）ZIF-8 纳米粒子的形态和尺寸用扫描电镜表征。

3. 阿霉素标准曲线的绘制

首先配制 1 mg/mL 的 DOX 母液，溶剂为甲醇，然后将母液进行稀释后，将其置于紫外可见分光光度计中进行扫描，扫描波长范围 190 ~ 800 nm，找到最大吸收波长 λ_{max}。然后将母液进行一定比例的稀释后，得到 6 个标准浓度溶液，确保每个溶液的在 λ_{max} 处吸光度值均在 0.2 ~ 0.8 范围内。将吸光度数值和相应的标准溶液浓度数值总结于下表，并根据数据绘制标准曲线。

吸光度						
浓度 (mol/L)						

4. 载药量的计算

将实验步骤 1 中搜集的上清液定容到一定体积 V_0，用移液枪吸取一定量后用甲醇稀释定容至 10 mL 容量瓶中，测量其 λ_{max} 处的吸光度值（应在 0.2 ~ 0.8 范围内），应用标准曲线查出相应浓度，再根据稀释倍数换算出初始溶液浓度 c_0。

载药量（DL）的定义是单位质量的药物中有效药物的质量，单位为 g/g。根据此定义，本实验载药量式 8-1 计算。

$$DL=(0.12-V_0 \times c_0 \times M_{DOX})/m_0 \tag{8-1}$$

5. DOX/ZIF-8 在不同 pH 环境中的缓释

称取质量为 m_1 的 DOX/ZIF-8，溶于体积为 V_1 的 pH = 7.4 和 pH = 5.7 两种缓冲溶液中（配制方法见前文实验）。于室温下搅拌，用移液枪在不同的时间点取少量溶液，将其离心分离除去沉淀，将上清液用甲醇定容于 10 mL 容量瓶中，测定其 λ_{max} 处吸光度值（应在 0.2 ~ 0.8 范围内），应用标准曲线查出相应浓度，再根据稀释倍数换算出不同时间点上缓释溶液中 DOX 的浓度 c_t，不同时间点上释放出的 DOX 质量为 $V_1 \times c_t \times M_{DOX}$，进而可计算出药物释放率 R（释放出的游离药物与投放的总载药物质量之比）。本实验中释放率可用下式 8–2 计算。

$$R=(V_1 \times c_t \times M_{DOX})/(0.12-V_0 \times c_0 \times M_{DOX}) \tag{8–2}$$

将不同时间点的释放率 R 数值总结在下表中，并根据这些数据绘制出缓释率曲线，横坐标为时间，纵坐标为释放率。

pH	7.4								5.7							
t（min）	5	15	30	60	120	180	240	300	5	15	30	60	120	180	240	300
R																

【结果与讨论】

1. 紫外—可见吸收光谱的定量原理

根据朗伯 – 比尔定律（式 8–3）吸光度与吸光物质浓度呈正比。

$$A=\lg\frac{1}{T}=Kbc \tag{8–3}$$

式 8–3 中，A 为吸光度；T 为透射比（透光度）；K 为摩尔吸光系数；c 为吸光物质的浓度，单位 mol/L；b 为吸收层厚度，单位 cm。

配制一系列标准浓度的吸光物溶液，以浓度为横坐标，相应的吸光度为纵坐标作图，就可得到浓度与吸光度间的线性关系，也就是标准曲线。当测量某未知溶液的浓度时，可以先测定其紫外可见吸光度值，然后应用标准曲线得到它的吸光物浓度。这里所指的吸光度是在特定波长下的数值，理论上最好是该吸光物质的最大吸收波长，因为在最大吸收波长处，单位浓度的变化引起的吸光度的变化最大，即灵敏度最大。但是当有其他杂质在最大吸收波长附近也有吸收时，为避免误差，也可以选取待测物在其他特征吸收波长处的吸光度数值。有一点值得注意的是朗伯比尔定律只适用于稀溶液，这是定律本身的局限性决定的。同时由于光电转换能力，检测器及光源稳定性等仪器问题，通常情况下我们在定量时将吸光度值控制在 0.2 ~ 0.8 范围内，因此对待测溶液进行一定比例的稀释是必要的。

2. 数据整理及结论

分析释放率曲线，得出 DOX/ZIF–8 在不同 pH 值条件下 DOX 的缓释行为的合理实验结论。

【注意事项】

1. 本实验中涉及很多的稀释以及换算，直接关系到实验结论，请务必认真对待。

2. 为保证所有测试溶液在 λ_{max} 处吸光度值在 0.2 ~ 0.8 的范围内，具体的取样量以及稀释倍数等需要实验者进行反复的试验，这也是本实验内容的一部分。

【思考题】

1. 图 8-5 为标准的 ZIF-8 的 X 射线衍射图谱，对比本实验中得到的 DOX/ZIF-8 的 X 射线衍射图谱，你发现二者有什么不同吗？这些不同能说明什么问题？查阅相关文献找到答案。

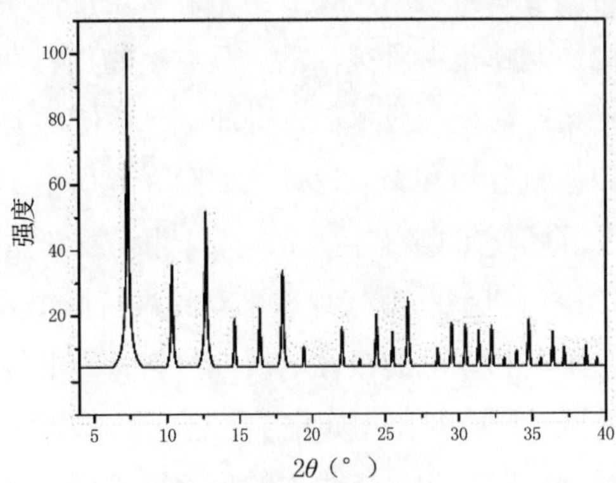

图8-5　标准ZIF-8的XRD图谱

2. 我们配制 DOX 标准曲线时所用到的溶剂是甲醇，但是计算载药量时所用到的溶剂是水，缓释率实验中用到的溶剂是磷酸盐缓冲溶液，所用的溶剂不同会对定量结果产生很大的影响，那么为什么本实验可以这样设计？为什么这样的误差可以被忽略？请提出你的猜想，并查阅相关资料找到答案。

3. 比较 ZIF-8（前文实验中获得）与 DOX/ZIF-8 的扫描电镜照片，你能发现哪些不同，这些差异说明了什么？

实验8.5　聚氧乙烯/聚偏氟乙烯构建柔性温度传感器用于人体健康监测

【实验目的】

1. 了解聚氧乙烯（POE）和聚偏氟乙烯（PVDF）的结构；

2. 了解温度传感器测试方法；

3. 学会分析 POE 和 PVDF 的 XRD 数据。

【实验重点与难点】

分析 POE 和 PVDF 的 XRD 数据。

【实验原理】

体温是生理学中最重要的生理参数之一，它与我们生理系统中的化学反应密切相关。此外，体温在预测疾病、监测术后恢复等方面也发挥着非常重要的作用。人体皮肤温度的监测需要高度精确、易于操作、柔软和生物相容等特性，如何平衡这些特性是一个关键的挑战。因此，作为可穿戴电子设备拥有舒适、生物相容性和柔性在医疗保健和医疗应用领域正引起广泛兴趣。在过去的几十年里，人们在软质、生物相容的柔性温度传感器方面做了大量的研究，但目前为止，温度传感器在重复性和高分辨率等性能方面仍然不乐观。在已有的报道中，研究者们将温度敏感材料与聚二甲基硅氧烷覆盖层和硅橡胶基板集成，在 34.0 ~ 42.0 ℃的温度范围内，制作出一种灵活的、具有生物相容性的高分辨率和高重复性的温度传感器。该制备技术相对简单，成本低，可加工，这使得大规模生产成为可能。

本实验采用炭黑填充聚偏氟乙烯和聚氧乙烯（如图 8-6 所示）制备温度敏感材料。半结晶性聚偏氟乙烯最吸引人的是它的多态性（α，β，γ 和 / 或 δ 晶相）在其成膜过程中演化，并且可以通过后期对膜进行机械和电气处理来对其进行修饰或调整。其中，β 相晶体将 PVDF 确立为具有热电、压电和铁电的极性电活性材料，介电常数明显较高，介电损耗非常低。此外，聚偏氟乙烯膜对环境变化（如化学、热、紫外线等）具有高度惰性。因此，用各种无机和有机纳米填料制备以 β 相晶体为主的聚偏氟乙烯复合膜仍是可穿戴设备中的众多技术的前沿领域。与聚偏氟乙烯相比，半结晶聚氧乙烯 1500 是一种极性的、可生物降解的柔性成膜材料。更重要的是炭黑具有较高的导电性和低廉的价格，是替代碳纳米管、石墨烯等杂化膜的理想材料。

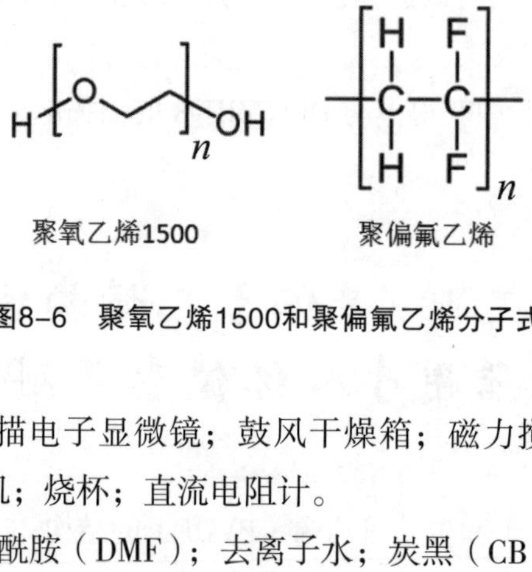

聚氧乙烯1500　　聚偏氟乙烯

图8-6　聚氧乙烯1500和聚偏氟乙烯分子式

【仪器与试剂】

仪器：电子天平；扫描电子显微镜；鼓风干燥箱；磁力搅拌器；台式高速离心机；X 射线衍射仪；细胞粉碎机；烧杯；直流电阻计。

试剂：*N, N*– 二甲基甲酰胺（DMF）；去离子水；炭黑（CB）；聚氧乙烯 1500（POE）；聚偏氟乙烯（PVDF）；聚酰亚胺（PI）；标签纸；称量纸；硅橡胶（SR）；导电银胶；铜线；聚二甲基硅氧烷（PDMS）；硅片。

【实验内容】

1. 聚氧乙烯 1500/ 聚偏氟乙烯 / 炭黑复合材料的制备

（1）用磁搅拌器将 0.6 g 聚氧乙烯 1500 溶解在去离子水中 1h，将 0.8 g 炭黑加入上述溶液中，超声处理 1h，磁搅拌 1h。

（2）混合溶液超声分散 1h，磁力搅拌 1h。

（3）将 0.6 g 的聚偏氟乙烯和 10 mL 的 *N*, *N*– 二甲基甲酰胺加入混合溶液中，在 200℃的温度环境中再次使用磁力搅拌器搅拌 3h，即获得聚氧乙烯 1500/ 聚偏氟乙烯 / 炭黑(简写：PEF/CB）复合材料。

（4）将 PEF/CB 复合材料溶液滴在 PI 柔性基底上，以 50 r/min 的旋涂速度均匀旋涂 15 s 成膜。

（5）在 45 ℃恒温条件下干燥 2h。

（6）干燥后的样品很容易从 PI 基底上剥离并且没有任何黏附，因此没有聚酰亚胺胶带的纯复合材料可以切割成特定尺寸以进行进一步实验。

2. 柔性温度传感器制备

（1）将 PEF/CB 复合材料剪成 1 cm × 2 cm 的长方形薄膜，用导电银胶将铜线连接到样品薄膜的两端引出电极，放置于固化的硅橡胶基底上。

（2）在已经放置温度敏感复合材料的硅橡胶基底上浇铸具有良好黏附性、生物兼容性和柔软拉伸性的液体聚二甲基硅氧烷，旋涂成膜，并在 70 ℃的恒定温度下固化 2h，形成一个三明治结构。

3. 产物表征

（1）利用 X 射线衍射仪对聚氧乙烯 1500、聚偏氟乙烯、炭黑和 PEF/CB 复合材料的物相进行测试。测试条件：扫描区间为 10° ~ 60° ，管压为 40 kV，管流为 30 mA，扫描速度 6° /min。

（2）利用扫描电子显微镜观测粒子的形态和大小，放大约 20000 倍。

（3）直流电阻计测量样品的电阻（测试温度范围：30 ℃、40 ℃、50 ℃、60 ℃、70 ℃和 80 ℃）。

4. 柔性温度传感器测试

（1）重复性测试：将温度传感器放置于可程式恒温恒湿试验箱中，将温度范围设置成 34.0 ~ 42.0 ℃，升温速率为 1 ℃ /min，每隔 1 ℃记录一次传感器的电阻值（$\Delta R/R_0$），如此测试 9 次（表 8–1）。

（2）分辨率测试：在 36.0 ℃至 37.0 ℃的温度范围内进行测试，温度间隔为 0.1 ℃，记录电阻值变化情况（表 8–2）。

【结果与讨论】

1. 四种材料的敏感温度范围分别是多少?

2. 四种材料的临界温度范围分别是多少?

表8-1 PEF/CB柔性温度传感器对不同温度下的$\Delta R/R_0$测试数据

次数	温度(℃)								
	34	35	36	37	38	39	40	41	42
1									
2									
3									
4									
5									
6									

注：R_0为34℃时的恒定温度；R为测量温度（$\Delta R=R-R_0$）。

表8-2 不同材料对不同温度下的$\Delta R/R_0$测试数据

样品	温度(℃)								
	34	35	36	37	38	39	40	41	42
CB									
POE									
PVDF									
PEF/CB									

【注意事项】

1. 为了监测体温，其设备要求其温敏范围在34~42℃的范围内。

2. 为了得到厚度为0.5mm的硅橡胶基底，使用真空旋涂机将液体硅橡胶沉积在硅片上，旋转速度为250 r/min，之后在70℃的恒定温度下固化2h。

【思考题】

1. 超声分散1h，磁力搅拌1h作用是什么？

2. 制作样品时为什么在45℃恒温条件下干燥2h？

实验8.6 聚苯胺/二硫化钼复合薄膜的柔性压力传感器用于人体运动检测

【实验目的】

1. 了解聚苯胺（PANI）的结构；

2. 了解压力传感器测试方法；

3. 学会分析PANI的红外光谱仪数据。

【实验重点与难点】

压力传感器测试方法。

【实验原理】

柔性可穿戴电子产品因其可以实现人机集成并具有从根本上优化我们当前生活方式的潜力而受到学术界和行业的广泛关注。近年来，相继诞生了柔性天线、柔性修复设备、便携式运动检测、便携式医疗监控、可穿戴式能量存储设备和电子柔性皮肤等设备。由于传感器能够检测温度、湿度、化学成分和作用力的变化，因此可穿戴电子设备备受关注。柔性压力传感器作为可穿戴电子器件的重要组成部分，应具有良好的柔性、可拉伸性和便携性等性能。

聚苯胺由于其独特的电荷转移、聚集特性，表面积大和导电性好等特点已被用于提高可拉伸电子器件的性能。聚苯胺是一个亚苯基聚合物，—NH—基团在亚苯胺基环两侧，存在各种氧化状态，结构单元通式如图 8-7 表示，其中 y 值表示 PANI 的氧化还原程度，不同 y 值对应不同 PANI 结构、组分和导电性。MoS_2 是一种很有前途的二维材料，由于其优异的电化学、机械和光学性能，具有许多潜在的应用前景。近年来，二硫化钼纳米结构在传感器件中的应用受到了特别的关注，因为与大块二硫化钼相比，二硫化钼纳米结构能够提高电荷效率和催化活性。这是因为在纳米尺度上，MoS_2 的比表面积和活性位点增加，电化学性能得到了显著改善。

因此，本实验将采用原位合成的方法，在聚二甲基硅氧烷（PDMS）基底薄膜预拉伸 30% 的条件下，利用苯胺单体和 MoS_2 薄片均匀分散好的混合溶液在基底薄膜上构筑三维网络状的可拉伸 PANI/MoS_2 复合薄膜，最后应用于大规模的人体运动监测。本实验中所展示的具有低成本效益的柔性传感器在医疗监测，智能机器人和人工智能中的电子皮肤等方面显示出巨大的应用前景。

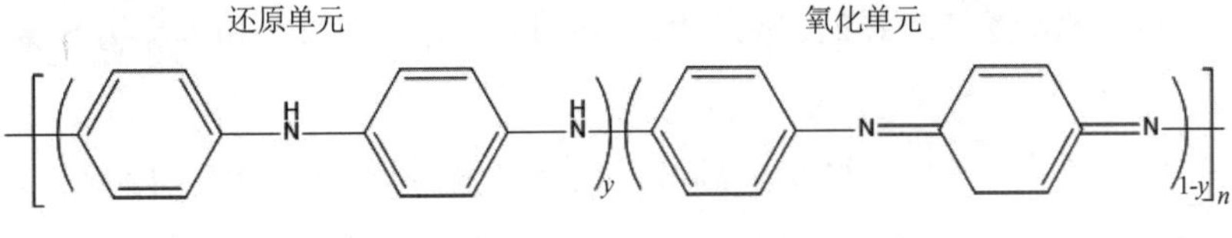

$(0 \leqslant y \leqslant 1)$

图8-7　聚苯胺结构式

【仪器与试剂】

仪器：电子天平；扫描电子显微镜；鼓风干燥箱；磁力搅拌器；台式高速离心机；X 射线衍射仪；烧杯；红外仪光谱仪；等离子激发仪；超声粉碎仪。

试剂：苯胺（ANI）；去离子水；盐酸（HCl）；过硫酸铵（APS）；聚二甲基硅氧烷（PDMS）；硅树脂；聚对苯二甲酸乙二酯柔性基底（PET）；玻璃片；二硫化钼（MoS_2）；乙醇；*N*-甲基吡咯烷酮（NMP）；导电银胶。

【实验内容】

1. 制备机械剥离的薄层二硫化钼

（1）量取 0.4 g 二硫化钼粉末，加入到具有 360 mL 的 *N*– 甲基吡咯烷酮溶液作为分散剂。

（2）用超声仪在冰水域的环境下剥离 48h，用高速离心机离心，取上层液体。

（3）用乙醇反复离心洗涤，收集沉淀，得到纳米级二硫化钼薄片。

2. 可拉伸柔性薄膜的制备

（1）称量一定量的硅树脂和交联剂（硅树脂与交联剂质量比为 10∶1）放入 100 mL 烧杯中，搅拌均匀 40 min。

（2）将混合液体滴涂到光滑的聚对苯二甲酸乙二酯柔性基底（8 cm × 8 cm）上，在将涂有混合液体的聚对苯二甲酸乙二酯柔性基底薄板放在烘箱中 100 ℃反应 1h，聚二甲基硅氧烷薄膜基底厚度为 2 ~ 3 μm。

3. 传感器的制备

（1）40 mL 的苯胺和一定量纳米级二硫化钼薄片分散到浓度为 1mol/L 的 HCl 中，溶液中聚苯胺的浓度为 0.0146 mol/L。

（2）将过硫酸铵（58 g）分散到 1 mol/L 的酸性溶液中，将溶液超声分散 5 min 后，放入冰箱 50 ℃预冷。

（3）将两种酸性溶液混合（PANI/APS 物质的量浓度比为 1∶1.42），搅拌均匀后，50℃反应 6h，得到 PANI/MoS_2（缩写为 PIS）混合液。

（4）将提前制备的 PDMS 薄膜剪成一定量大小，并将其预拉伸 30%，再用夹子固定到玻璃片上（玻璃片提前利用真空等离子处理仪进行表面处理 10 min）。

（5）把 PIS 混合液搅拌均匀后，将 PDMS 薄膜放入其中 50 ℃反应 6h，即获得 PIS/PDMS 复合薄膜（缩写为 PIS/PS）。

（6）以同样的方法将分散好的 PANI 和 MoS_2 制备成 PANI/PS 和 MoS_2/PS 压力传感器。

4. 产物表征

（1）利用 X 射线衍射仪对 PANI、MoS_2 和 PIS 复合材料的物相进行测试。测试条件：扫描区间为 10° ~ 60° ，管压为 40 kV，管流为 30 mA，扫描速度 6° /min。

（2）利用扫描电子显微镜观测粒子的形态和大小，放大约 20000 倍。

（3）采用红外光谱仪对样品的官能团进行表征（400 ~ 4000 cm^{-1}）。

5. 压力传感平台组件

（1）在制备的 PIS/PS 复合薄膜的相对两侧涂抹导电银胶。两根铜线通过导电银胶安装在传感器的对面，连接微电子装置和测试设备。然后用透明医用胶布封装 PIS/PS，消除环境影响。

（2）将制成的导电 PIS/PS 电极安装在食指的关节上，可以在其中施加高压。为实现

持续的电流变化，实验操作者被引导将手指向下弯曲，然后保持手指笔直几秒钟。进行恢复，并同时记录信号输出。

【结果与讨论】

1. 计算三种电极材料在肘部运动的灵敏度，填至表 8-3 ～表 8-5 中，并进行比较说明。

表8-3　在肘部运动过程中，不同种类传感器的电流信号

种类	时间(s)								
	0	10	20	30	40	50	60	70	80
PANI/PS									
MoS_2/PS									
PIS/PS									

表8-4　在肘部运动过程中，不同施加压力条件下的电流信号

种类	压力(kPa)					
	0	0.1	0.5	1	2.5	3
PANI/PS						
MoS_2/PS						
PIS/PS						

表8-5　在食指弯曲过程中，不同种类传感器的电流信号

种类	时间(s)								
	0	10	20	30	40	50	60	70	80
PANI/PS									
MoS_2/PS									
PIS/PS									

【注意事项】

1. 将混合液体滴涂到 PET 基底时，注意表面不要有大的气泡。

2. 等离子体处理频率为 13.56 MHz，低温 32 ℃。

3. 压力传感器的灵敏度定义是 $S=\delta(\Delta I/I_0)/\delta P$，其中 ΔI 是相对电流变化，I_0 为无外部变形的初始电流，P 为施加的压力。

【思考题】

1. 复合薄膜制备时，为什么将 PDMS 预拉伸 30%，其目的是什么？

2. 利用压力传感器是否能够测试人体其他大规模的运动？

3. 在复合薄膜上面涂抹导电银胶的作用是什么？

实验8.7　基于Ag/PDMS复合材料的制备用于高灵敏度应变传感器

【实验目的】

1. 了解聚二甲基硅氧烷（PDMS）的结构；

2. 掌握 PDMS 交联反应原理；

3. 了解应变传感器测试方法；

4. 学会通过扫描电子显微镜观察产品的形态。

【实验重点与难点】

1. 利用扫描电子显微镜观察 Ag/PDMS 复合材料的形态；

2. 高灵敏度应变传感器的响应原理。

【实验原理】

1. 聚二甲基硅氧烷交联反应基本原理

由于聚二甲基硅氧烷具有高弹性、高透明和柔性等特点而常常被用作柔性应变传感器基底。聚二甲基硅氧烷是一种线型聚合物，其主链是交替排列的 Si—O 键，甲基为侧基连接在硅原子上。（见图 8–8）

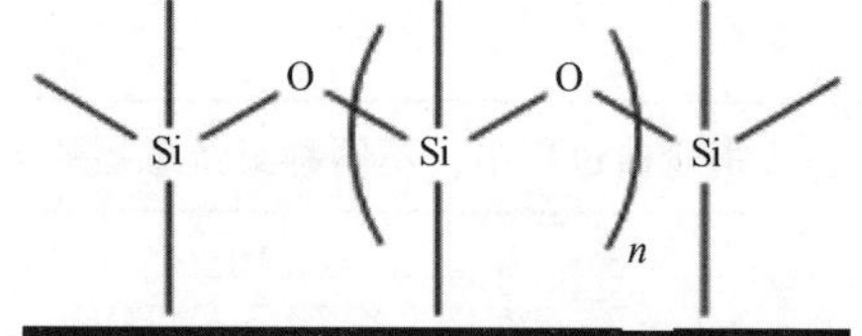

图8–8　聚二甲基硅氧烷分子结构图

聚二甲基硅氧烷由两组分液体混合而成，即预聚体和固化剂。聚二甲基硅氧烷的预聚体中含有硅氢键（—Si—H）。按一定比例将预聚体与固化剂混合之后，充分搅拌，两组分就会发生交联反应，固化剂促进聚合物的交联固化，使两种物质中的硅氢键链接在一起。

2. Ag/PDMS 应变传感器的应用

近年来，随着可穿戴式个性化健康监测设备的快速发展，柔性电子技术正迅速崛起为新兴产业。柔性电子皮肤是柔性电子领域的一种流行应用。无论是在优越的空间分辨率还是在热灵敏度方面，电子皮肤已经能够提供比有机皮肤更好的性能。随着柔性电子皮肤的发展，它已经获得了监测和感知刺激的能力，并可用于机器人、人机界面、触摸检测、应变计、温度监测，以及医药和医疗保健等方面。应变传感器是电子皮肤器件的基本组成部分，高灵敏度大面积应变传感器的制备是电子皮肤开发的关键。压电电位驱动传感器设备是特别需要的，甚至是某些生物医用植入物必须具备的一种应变传感器。

柔性基座也是柔性电子皮肤的重要组成部分，不仅是因为它提供了柔性支撑，还因为它作为一种材料能够产生、传递和处理机械信号和电信号。由于聚二甲基硅氧烷具有良好的透光性，良好的生物相容性，以及多种优秀的物理和化学性质，因此它是微成像和微流体通道的独特材料之一。它的高柔韧性和可重复性使聚二甲基硅氧烷成为一种良好的透明聚合物，被应用于柔性设备。聚二甲基硅氧烷本身不具有导电性，但是当纳米材料嵌入其中后，可以作为具有高应变分辨率和出色电性能的多方向、多功能传感器使用。

【仪器与试剂】

仪器：电子天平；扫描电子显微镜；透射电子显微镜；移动平台；鼓风干燥箱；磁力搅拌器；台式高速离心机；数据采集器；细胞粉碎机；培养皿；烧杯；商业化的护膝。

试剂：硝酸银（$AgNO_3$）；去离子水；聚二甲基硅氧烷；双导电纯铜箔胶带；乙醇；标签纸；称量纸；异丙醇（IPA）；乙二醇；三氯化铁；聚乙烯基吡咯烷酮。

【实验内容】

1. 改性多元醇法合成银纳米颗粒

（1）用乙二醇（100 mL）在 160 ℃下用磁力搅拌器加热 1h（搅拌速度为 250 r/ min）。

（2）在乙二醇中加入一定浓度的、作为生长抑制剂，然后加热乙二醇。将新溶液再均匀搅拌 15 min 后，在乙二醇中加入聚乙烯基吡咯烷酮（5 mL 3.6 mol/L），。

（3）向乙二醇中逐滴加入 5 mL 0.6 mol/L 的 $AgNO_3$ 溶液。在完全加入 $AgNO_3$ 溶液后，将溶液加热一段时间，然后放入冰浴中停止反应。

（4）溶液冷却后，向溶液中加入大量无水乙醇。溶液 6000 r/min 离心 5 min，无水乙醇洗涤 3 次。

（5）银纳米颗粒储存在异丙醇中以备进一步实验。

2. 聚二甲基硅氧烷模具的制造

（1）将比例为 10 : 1 的聚二甲基硅氧烷单体和固化剂的混合物脱气以除去气泡。将其倒入玻璃模具（1.5 cm × 5 cm × 0.5 cm）中的培养皿（直径为 90 mm）的中心。将培养皿在烘箱中 75 ℃下固化 1h。

（2）将聚二甲基硅氧烷小心地从培养皿和玻璃模具中分离出来，得到 PDMS 模具。

3. 应变传感器的制造

（1）将铜带黏贴在电极的模具凹槽的两端。将先前准备的银纳米颗粒分散在异丙醇中，分别滴入 3 个聚二甲基硅氧烷模具中。将模具在常温下放置 30min。

（2）溶液干燥后，将聚二甲基硅氧烷倒入凹槽表面，将 3 个模具在常温下固化 24h，得到 Ag/PDMS 复合材料。

（3）然后将 Ag/PDMS（1 cm × 1 cm）传感器与一个 20 kΩ 电阻和一个 3V 按钮单元集成，形成应变检测单元，并利用不锈钢环形链安装在一个已经商业化的膝盖护膝上，以供日常穿着，用来检测膝盖关节运动的信号。

4. 应变传感器测试

通过记录在 20 kΩ 电阻上的电压变化，Ag/PDMS 传感器的电阻（或电导）可以通过支持蓝牙的移动电话实时监控。这样识别出由 Ag/PDMS 设备感测到的弯曲应变的程度，从而识别出膝盖运动的类型。

【结果与讨论】

1. 通过智能膝盖应变响应电压输出信号变化判断运动形式。

2. 判断行走对应的电压信号强度。

3. 判断行走的持续时间并将 Ag/PDMS 应变传感器对膝关节摆动、行走监测数据填入下表。

压力(V)	持续时间(s)					
	5	10	20	50	150	200
0.8						
1.0						
1.2						
1.4						
1.6						
1.8						
2.0						

【思考题】

1. 制备好的银纳米颗粒为什么存储在异丙醇中？

2. 无水乙醇洗涤 3 次的作用是什么？

实验8.8　硒载5–氟尿嘧啶纳米颗粒（5–Fu@SeNPs）的制备及结构表征

【实验目的】

1. 了解 5– 氟尿嘧啶的抗肿瘤原理；

2. 掌握 5– 氟尿嘧啶与硒纳米粒子的结合原理；

3. 掌握光电子能谱的分析方法；

4. 掌握利用动态光散射仪表征纳米材料粒径分布和稳定性的原理和方法。

【实验重点与难点】

动态光散射仪表征纳米材料粒径分布和稳定性的原理和方法。

【实验原理】

早在 20 世纪 50 年代，科学家们就发现小鼠肝癌细胞消耗尿嘧啶的速度远大于正常的组织细胞，这意味着尿嘧啶的代谢很可能成为抗代谢类化疗药物的一个治疗靶点。5- 氟尿嘧啶（5–Fu，如图 8–9 所示）是一种抗代谢类药物，它通过阻断生命体内基本的生物合成过程，或者混入 DNA 和 RNA 的结构中来抑制它们的正常功能而在人体内发挥作用。经过几十年的发展，现在 5–Fu 已经广泛地用于多种癌症的治疗，包括乳腺癌、直肠癌、脖颈癌等。但是 5–Fu 作为一线的治疗药物对晚期癌症的缓解率只有 10% ~ 15%，开发基于 5–Fu 的新型用药策略是很有必要的。

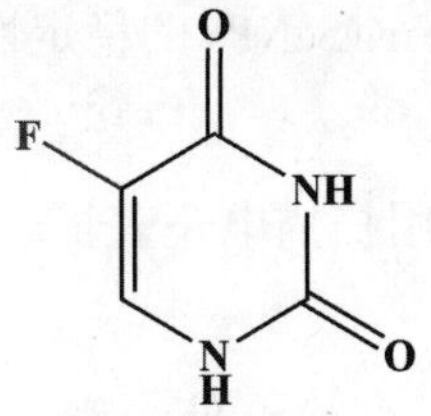

图8–9　5–氟尿嘧啶的分子结构

硒元素是人体必需的元素，在生命体中发挥着重要的作用。很多研究表明补充硒元素有助于预防癌症以及降低癌症发病率，可以提升很多传统抗癌药物的药效。但同时对硒元素的应用又是十分困难的，因为其有益剂量和有毒剂量之间的差距非常小，很难把握。然而纳米级的硒元素则不同，研究表明硒纳米粒子（SeNPs）展现出更好的疗效以及更低的毒副作用。曾经有报道硒元素与 5–Fu 的结合可以显著克服肿瘤细胞的耐药性，提升对肿瘤细胞的杀伤能力。

本实验中，5–Fu@SeNPs 的合成策略用图 8–10 表示。5–Fu 通过结构中可以提供孤电子对的羟基氧以及处于对位的嘧啶环上的氮元素与 Se 元素发生配位而结合在一起。本实验中我们将用到光电子能谱 XPS 和动态光散射分析（DLS），关于这两种表征手段更加丰富全面的知识请同学们查阅相关书籍自学。

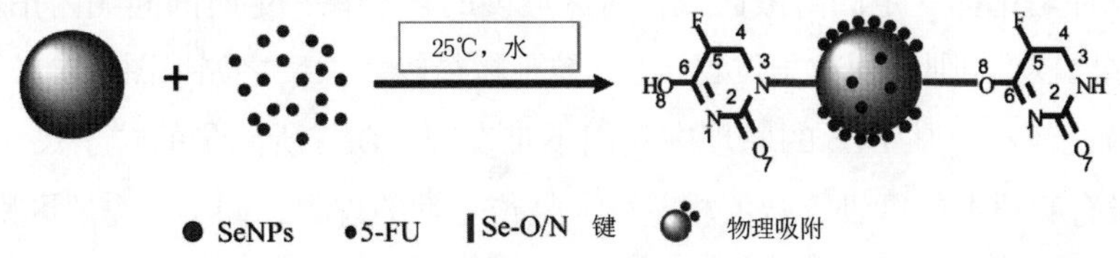

图8–10　5–Fu@SeNPs 的合成方式示意图

【仪器与试剂】

仪器：烧杯（20mL，4 个）；容量瓶（25mL，1 个）；电子天平；磁力搅拌器；台式高速离心机；真空干燥箱；高分辨扫描电镜；X 射线衍射仪；傅里叶变换红外光谱仪；动态光散色仪；X 射线光电子能谱仪。

试剂：硒酸钠（Na_2SeO_3）；抗坏血酸；5- 氟尿嘧啶；去离子水。

【实验内容】

1. 5-Fu@SeNPs 的合成

准确称量 8.7 mg 的硒酸钠（Na_2SeO_3）粉末溶解在 10 mL 去离子水中（浓度为 5 mmol/L）。分别配制浓度为 20 mmol/L 的抗坏血酸水溶液 10 mL 和浓度为 33 mg/mL 的 5-Fu 水溶液 10mL。取 5 mL 硒酸钠溶液与 5 mL 5-Fu 水溶液混合，并向混合溶液中逐滴加入 5 mL 所配置的抗坏血酸溶液，并用去离子水定容至 25 mL。混合溶液在室温下搅拌 24h，离心分离后将产物于 80 ℃烘箱内充分干燥。

2. 产物表征

（1）应用动态光散射仪测量 5-Fu@SeNPs 的稳定性（Zeta 电位）及粒径分布（聚合度指数 PDI）。

（2）5-Fu@SeNPs 的形态和尺寸用扫描电镜表征。观察并记录材料的分散性能、尺寸以及均匀性。

（3）测量 5-Fu@SeNPs 的傅里叶变换红外光谱，试着找出 Se-N 键以及 Se-O 键的特征峰。真空压强小于 5×10^{-4} Torr，KBr 压片测定。

（4）测量 5-Fu@SeNPs 以及 5-Fu 的 F 1s 的 X 射线光电子能谱，比较二者结合能的差距。

【结果与讨论】

1. X 射线光电子能谱（XPS）是一项固体表面分析技术，激发源辐射一定能量的 X 射线到固体表面，固体浅表的一些元素的电子吸收了 X 射线的能量以后就会被激发而脱离原子核的束缚成为自由的光电子，入射的 X 射线的能量与自由光电子动能的差值即为结合能。结合能的数值对于特定元素特定轨道上的电子来说是特殊的，那么很显然某一化合物的化学环境发生变化，相应结合能就会发生变化。在本实验中我们就是应用 XPS 技术来表征 5-Fu 与硒元素发生了键合。

2. 动态光散射（DLS）技术可以表征悬浮液中粒径的分布，它测量的是粒子布朗运动下的直径，其原理是选择一定的溶液区域，对区域内的粒子在一定时间间隔内拍摄运动图像，如果粒子位移比较小，则证明粒子位置接近，粒子粒径较大。反之如果图像中粒子位移很大，则认为粒子粒径较小。从 DLS 的原理中我们不难发现，DLS 所测量的粒子尺寸与扫描电子显微镜的手段有着根本的区别，数值相差很大是很正常的现象，同学们需要区别对待。

3. 记录所测得的 Zeta 电位，PDI 数值，以及 F 1s 电子结合能数据，分析数据得出结论。

【思考题】

1. Zeta 电位的正负代表什么？绝对值有什么意义？你还能想到什么表征纳米粒子稳定性的手段？请查阅资料找到答案。

2. 合成过程中为什么要加入抗坏血酸？

3. 请查阅资料找到其他硒纳米粒子的制备方法。

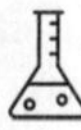

实验8.9　硼掺杂金刚石薄膜电极降解青霉素G钠废水及质谱法测试

【实验目的】

1. 硼掺杂金刚石薄膜电极的制备；

2. 质谱法测定降解过程产生的中间产物；

3. 了解青霉素 G 钠的结构及性质。

【实验重点与难点】

硼掺杂金刚石薄膜电极的制备关键步骤。

【实验原理】

1. 硼掺杂金刚石薄膜电极的制备

电催化法由于能产生具有强氧化能力的活性基团，可以用于抗生素废水等很多难降解废水的处理，该法可以破坏或降低抗生素的活性，使废水中难生物降解的物质转化为易生物降解的物质，增加废水的可生化性。硼掺杂金刚石（BDD）薄膜电极可用于废水处理，该电极属于具有高析氧过电位的“非活性”电极材料，阳极氧化时可以产生较多的弱吸附羟基自由基，可以非选择性地氧化有机污染物。该电极在高氧化电位下具有很好的电极稳定性，有机物的吸附性弱，可以避免电极因吸附有机物而导致的污染，并且电极的电势窗口较宽，电流效率较高。

采用直流等离子体化学气相沉积方法制备硼掺杂金刚石薄膜，反应气体为 CH_4、H_2 和 $B(OCH_3)_3$，三者体积比 5∶190:10，以 H_2 为载气将挥发的 $B(OCH_3)_3$ 带入反应腔体，通过系统正负极高压辉光放电，电压控制在 700 ~ 800 V，电流控制在 7.0 ~ 9.0 A，使 CH_4 解离将碳沉积于基体材料重掺杂单晶 Si 表面，沉积 Si 片温度控制在 1000 ℃。电极制备的实验装置如图 8-11 所示。

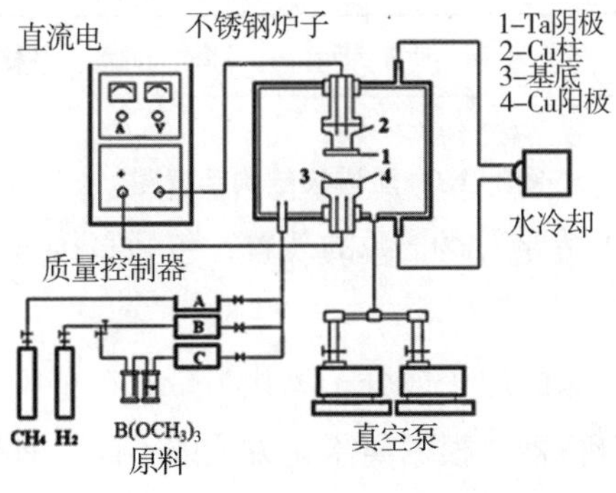

图8-11　电极制备的实验装置示意图

2. 青霉素 G 钠的结构及性质

制药废水是最难处理的工业废水之一，特别是含有抗生素的制药废水，由于废水中残留的抗生素和高质量浓度有机物导致传统的好氧生物处理法无法达到预期的处理效果，而厌氧处理高质量浓度的有机物又难以满足出水达标的要求，研究适合处理此类污染物的技术工艺已经迫在眉睫。在众多抗生素中，β－内酰胺类抗生素是使用最广泛的一类，如青霉素 G 钠。由于其生产存在着原料利用率低、提炼纯度低等诸多问题，导致生产废水中残留的抗生素及其中间产物含量过高，生物毒性很大，极大地影响了该类抗生素废水的处理效果。青霉素 G 钠的结构如图 8–12 所示。

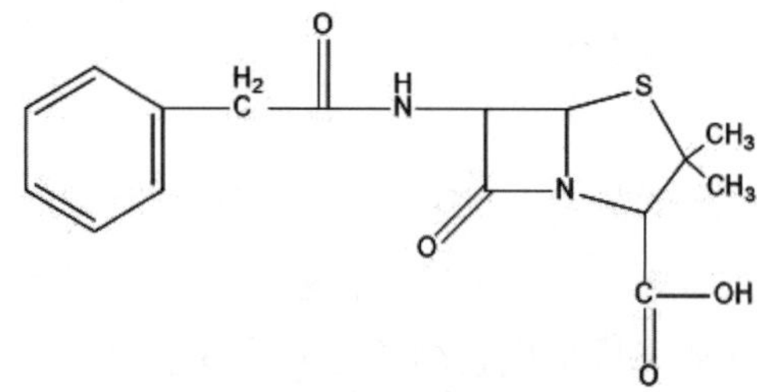

图8–12　青霉素G钠的结构示意图

3. 质谱分析法（质谱法）

质谱分析法是将样品离子化，变为气态离子混合物，并按质荷比（m/z）分离的分析技术。质谱仪是实现上述分离分析技术，从而测定物质的质量与含量仪器。质谱分析法是一种快速有效的分析方法，利用质谱仪可进行同位素分析、化合物分析、气体成分分析以及金属和非金属固体样品的超纯痕量分析。在有机混合物的分析研究中证明了质谱分析法比化学分析法和光学分析法具有更加卓越的优越性，其中有机化合物质谱分析在质谱学中占最大的比重。全世界几乎四分之三的仪器从事有机分析，现在的有机质谱法，不仅可以进行小分子的分析，而且可以直接分析糖、核酸、蛋白质等生物大分子。

质谱仪主要由几部分组成，如图 8–13 所示。

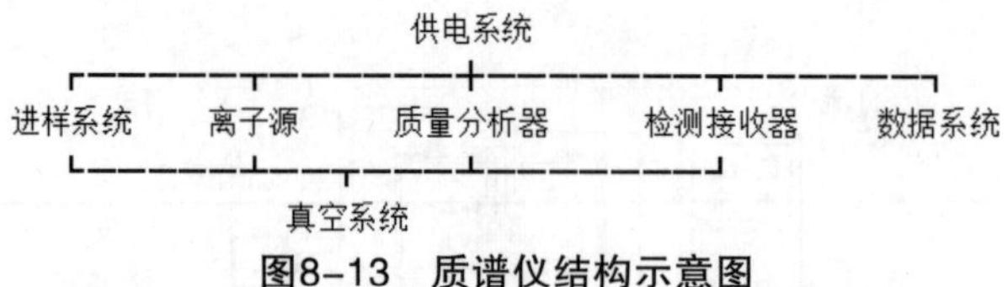

图8–13　质谱仪结构示意图

（1）进样系统。把分析样品导入离子源的装置，包括直接进样、加热进样、参考物进样等。

（2）离子源。使被分析样品的原子或分子离化为带电粒子（离子）的装置。同时对离子进行加速，使其进入质量分析器，根据离子化方式的不同，有机物分析中常用的方式有电子轰击电离法和快原子轰击法两种。电子轰击电离是最经典常规的方式。电子轰击电离法使用面广，峰重现性好，碎片离子多。缺点是不适合极性大、热不稳定的化合物，且可测定分子量有限，一般 ≤ 1000。20 世纪 80 年代初发明的快原子轰击法，是目前应用比

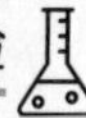

较广的电离技术。该方法是利用高速中性原子或离子（氩、氙或者铯离子枪）对溶解在基质中的样品溶液进行轰击，在产生“爆发性”汽化的同时，发生离子—分子反应，从而引发质子转移，最终实现样品离子化。此法适用于热不稳定化合物，极性化合物等物质的测试。快原子轰击法的测试关键点之一是选择适当的（基质）底物，使其可以实现从较低极性到高极性的有机化合物测定，不但可以得到分子量信息还能得到大量碎片信息。

【仪器与试剂】

仪器：质谱仪；pH 计；直流电源；电流计；磁力搅拌器。

试剂：氢气；甲烷；硅片；钛板；硼酸三甲酯；Na_2SO_4；青霉素 G 钠（1650 U/mg）；磷酸二氢钾；乙酸铵；乙腈；甲酸。

【实验内容及步骤】

以青霉素 G 钠为目标物模拟青霉素废水，将硼掺杂金刚石电极固定在自制的电催化反应器上，反应器由有机玻璃制成。

（1）直流稳流电源输出提供恒定的电流，阳极硼掺杂金刚石电极，阴极钛板，磁力搅拌器进行降解实验搅拌，两电极间距为 2 cm，硼掺杂金刚石电极的有效面积为 4 cm^2。

（2）配置含一定质量浓度的青霉素 G 钠溶液。电解质为 0.1 mol/L Na_2SO_4 的溶液 85mL。在不同质量浓度和不同电流密度条件下研究硼掺杂金刚石电极降解青霉素 G 钠的电化学特性，取降解不同时刻的溶液测定青霉素 G 钠的质量浓度。

（3）对青霉素 G 钠在硼掺杂金刚石电极上的电化学降解历程进行研究。配置质量浓度 500 mg/L 青霉素 G 钠，电流密度为 10 mA/cm^2，取不同时刻 0h、2h、4h、6h、8h 的电解液采用液相色谱－质谱法测定降解过程产生的中间产物。电解过程中的影响因素有青霉素 G 钠的浓度、电流密度、青霉素 G 钠的中间产物等，因此我们需要多做几组实验，找出最佳条件。

【结果与讨论】

青霉素 G 钠在硼掺杂金刚石电极上发生电化学燃烧反应，降解中有酸性中间产物生成，并且可以完全降解。青霉素 G 钠在电流密度为 10 mA/cm^2 和 20 mA/cm^2 时，青霉素 G 钠的反应速率常数分别为 0.5469 /h 和 0.8275 /h，降解过程主要受液相传质过程控制，电流密度与青霉素 G 钠的质量浓度和电流密度有关。通过分析可知青霉素 G 钠在硼掺杂金刚石电极上的降解途径：青霉素 G 钠分子发生分子内的异构重排生成酸性中间产物青霉酸、异构青霉酸和青霉烯酸，再进一步打开 β－内酰胺环形成青霉噻唑酸，最后逐级降解为不同的中间产物。

【思考题】

1. 阴极的钛板可以用别的材料代替吗？为什么？

2. 磷酸二氢钾、乙酸铵、乙腈、甲酸作用分别是什么？

第9章 材料科学创新与设计实验

实验9.1 废弃PET塑料瓶的降解与回收

【实验目标】

1. 以废弃 PET 塑料瓶为研究对象，采用水解解聚的原理实验塑料瓶的降解；

2. 研究 PET 塑料瓶降解的影响因素，从而提高塑料瓶的降解效率；

3. 探索塑料制品降解与回收的通用方法。

【实验方法提示】

聚对苯二甲酸乙二醇酯，又名的确良、涤纶，英文名称 Polyethylene Terephthalate，简称 PET，是生活中常见的一种热塑性树脂，其聚合单元如图 9-1 所示。

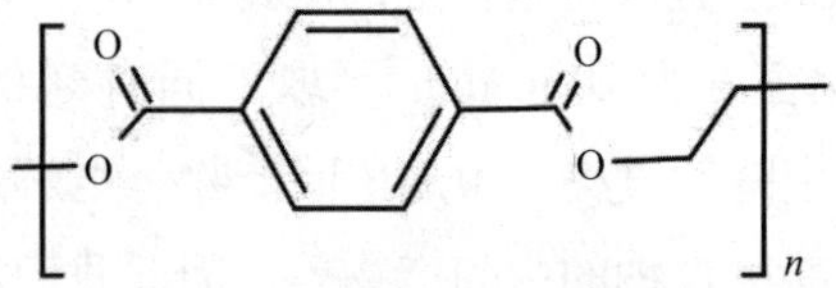

图9-1 聚对苯二甲酸乙二醇酯聚合单元

PET 是一种聚酯塑料，常用于制造纺织品和塑料瓶。全球每年要生产将近 7000 万吨的 PET，但绝大部分的 PET 塑料都被制成了一次性消费品，回收利用率不高。同时，由于难以通过热熔或者溶液处理进行循环利用，PET 也是最难回收利用的塑料之一。

PET 的解聚方法可以分为水解（包括酸解、碱解、纯水解聚）、醇解（甲醇解聚、乙二醇解聚）、超临界流体解聚等。其中，酸解及碱解过程须要加碱或酸处理产品，并排出大量酸碱废液，污染环境，而且要进行产物与催化剂的分离，工艺复杂。

超临界流体解聚虽反应时间短，但反应条件苛刻，需要高温、高压，工艺上实现较困难且成本高。低压醇解反应速率虽然较慢，但在加入合适的催化剂后能显著加快反应速率，成为一种潜在的可应用于 PET 解聚的方法（图 9-2）。

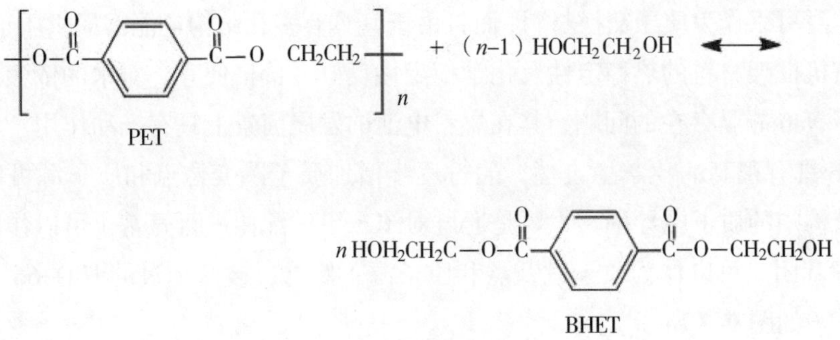

$$\left[-O-\overset{O}{\overset{\|}{C}}-C_6H_4-\overset{O}{\overset{\|}{C}}-O\ \ CH_2CH_2- \right]_n + (n-1)\ HOCH_2CH_2OH \longleftrightarrow$$

PET

$$n\,HOH_2CH_2C-O-\overset{O}{\overset{\|}{C}}-C_6H_4-\overset{O}{\overset{\|}{C}}-O-CH_2CH_2OH$$

BHET

图9–2　PET的解聚反应

【实验说明】

1. 实验过程中，可将废 PET 塑料瓶洗净，剪成 5mm × 5mm 的小片备用。

2. 降解 PET 的转化率由式 9–1 计算。

$$PET\text{转化率} = \frac{W_0 - W_1}{W_0} \times 100\% \qquad (9\text{–}1)$$

式 9–1 中，W_0 为废 PET 片初始重量；W_1 为反应结束后未降解废 PET 片重量。

3. 探究影响 PET 降解的主要因素，从而提高降解的速率和效率。

4. 催化剂的使用会对 PET 的降解产生什么影响?

5. 酸性条件下，PET 的水解产物是什么?

实验9.2　分层改进UiO–66体系的超质子传导性能

【实验目的】

1. 以 UiO–66 为主体结构，采用结构修饰的手段，实现金属有机框架材料质子传导速率的大幅提升。

2. 利用 X 射线衍射仪、红外光谱测试仪以及扫描电镜等仪器设备分析 UiO–66 体系的结构，从而揭示质子传导速率分层改进的机理。

3. 利用电化学测试手段筛选出最优的测试条件，并用于实际应用。

【实验原理】

可再生的绿色新型能源是人们解决能源紧缺和环境污染问题的有效手段。有效的化学存储 (如锂离子电池、超级电容器) 成为未来能源技术发展的必然要求。质子交换膜燃料电池因其能量密度高、环境友好、运行环境温和等特点被认为是一种有潜力的清洁和可再生能源开发设备。质子交换膜 (PEM) 是质子交换膜燃料电池的核心部件，它将燃料与氧化剂分离，并允许质子自由通过膜，这对电池的寿命和性能至关重要。

金属有机框架材料已成功地应用于发展能源储存和转换系统，如燃料电池、锂电池、超级电容器、太阳能电池。它们可以为反应、界面运输和扩散路径提供大比表面积。金属框架材料本身可以作为质子交换材料，而且由于其具有多孔结构还能够提供质子传导通道。并且金属有机框架材料的热稳定性及化学稳定性良好，价格便宜，对水的依赖性小，这些特性解决了 Nafion 膜存在的问题，其在燃料电池的发展前景上具有推动作用。

UiO–66 具有很高的化学稳定性，通过逐步增加质子跳变位点和质子源可以提高金属有机框架结构中的质子电导率，主要是通过对苯二甲酸配体进行氨基（可以作为质子跳跃点）和磺酸基团（可以作为质子跳跃点和质子源）修饰，被修饰过的 UiO–66 具有较高的质子电导率（如图 9–3 所示）。

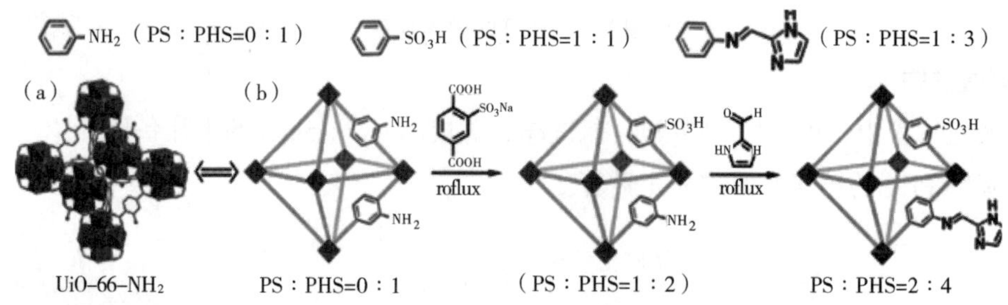

图9–3　UiO–66–NH_2材料在质子传导方面的应用示例

【实验内容】

1. UiO–66 系列化合物的制备采用 2– 氨基对苯二甲酸（BDC–NH_2）和 2– 磺酸钠对苯二甲酸（BDC–SO_3Na）为有机配体。

2. 利用溶剂交换的原理，去除 UiO–66 系列化合物孔道中的溶剂分子，以获得开放孔道结构。

3. 电化学测试得到的阻抗谱数据，是一系列频率的正弦波讯号产生的阻抗频谱分析。具体而言，当电极系统受到一个正弦波形电压（电流）的交流讯号的扰动时，会产生一个相应的电流（电压）响应讯号，由这些讯号可以得到电极的阻抗。

利用下面的式 9–2 求出材料的电导率。

$$\sigma=\frac{L}{AR} \tag{9–2}$$

式 9–2 中，R 为阻抗值；L 为试样的有效厚度，单位 cm；A 为试样的有效截面积，单位 cm^2。

4. 质子传导数据记录

将质子传导数据记录至下表中。

湿度(RH，%)	温度 (℃)				
	20	30	40	50	60
58					
76					
98					

实验9.3　水热法制备二氧化钛及其光催化性能研究

【实验目标】

1. 以二氧化钛为研究对象，深入理解水热法制备的原理和使用范围；

2. 从二氧化钛的晶体类型和结构出发，探究其光催化的机理；

3. 学会分析氧化物的 XRD 和 TEM 数据。

【实验方法提示】

水热法制备粉末样品，前驱体通常采用液体凝胶或是固体粉末。二氧化钛的水热法步骤如图 9-4 所示。

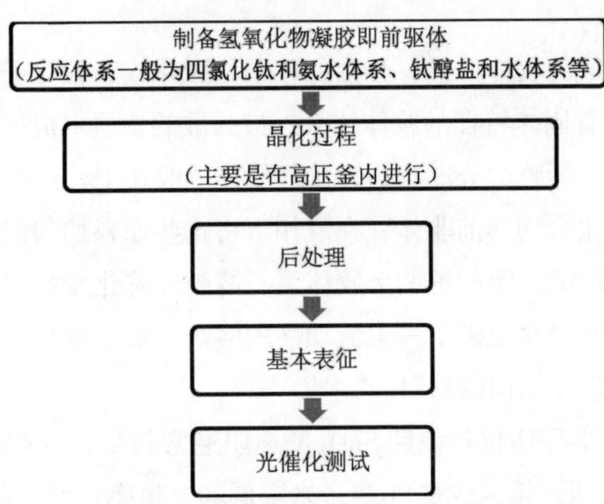

图9-4　水热法制备二氧化钛的步骤示意图

水热法可以直接制备出结晶良好且纯度较高的二氧化钛晶体，有效避免产物因高温煅烧而产生硬团聚现象，可以有效地控制晶粒尺寸，增加比表面积。

【实验说明】

1. 钛源的醇溶液要缓慢地滴入醇水混合溶液中，以此控制反应滴加的速度。

2. 反应体系的 pH 对产品的质量有重要的影响，可以用氨水或是盐酸调节溶液的 pH 值。

3. 水热反应的容器是聚四氟乙烯的高压反应釜，填充度不要超过 80%，防止填充过多发生爆炸危险。

4. 二氧化钛的光催化性能测试可采用染料分子作为测试底物，进而评估二氧化钛的催化性能。

5. 可用多个光催化参数，多方面评价二氧化钛的光催化效果。

实验9.4 SnO_2–Sb/碳纳米管复合电极的制备及电降解低浓度头孢他啶

【实验目标】

1. 以 SnO_2–Sb/碳纳米管复合电极为研究对象，深入理解溶胶凝胶法制备的原理和使用范围；

2. 从 SnO_2–Sb/碳纳米管复合材料的结构特征出发，探究其电催化降解头孢他啶的机理，并探究 SnO_2–Sb 所起的作用；

3. 学会分析荧光光谱数据。

【实验原理】

溶胶是具有液体特征的胶体体系，分散的粒子是固体或者大分子，分散的粒子大小在 1 ~ 1000 nm。凝胶是具有固体特征的胶体体系，被分散的物质形成连续的网状骨架，骨架空隙中充有液体或气体，凝胶中分散相的含量很低，一般在 1% ~ 3%。溶胶—凝胶法就是用含高化学活性组分的化合物作前驱体，在液相下将这些原料均匀混合，并进行水解、缩合化学反应，在溶液中形成稳定的透明溶胶体系，溶胶经陈化胶粒间缓慢聚合，形成三维网络结构的凝胶，凝胶网络间充满了失去流动性的溶剂，形成凝胶。凝胶经过干燥、烧结固化制备出分子乃至纳米亚结构的材料。

SnO_2 是 n 型宽禁带半导体材料，纯 SnO_2 的电阻通常较高，其载流子浓度由氧空位决定，并且较难控制。一般通过掺入少量Sb离子来降低其电阻率并保持良好的可见光透过率。掺杂 SnO_2 薄膜同时具有良好的光透过性和导电性能极高的化学稳定性，被广泛应用于透明电极等领域中。近年来，SnO_2–Sb 与碳纳米管复合结构受到人们的关注。在制备电极时，先将碳纳米管进行预热，然后磨成粉末待用。将 $SnCl_2 \cdot 2H_2O$ 与 $SbCl_3$ 掺杂到碳纳米管中，继续煅烧，制成复合电极，再进行热压法制成稳定的片状电极。

【实验步骤】

1. 锡锑溶胶前驱体的制备是将 $SnCl_2 \cdot H_2O$ 与 $SbCl_3$ 加入乙醇中陈化获得的，陈化时间要大于 24h。

2. 对碳纳米管进行功能化处理能够增加其与锡锑溶胶前驱体的相互作用。

3. 通过超声处理以增加碳纳米管与锡锑溶胶前驱体分散性。

4. 采用热压法制备复合电极。在制备的过程中，加入聚四氟乙烯溶剂，增加复合材料与电极板的黏固性。

5. SnO_2–Sb/碳纳米管复合材料电化学氧化降解头孢类抗生素的过程中，需要关注降解时间、降解温度、电解液 pH 值以及复合电极材料的使用量等参数。

6. 使用荧光光谱分光光度计测定头孢他啶浓度，机器测定参数为狭缝宽度 5 nm，激发波长 315 nm，测试范围 350 ~ 550 nm。

7. 利用降解的热力学和动力学研究 SnO_2–Sb/ 碳纳米管复合电极电催化降解头孢他啶的机理。

实验9.5　多层双金属碳氮复合材料的光降解性测试

【实验目标】

1. 利用软硬双模板制备双金属气凝胶，再通过热处理手段得到具有多层 CN 结构的双活性中心复合材料；

2. 利用 XRD、SEM 和 FT–IR 进行材料形貌、特征基团进行表征及分析；

3. 利用紫外—可见光谱仪，分析不同光强度条件下多层双金属碳氮复合材料的染料降解程度。

【实验原理】

当今世界持续关注环境健康问题，其中有色染料对于水体的污染也得到了较大关注。因此，开发高效、低廉、原料易得的可降解有机染料的材料变得越来越急切。多层的碳氮双金属复合材料具有较高的比表面积以及优良的活性位点，在有机物降解方面具有较大的应用潜力。

一般来说，多孔的电催化剂具有较大的比表面积，能够改善活性位点在光降解有机染料的作用。因此，多孔和中空结构的催化剂被人们寄予厚望。制备具有均一孔的分层多孔结构对降低扩散限制至关重要。二氧化硅作为模板被广泛应用于合成中空铂纳米球、15 个多孔碳泡沫以及 16 个 Au@SnO_2 核壳结构。二氧化硅纳米颗粒很容易获得并从产品中去除，可用于建立多尺度多孔结构，改善其比表面积和电容。此外，低熔点的金属锌可以有效改善表面热解过程中锌的蒸发，对催化剂的催化性能产生了重要的影响。就目前而言，使用二氧化硅以及 Fe 和 Ni 为模板合成多孔多层双金属碳氮复合材料，并使用金属锌来提高材料的催化性能的报道很少。

【实验步骤】

1. 以壳聚糖为碳源和氮源，以二氧化硅为硬模板，在水中缓慢聚合并加入 Zn^{2+}，干燥后得到固体气凝胶。

2. 在惰性气体（氮气或氩气）氛围保护下对气凝胶进行热处理得到具有多层结构的碳氮化合物。

3. 利用氢氟酸对 SiO_2 模板进行去除。

4. 调变光照时间等试验参数，测试多层双金属碳氮复合材料降解的有机染料的情况，并记录材料的降解条件。

实验9.6 铁酸盐的制备及双酚A检测

【实验目标】

1. 了解双酚 A 对于环境以及人体的危害；

2. 掌握尖晶铁氧酸盐的制备方法以及其基本结构形式；

3. 利用循环伏安法、差分脉冲伏安法、安培法等电化学手段对双酚 A 进行检测，确定其在实际样品中的浓度。

【实验方法提示】

双酚 A 是一种增塑剂和抗氧化剂，广泛存在于一些塑料制品中。在双酚 A 使用中包含了一些扩散和溶解过程，从而进入到生物链中，包括水体和食物循环过程。双酚 A 会通过这些人类基本的生存须要，进入人体中，进而引起人体内分泌紊乱，甚至会导致一些身体功能缺陷。虽然国家对于双酚 A 的使用已经有了明确的限制，但是对于其快速、便捷、准确的检测依旧是一种急切的需求（如图 9–5 所示）。

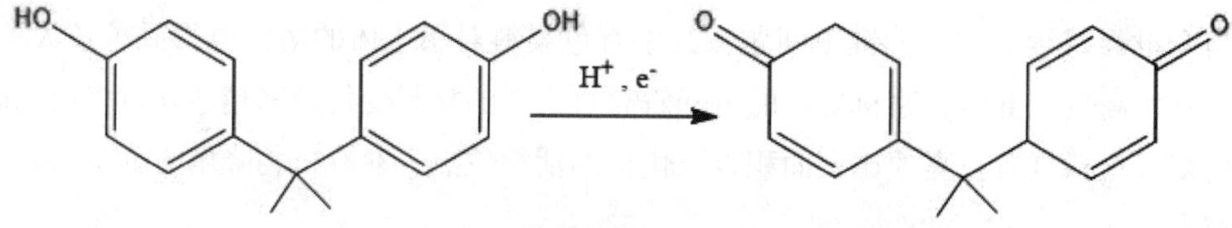

图9–5 双酚A的氧化还原反应

铁氧酸类的尖晶矿具有抗湿性、高反应活性、环境友好性和较高的比表面积，这为底物的氧化还原检测提供了较为有利的反应条件，为双酚 A 的检测提供了很好的应用前景。此外，较高的比表面积将会提供更多的吸附双酚 A 的位置，同时也提供给更多的双酚 A 反应结合位点，更加有利于检测信号的放大。由于这种铁酸盐材料具有两种金属离子，这为氧化还原反应提供了变价的位点（如图 9–6 所示）。

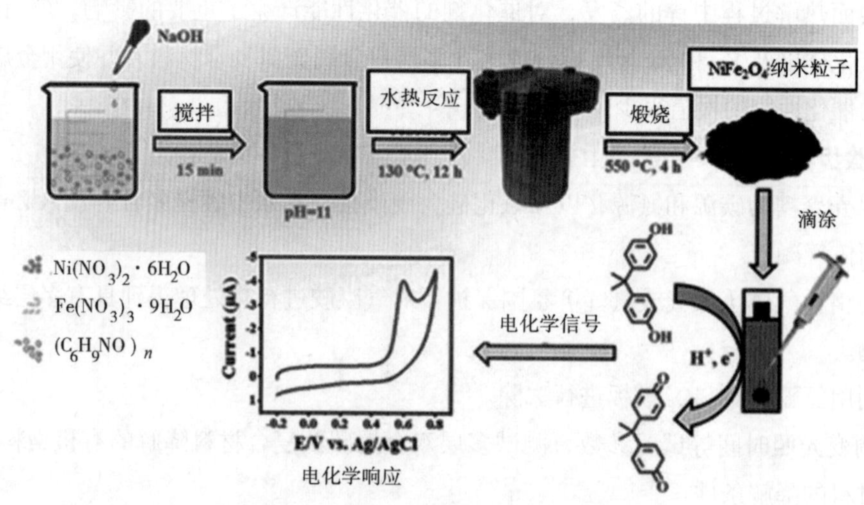

图9–6 铁酸盐的制备及双酚A检测流程简图

【实验说明】

1. 将摩尔比为 1 : 2 的 Ni 和 Fe 硝酸盐溶液作为模板进行铁酸盐的水热合成。

2. 将上述产物进行热处理，即可得到铁酸盐的纳米球。

3. 对铁酸盐进行电镜扫描、X 射线衍射的表征。

4. 探究铁酸盐的双酚 A 电化学检测性能，检测方法为循环伏安、差分脉冲伏安法等。

实验9.7　二氧化钛–氧化石墨烯的户外空气污染物光降解性能

【实验目标】

1. 了解空气中主要的污染物以及对环境和人体的危害；

2. 掌握氧化石墨烯的制备过程以及相应的 2D 纳米材料性能以及作用；

3. 利用二氧化钛 – 氧化石墨烯材料的光催化反应对空气污染物进行净化。

【实验方法提示】

现在，空气污染物对人体健康的危害排名已上升至第五位。空气污染物主要分为自然污染物以及人造的污染物。其中，人类活动造成的污染物主要为微型固体颗粒 (PM)、氮氧化物 (Ox) 以及挥发性有机化合物 (VOCs) 和臭氧。微型固体颗粒是一些固体颗粒以及液体飞沫的混合物。粒径一般小于 10 μm 的固体颗粒，简称为 PM10，及小于 2.5 μm 的固体颗粒，简称为 PM2.5。氮氧化物主要来源于人类活动过程中的一些氧化还原反应，包括矿物燃烧、燃料燃烧和汽车尾气等。值得一提的是氮氧化物对人体能够产生很大的伤害，甚至可能致癌。氮氧化物与挥发性有机物之间发生光化学反应，混合后的物质也被称为化学烟雾，这种环境污染对于人体同样具有较为严重的影响。化学烟雾的主要污染物包括异丙醇以及芳香烃等，能够降低环境中这些污染浓度的方法变得尤为急切。

利用光催化材料降低挥发性有机物以及氮氧化物对环境的污染得到了广泛的关注。光催化反应的驱动能源为光，因此净化环境的成本将会大幅度降低，同时也能明显降低室内外的挥发性有机物以及氮氧化物的含量。二氧化钛 – 氧化石墨烯材料的制备过程相对比较简单，原料易得，反应条件也比较宽松，有大范围使用的可能性。

【实验说明】

1. 氧化石墨烯的制备过程须要加入高锰酸钾、浓硫酸等强氧化剂。

2. 二氧化钛的制备参考实验 6.5 的方法。

3. 探究二氧化钛 – 氧化石墨烯的空气污染物光降解性能，光源为太阳光。

实验9.8 金属有机框架材料的分层功能化

【实验目标】

1. 了解金属有机框架材料的基本结构；

2. 了解金属有机框架材料的结构特点以及其材料性能和优势；

3. 利用扫描电镜、红外光谱和氮气吸附对修饰后的材料进行表征，了解其结构变化。

【实验方法提示】

金属有机框架材料已经获得了很多高水平的科研成果，但在应用过程中依旧有一些限制。金属有机框架材料本身具有的高结晶性使其表现出较好的各相异性，但结构中较大的比表面积也导致在调节或修饰结构时出现了一些难以跨越的限制，所以突破这种限制也将会是一种急切的需求。克服上述限制的方法将有利于金属有机框架材料的工业化进程。

目前的原位金属有机框架材料的生长方法往往是将其直接连接到载体上，可以方便地控制材料的负载、尺寸、组成及空间分布，克服分层次宏观生物材料的制备瓶颈。这就为金属有机框架材料进一步应用于生物或者其他方向提供了较为有效的指导。

利用冻干凝胶的方式可制得蛛网结构的金属有机框架材料，在保留框架结构基本特点的同时也优化了可功能化的要求，从而获得具有结构可控的基底材料（如图 9–7 所示）。

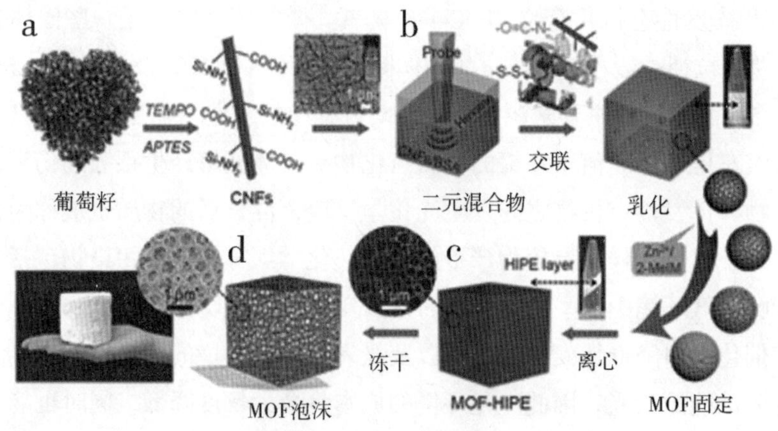

图9–7 实验流程简图

【实验说明】

1. 利用不同的金属有机框架材料为基底，制备具有不同基团修饰的金属有机框架材料。

2. 利用冻干的方式合成凝胶，最终获得具有分层结构的生物材料。

3. 利用扫描电镜观察功能化金属有机框架材料的形貌变化，调节实验条件以获得理想的蛛网结构。

实验9.9　快速检测芬太尼的多层碳片电化学传感器

【实验目标】

1. 将多层碳片材料与有机物结合，形成具有多孔结构的材料；

2. 利用凝胶的制备方法把含有多层碳片的混合有机溶液制备成凝胶；

3. 利用电化学工作站对芬太尼进行检测，检测的主要方法为循环伏安法和差式脉冲伏安法。

【实验方法提示】

可穿戴的电化学传感器对现在的健康事业是一个革命性的变化，这些可穿戴的电化学传感器可以运用到日常生活中，帮助人们更快地了解到一些基本的信息。将这些电化学传感器与现实生活结合到一起会给予我们更多的便利，而将其用于一些必要的药品或者毒品检测也受到了更多的关注。

芬太尼作为一种镇定剂，被归属到第Ⅱ类管控的易制毒物质。这种物质被广泛用在镇痛以及麻醉剂中，其效果是吗啡的 50 ~ 100 倍、咖啡因的 30 ~ 50 倍。这也导致芬太尼逐渐成为一些非法物质的替代品，而渐渐被国家禁止出售。快速地检测出芬太尼的含量将会帮助人们迅速判断出相关产品其是否符合国家相关标准，有助于此类毒品的控制，同时也可以有效控制麻醉类物质的滥用。

多层碳片材料具有较高的比表面积以及较好的导电性，因此吸引了越来越多的关注。同时负载修饰多层碳片材料的研究也越来越多，获得了科研工作者的大量关注。多层碳片材料与多种材料都有较为优异的结合能力，为其作为可穿戴的电化学传感器提供了最为基本的条件。

【实验说明】

1. 将多层碳片放入乙醇中进行超声分散后，加入离子液体与聚乙烯亚胺形成复合材料。

2. 利用上述复合材料在水中形成溶胶，干燥后制备出干凝胶。

实验9.10　酸调节剂对二维Zr-MOF纳米材料形貌的影响

【实验目标】

1. 以二维 Zr-MOF 纳米材料为主体，加入不同酸作为调节剂，获得厚度可控的 Zr-MOF 纳米片。

2. 探究不同酸对材料形貌的调节过程和相关机理。

3. 通过 X 射线衍射仪、扫描电镜以及氮气吸附仪等设备分析不同酸调节剂对形貌的影响。

【实验方法提示】

二维金属有机框架（MOFs）纳米薄片作为一种新型的二维材料，由于其超薄的厚度、可功能化表面和优异的电子或光子特性，使其在催化、储能、样品制备、荧光传感和酶抑制等方面具有潜力，正引起大家的关注。大多数已报道的二维 MOFs 纳米片的制备是基于具有二维层状结构的大块 MOFs，采用“自上而下”的剥离（如超声和球磨）方法。然而，最终的产物往往是厚度和横向尺寸分布广泛的纳米片混合物，并且由于克服层间相互作用须要强大的机械力和严格的溶剂。在这种情况下，另一种“自下而上”的策略可能是更有前途，因为此法能直接形成具有完整形貌和可控厚度的二维 MOFs 纳米片，适合进一步应用于二维多孔纳米片的制备。在金属有机框架纳米材料合成的过程中，使用单羧酸等调节试剂时，末端羧酸与金属簇的结合位点进行配位。末端羧酸配体上的取代基能够影响层间的相互作用，通过调节剂中来改变层间的相互作用，并调节金属有机框架粒子的厚度（如图 9–8 所示）。

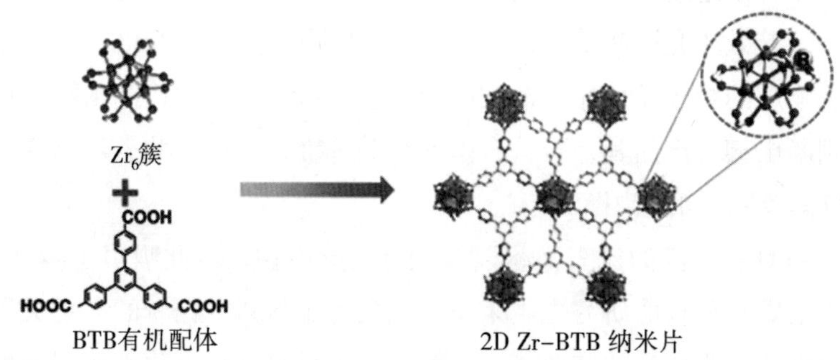

图9–8　苯-1, 3, 5-三苯甲酸与金属锆结合成二维金属有机框架结构

【实验说明】

1. 以苯 -1, 3, 5- 三苯甲酸 (BTB) 为配体，不同酸为调节剂，在无表面活性剂的条件下，采用自下而上的方法制备 Zr–BTB 纳米片。

2. 对 Zr–BTB 纳米片材料进行 X 射线衍射、扫描电镜以及氮气吸附 / 脱吸等分析检测。分析不同酸的加入对晶粒大小、形状、表面积、结晶度和层厚的影响。

实验9.11　介孔四氧化三钴纳米材料的模拟酶催化活性

【实验目标】

1. 制备具有模拟酶催化活性的介孔四氧化三钴纳米材料；

2. 探究介孔四氧化三钴的模拟酶活性及影响因素，从而得到最优的比色反应条件；

3. 将四氧化三钴用于检测葡萄糖，实现在更低浓度范围下有良好的线性响应。

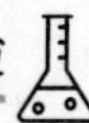

【实验方法提示】

天然酶具有基质特异性高，且在相对温和的条件下具有较高的效率，已经在化工、食品加工、医药、农业等领域得到了一定的研究和应用。然而，传统的天然酶存在一些固有的缺陷，如难于制备和提纯、稳定性差、催化活性易受环境影响、价格昂贵等，从而限制了更广泛的应用。因此，构建有效的酶模拟物具有十分重要的意义。

近年来，纳米酶由于其特殊的尺寸和结构、稳定的催化活性、易于制备、方便储存、价格低廉等优点受到了越来越多研究者的关注。对于诸如 pH、温度等外部环境因素对无机纳米酶活性的影响已有很多研究。对影响活性的内在因素方面，研究者也正在逐渐开始由最初的纳米材料模拟酶粒径、表面形貌这些可以借助仪器直接观察到的因素，向表面电荷控制、表面修饰等方面深入，以期获得具有更佳活性的模拟酶纳米材料。

目前，纳米模拟酶活性及应用的评价主要采用光谱分析的方法，包括紫外—可见光分析的比色法、化学发光分析法和荧光分析法。基于显色法的方便对比性，紫外—可见光分析的比色法是目前最广泛用于评价无机纳米材料模拟酶催化活性的分析方法（如图 9–9 所示）。

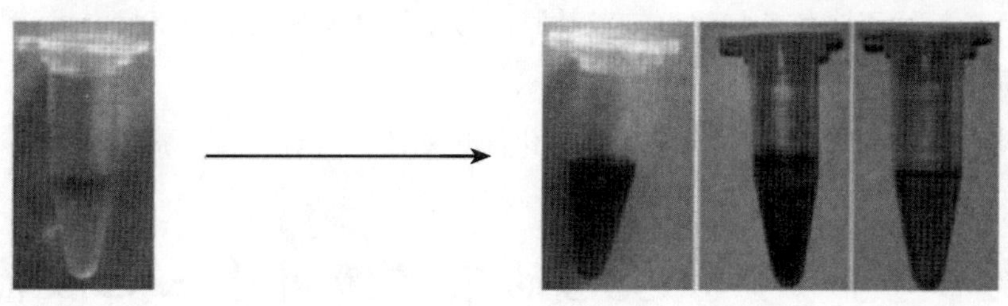

图9–9　紫外—可见光分析的比色法示意图

【实验说明】

1. 使用一种简便的非模板法制备功能型介孔四氧化三钴材料，运用基本分析手段表征其结构。

2. 探究介孔四氧化三钴模拟酶特性，调节显色反应影响因素，进行稳态动力学研究。

3. 进行实际葡萄糖检测，探究在一定浓度范围下的线性响应。

实验9.12　Ni/ZrO_2催化CO甲烷化的性能探究

【实验目标】

1. 制备不同晶型的二氧化锆载体，进一步合成 Ni/ZrO_2 催化剂，以提高 CO 甲烷化的性能；

2. 通过 X 射线衍射仪、扫描电镜以及原位漫反射红外光谱等设备分析不同晶型的二氧化锆，从而揭示不同晶型的表面特性；

3. 通过比较各催化剂的 CO 转化率，得到 CO 甲烷化的最优 ZrO_2 晶型。

【实验方法提示】

CO 甲烷化是 C1 化学的基本反应，在许多重要的化工过程如合成氨、费—托合成、石油化工中制氢及燃料电池中 H_2 纯化等均涉及 CO 甲烷化反应。近年来随着城市工业和民用燃气需求的快速增长以及节能和环境保护的需求，利用焦炉煤气甲烷化以及劣质煤经气化、甲烷化合成代用天然气的研究受到高度关注，成为煤化工发展的重要方向。

作为负载型催化剂的重要组成部分，载体的表面性质和结构特征对催化剂的催化性能、热稳定性以及使用寿命都有重要影响。已有学者系统研究了不同载体负载 Ni 催化剂的 CO 甲烷化活性，研究表明，以二氧化锆为载体的催化剂的 CO 甲烷化活性远远高于 MgO、Al_2O_3、SiO_2 以及 TiO_2 负载的催化剂。结晶态二氧化锆可分为四方相 (t)、单斜相 (m) 和立方相 (c)，随晶型结构不同，二氧化锆表面性质存在较大差异，可对其负载金属催化剂的加氢性能产生重要影响。

【实验说明】

1. 制备四方相二氧化锆和单斜相二氧化锆，然后再分别以其为载体制备 Ni/ZrO_2 催化剂。

2. 利用 X 射线衍射仪、扫描电镜以及原位漫反射红外光谱对所得材料进行表征，分析其表面性质和晶型结构。

3. 以 Ni/ZrO_2 为催化剂，进行 CO 甲烷化催化实验，并评价催化剂的活性。

实验9.13　多孔CuO纳米材料用于三乙胺检测

【实验目标】

1. 控制温度制备不同形貌的 CuO 纳米材料；

2. 通过 X 射线衍射仪、扫描电镜以及氮气吸附和解吸等设备对 CuO 纳米材料进行表征，以揭示多孔不同形貌 CuO 纳米材料的晶体结构和表面性质对灵敏度的影响；

3. 将不同形貌 CuO 纳米材料进行三乙胺检测，以提高气敏检测灵敏度。

【实验方法提示】

近年来，金属有机框架作为重要的前躯体被广泛应用于制备多种不同类型的多孔碳 / 金属 / 金属氧化物纳米结构。通过此法获得的材料具有不同的成分、形态和结构，被广泛用于锂离子电池、气体传感器、太阳能电池、制氢、超级电容器、超级吸附剂等方面。

HKUST–1 由于高表面积和不饱和铜位，显示了良好的工业应用潜力，同时可以对其进行修改，以增强特定用途下的性能。CuO 是一种 p 型半导体材料 (带隙 1.2eV)，在磁存储介质、太阳能电池、催化剂、气体传感器和超级电容器等领域具有广泛的应用前景。一般来说，金属氧化物的微观结构和形貌是影响其气敏选择性、灵敏度和工作温度的关键因素。

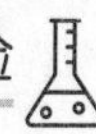

三乙胺不仅是工业有机合成的重要原料，而且广泛用作防腐剂、催化剂、合成染料和能源燃料。除此之外，在死鱼和海洋生物的变质过程中，三乙胺还可以通过微生物降解三乙胺 *N*– 氧化物而产生。此外，长期以来，人们还知道三乙胺会刺激眼睛和皮肤，从而导致肺水肿等急性疾病，甚至死亡。由于其对人体的潜在危害，由国家职业安全与健康研究所确定的三乙胺的浓度阈限为 10 ppm。

【实验说明】

1. 以 HKUST–1 为本体，采用温度控制合成方法制备不同形貌的 CuO 纳米材料。

2. 对所得材料进行表征，分析其形貌、表面性质。

3. 电阻型气敏传感器将半导体敏感材料与检测气体接触时发生的电阻值变化作为气体识别和浓度检测的依据。评估气敏传感器性能主要有几个指标：敏感度、响应 / 恢复时间、选择性及稳定性，敏感度为气敏传感器在空气中的基础阻值与在待测气体中的阻值之比。

$$S=R_a/R_g \tag{9–3}$$

式 9–3 中，R_a 为在空气中的基础阻值，R_g 为在待测气体中的阻值。响应时间为敏感材料与被测气体接触至阻值变化完成 90% 的时间，恢复时间为敏感材料重新与空气接触至阻值恢复至 90% 的时间。

实验9.14　TiO_2纳米粒子修饰的CuO用于检测微量三乙胺

【实验目标】

1. 将 TiO_2 修饰到 CuO 纳米载体上，形成 TiO_2–CuO 复合材料，获得高气敏敏感度的材料。

2. 通过 X 射线衍射仪、扫描电镜以及 X 射线光电子能谱等设备对纳米材料进行表征，分析 p–n 异质结对气敏性能的影响。

3. 将纳米材料进行气敏检测，以实现对微量三乙胺的高效检测。

【实验方法提示】

用于挥发性有机化合物 (VOCs) 检测的化学电阻传感器具有高的选择性和较低的工作温度，是一种新型功能化学传感平台。氧化铜作为一种重要的 p 型半导体，已成为探测各种还原和氧化气体的潜在气体传感器。然而，由于 p 型半导体固有缺陷的限制，通常表现出相当低的传感响应。合理的结构设计和表面工程是提高气体传感能力的有效途径。通过改变纳米材料的电学、结构和化学特性，用高分散度和小尺寸的 n 型纳米颗粒修饰也能有效地提高氧化物的传感能力。

二氧化钛作为一种重要的气体传感材料，以其高的热化学稳定性和灵敏度引起了研究者的广泛关注。最重要的是，通过控制合成条件，可以很容易地调节二氧化钛的微观结构和粒度大小。此外，二氧化钛中的 Ti^{3+} 也带来了更多的氧空位 (OV) 缺陷，这将提供更多的自由电子来吸附更多的氧和目标气体分子。

三乙胺 (TEA) 作为一种重要的有机胺，在工业领域被广泛用作聚合反应、溶剂和缓蚀剂。然而，三乙胺具有爆炸性和毒性，也会对人体造成严重的损害，如呼吸刺激、呕吐、头痛甚至死亡。此外，根据国家职业安全和健康研究所 (NIOSH) 的数据，工作场所的室内三乙胺的浓度上限仅为 10 mg/kg。因此，准确检测三乙胺的浓度，特别是痕量浓度的三乙胺下，仍然是迫切需要的技术。

【实验说明】

1. 合成氧化铜纳米片主体材料，再对其进行二氧化钛纳米粒子的修饰，成功得到双金属氧化物的纳米复合材料。

2. 运用多种仪器设备对纳米材料进行表征，探究 p 型半导体与 n 型半导体相结合对气敏性能提高的机理。

3. 将材料用于微量三乙胺的气敏检测，通过敏感度、响应 / 恢复时间等指标探究纳米复合材料能否实现对低浓度三乙胺的良好检测。

实验9.15 普鲁士蓝模板法合成空心氧化铁用于气体检测

【实验目标】

1. 以氧化铁为主体材料，采用普鲁士蓝为牺牲模板，实现材料对气体传感信号的增强；

2. 利用 X 射线衍射仪、N_2 吸脱附以及红外光谱测试仪等设备分析普鲁士蓝、氧化铁体系的结构，从而揭示其传感性能提升的机理；

3. 利用气敏传感测试，选择其测试的有机气体及其测试的最优条件。

【实验方法提示】

挥发性有机化合物 (VOCs) 在工业上被广泛用作溶剂。但当浓度超过临界阈值时，挥发性有机化合物会对环境和人体的健康产生危害。因此，开发有效的气敏检测材料迫在眉睫。作为一种环保型的 n 型半导体，氧化铁纳米粒子被广泛应用于光学设备、催化剂、锂离子电池气体传感材料等领域。

通过普鲁士蓝模板法合成空心的氧化铁。氧化铁的表面能够形成可允许气体进入的通道，而在材料的内部形成了空心结构，这增加了气体与材料接触的面积，从而氧化铁提高对有机气体的信号响应（如图 9–10 所示）。

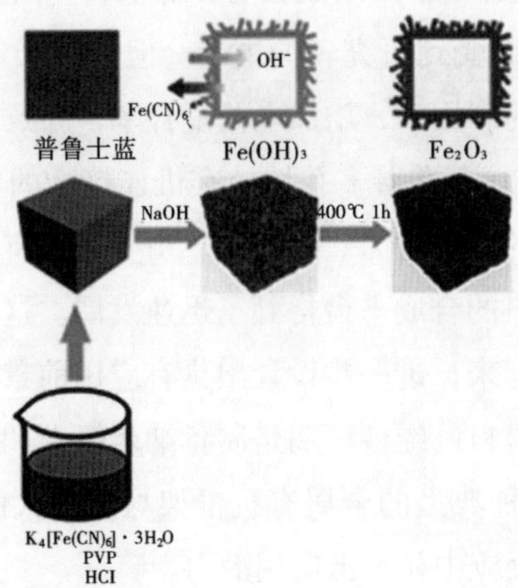

图9-10　普鲁士蓝模板法合成空心氧化铁实验流程简图

【实验说明】

1. 普鲁士蓝化合物的制备采用聚乙烯吡咯烷酮，六氰合铁（Ⅱ）酸钾和盐酸溶液。

2. 普鲁士蓝中加入氢氧化钠，控制退火温度以得到空心的氧化铁结构。

3. 通过气敏测试得到一系列气体的响应数据。具体而言，当材料置于空气中时会产生一个稳定的电阻值，当有机气体与材料接触会发生一系列化学反应，期间产生或消耗材料中电子，因此材料的电阻的阻值也会发生变化。将材料与有机气体接触前后的阻值之比就是材料的气体传感响应值。

实验9.16　C-ZnO/Cu复合材料的制备及光催化析氢性能研究

【实验目标】

1. 以 MOF-5 为前驱体，惰性氛围煅烧得到 C 掺杂的 ZnO (C-ZnO)。通过还原法将 Cu 修饰到 C@ZnO 复合结构 (C-ZnO/Cu) 中，以增强其可见光驱动的光催化析氢性能；

2. 利用 X 射线衍射仪、红外光谱测试仪以及扫描电镜等设备分别分析 MOF-5 前驱体、C-ZnO 和 C-ZnO/Cu 的结构，从而揭示增强可见光驱动的光催化析氢性的机理；

3. 通过光解制氢测试，调变煅烧温度、材料的掺杂比及光催化制氢的时间，筛选出最优的材料和最佳测试条件。

【实验方法提示】

由于氢气具有无污染和可持续性，其被认为是未来最重要的清洁燃料之一。而水的光解制氢是一种无污染的工艺，受到了广泛关注。目前，许多半导体光催化剂（如 TiO_2、

ZnO、Bi_2WO_6、BiOBr) 已被报道用于太阳光驱动分解制氢。在这些半导体中，ZnO 以环保、优异的稳定性和低廉的成本而受到研究者的推崇。但是对于单纯的 ZnO 来说，较大的尺寸和宽频带隙会降低可见光的利用率，增加电荷复合率，导致光催化性能较差。

金属有机框架材料 (MOFs) 存在着多孔性、有机连接物的可调性和金属活性中心等优势，在许多领域显示出巨大的应用潜力。近年来，由于金属有机框架材料在组成和结构上的多样性，将其作为复合材料的合成平台得到了迅速发展。这些不同的特性可以将金属有机框架材料与多种元素结合起来，进一步设计出具有应用前景的材料。利用分子水平的长程有序特性，金属有机框架材料已经被证明是制备纳米级碳和碳修饰金属氧化物量子点的前驱体或模板。MOF–5 是一种典型的金属有机框架材料，大的孔径、高的表面积和较高的热稳定性使其在催化有机反应中显示出应用潜力。

以 MOF–5 为前驱体得到 C 掺杂的 ZnO。过还原法将得到的掺杂 C 的 ZnO 通修饰上 Cu_2O_2。由于 C 掺杂以及 Cu 催化剂负载的协同作用，制备的 C–ZnO/Cu 光催化剂在可见光照射下表现出了优异的可见光响应，提高了电荷分离效率，具有优异的 H_2 产率。

【实验说明】

1. 将六水合硝酸锌和对苯二甲酸溶于乙二醇中，加入 *N*, *N*– 二甲基甲酰胺为溶剂，室温搅拌 1h。将混合物转移到 150 ℃的水热反应器中，反应 6h 后，对产物进行漂洗和过滤，最终得到 MOF–5。

2. 将 MOF–5 煅烧后掺入不同浓度的醋酸铜，再进行光分解得到 C–ZnO/Cu 的结构（如图 9–11 所示）。

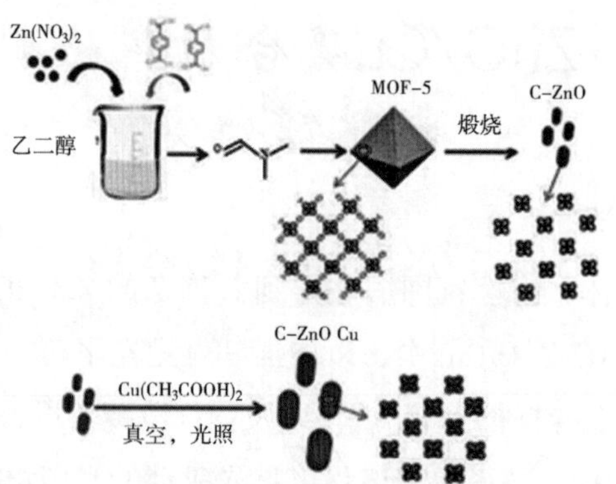

图9–11　C–ZnO/Cu复合材料的制备流程示意图

3. 利用光解制氢手段得到不同条件下的产氢量，用光催化制氢效率评价制备样品的光催化性能。具体而言，材料在可见光照射下电子—空穴分离，价带上的电子迁移到导带上，导致水分解生成氢气（如图 9–12 所示）。

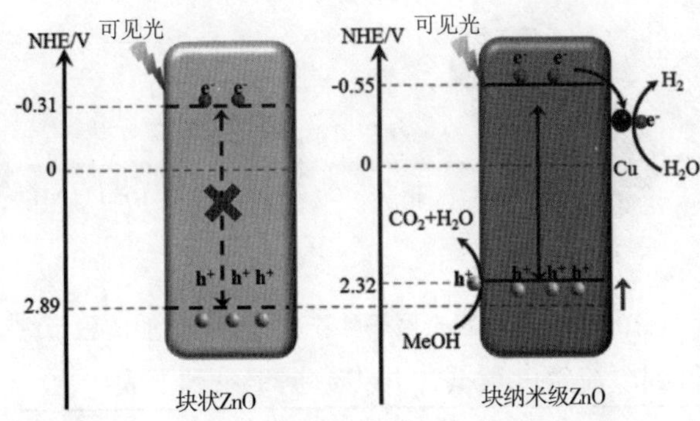

图9–12　C–ZnO/Cu复合材料的光解制氢示意图

实验9.17　非金属杂原子掺杂碳材料的 CO_2 电催化性能研究

【实验目标】

1. 以 ZIF–8 衍生碳材料为主体结构，采用非金属杂原子掺杂的手段，实现复合材料对 CO_2 电催化能力的大幅提升；

2. 利用 X 射线衍射仪、X 射线能谱仪以及透射电镜等设备分析 N、P 共掺杂碳材料体系的结构，从而揭示 CO_2 电催化能力改进的机理；

3. 利用电化学测试手段，调变掺杂非金属，筛选出最优掺杂的测试条件。

【实验方法提示】

二氧化碳还原是将大气中的二氧化碳转化为有价值的化学燃料或工业原料，是一种很有前景的替代自然碳循环的方法。电化学二氧化碳还原过程的主要挑战在于开发同时具有高活性、高选择性和高稳定性的高效电催化剂，而且最好是原料廉价易得。在众多的候选材料中，非金属碳质材料具有相对低廉的成本，是最具吸引力的高效电催化剂。尽管纯的碳材料通常在电化学上是惰性的，但杂原子掺杂可以显著改变其局部电子构型或引起结构缺陷，从而提高电催化活性。在过去的十年中，杂原子（如 N、B、P 和 S）掺杂的碳材料被广泛用于重要的电化学反应，包括析氢反应 (HER)，氧还原反应 (ORR) 和析氧反应 (OER)。

通过对植酸功能化 ZIF–8 进行高温 NH_3 氛围退火，制备高表面积 N, P 共掺杂的介孔碳，提升 CO_2 还原反应性能。

【实验说明】

1. 采用硝酸锌和 2– 甲基咪唑反应合成 ZIF–8。ZIF–8 材料与植酸搅拌后于 NH_3 的氛围下煅烧（见图 9–13）。

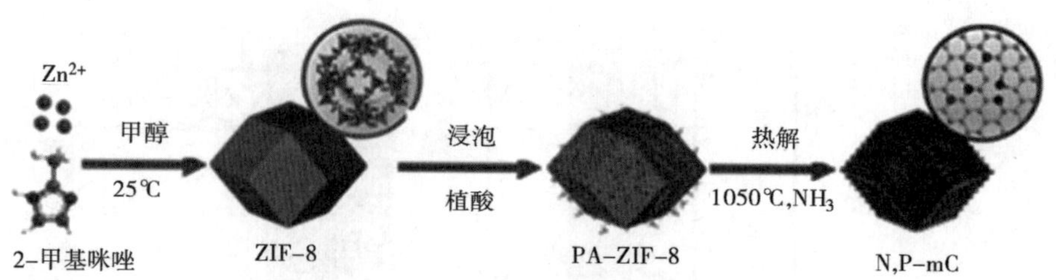

图9-13　非金属杂原子掺杂碳材料的实验流程示意图

2. 电化学测试得到电流密度数据，并将数据记录到下表中。

掺入元素	C	N–C	P–C	N,P–C
电位				
电流密度				

实验9.18　铜/碳纳米管复合材料的电导率性能研究

【实验目标】

1. 以 Cu/CNTs 为主体结构，采用机械掺杂的手段，获得 CuX/CNTs 材料，实现复合材料电导率大幅提升；

2. 利用 X 射线衍射仪、红外光谱测试仪以及扫描电镜等设备分析 CuX/ 碳纳米管复合材料的结构，从而揭示复合材料电导率增加的机理；

3. 利用电导率测试仪，测试不同金属掺杂后复合材料电导率变化情况，选择最佳掺杂金属元素。

【实验方法提示】

随着电力系统和电子工业的快速发展，对铜及铜基合金提出了高强度和高导电性的要求。碳纳米管 (CNTs) 具有独特的结构特性、高强度和高载流子迁移率，成为一种很有前途的增强材料，可以提高铜及铜基合金的导电性能。然而，由于碳纳米管较差的润湿性，导致与铜之间的界面作用较弱，使得复合材料的性能远远低于理论预期。为了克服这一限制，人们提出了不同的控制方法。其中，通过界面反应原位生成合适的碳化物有望成为获得良好结合 Cu/C 的有效途径。但与此同时，由于 C 与 Cu 不易发生反应，不能直接在 Cu/CNTs 界面生成界面碳化物。因此，促进界面反应的基质合金化被用来解决这一问题。

将机械掺杂和真空热压烧结方法结合起来用于 CuX 与碳纳米管复合 (CuX/CNTs，其中 X 是锆、钼、钛、钨)。着重研究 CuX 与碳纳米管复合材料的界面结构，并在此基础上以未掺杂元素为参照物，探究影响复合材料导电性的因素。

【实验说明】

1. 大块 CuX/CNTs 复合材料由铜粉、CNTs、Zr、Mo、Ti 和 W 的碳化物搅拌后烧结而成（见图 9–14）。

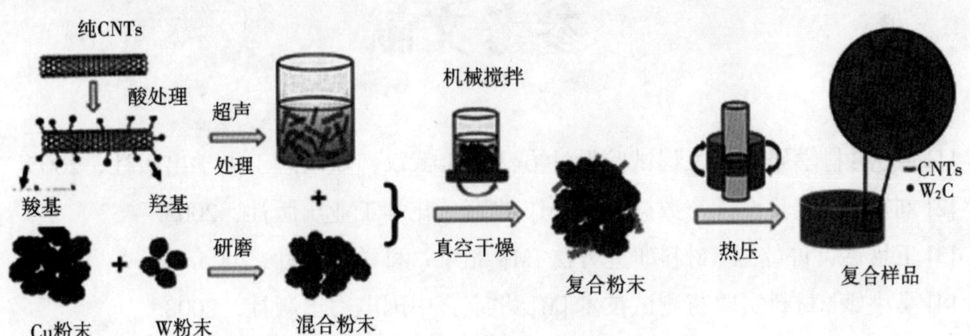

图9–14　实验设计流程图

2. 使用电导率仪测试电导率，探究元素掺杂对 Cu/CNTs 复合材料电导率影响。通过测试掺入金属元素后复合材料的电导率，确定最佳掺入金属种类。

3. 将电导率数据记录至下表中。

样品	Cu/CNTs	CuZr/CNTs	CuMo/CNTs	CuTi/CNTs	CuW/CNTs
电导率					

参考文献

[1] 成岳 . 科学研究与工程试验设计方法 [M]. 武汉：武汉理工大学出版社，2005.

[2] 刘振学 . 实验设计与数据处理 [M]. 北京：化学工业出版社，2005.

[3] 王培铭，许乾慰 . 材料研究方法 [M]. 北京：科学出版社，2005.

[4] 马小娥 . 材料实验与测试技术 [M]. 北京：中国电力出版社，2008.

[5] 朱继平，闫勇 . 无机材料合成与制备 [M]. 安徽：合肥工业大学出版社，2009.

[6] 王学深 . 正交试验设计法 [M]. 上海：上海人民出版社，1975.

[7] 郝拉娣，于化东 . 正交试验设计表的使用分析 [J]. 编辑学报，2005 (5): 334–335.

[8] 董如何，肖必华，方永水 . 正交试验设计的理论分析方法及应用 [J]. 安徽建筑大学学报，2004(6): 103–106.

[9] 胡建军，周冀衡，柴家荣，等 . 多指标正交试验数据的优化分析及应用 [J]. 中国烟草学报，2008(2): 9–14.

[10] 盛骤 . 概率论与数理统计 [M]. 3 版 . 北京：高等教育出版社 , 2001.

[11] 任萃毅 . 浅谈 Origin 5.0 在化学实验数据处理中的应用 [J]. 化学教育，2001, 22(12): 19–23.

[12] 于成龙，郝欣，沈清 . Origin 8.0 应用实例详解 [M]. 北京：化学工业出版社，2010.

[13] 李克华 . 基础化学设计性实验报告改革探讨 [J]. 长江大学学报：自科版，2009.

[14] KRESGE, C. T. LEONOWICZ, M. E. ROTH, W. J. J. VARTULI, J. C. et al. Ordered Mesoporous Molecular Sieves Synthesized by Liquid–Crystal Template Mechanism[J]. Nature，1992, 359(6397): 710–712.

[15] 黄前进 . 介孔分子筛 MCM–41 的修饰改性及其催化应用的研究 [D]. 南京：南京工业大学，2016.

[16] 许俊强，储伟，陈慕华，罗仕忠，张涛 . 介孔分子筛 V–MCM–41 的水热法制备与合成机理 [J]. 催化学报，2006 (8): 671–677.

[17] VENKATACHALAM N. PALANICHAMY, M. MURUGESAN, V. Sol – gel preparation and characterization of alkaline earth metal doped nano TiO_2 : efficient photocatalytic degradation of 4–chlorophenol[J]. Journal of Molecular Catalysis A Chemical，2007, 273(1 – 2): 177–185.

[18] VENKATACHALAM N, PALANICHAMY M, ARABINDOO B, et al. Alkaline earth metal doped nanoporous TiO_2 for enhanced photocatalytic mineralisation of bisphenol–A[J]. Catalysis Communications，2007, 8(7): 1088–1093.

[19] 朱诚意，郭忠诚 . 国内复合镀层最新进展及应用 [J]. 电镀与环保 . 1998, 18(1): 3–7.

[20] 谭澄宇，郑子樵，陈准 . Ni–Al_2O_3 纳米复合电镀工艺的初步研究 [J]. 材料保护 . 2003, 36(4): 43–45.

[21] 吴化，李雪松，严川伟，等 . 添加超硬纳米微粒复合镀层形成机理及耐磨性 [J]. 腐蚀科学与防护技术 . 2005, 17(6): 399–401.

[22] HINDAM H M. Growth and Microstructure of α–Al_2O_3 on Ni－Al Alloys: Internal Precipitation and Transition to External Scale[J]. Journal of the Electrochemical Society，1980, 127(7): 1622.

[23] 彭秧锡，刘士军 . 微波固相反应前驱体热分解法制备纳米氧化铜粉体 [J]. 人工晶体学报，2009.

[24] 付育才，谭立华，李芬，等 . 微波法制备纳米氧化铜及其性质研究 [C]. 成都：中国化学会第 28 届学术年会，2012.

[25] 姜宁，邓志勇，刘绍英，等 . 开放式溶剂热法合成 MOF–5 及其 CO_2 的吸附研究 [C]，上海：第 18 届全国分子筛学术大会论文集 (上), 2015.

[26] XUEMEI Q I., QIANG W U，SHI Y，et al. Research on Preparation and Absorption Properties of Metal Organic Framework MOF–5 Material[J]. Journal of Shanghai University of Electric Power, 2019, 34(1): 65–70.

[27] 郭成花，郭振亚，金庆华，等 . 高质量 $AIP0_4$–5 分子筛大单晶的合成与表征 [J]. Chinese Journal of Chemical Physics, 2005, 02: 263–267.

[28] 房铭，张萍，王悦，等 . 含功能配合物的 X 沸石大单晶的合成与表征 [J]. 吉林大学学报 (理学版), 2000, 3: 77–79.

[29] LIU Y，WANG, Z. W，SONG Y，et al. Bimetallic–organic framework derived porous Co_3O_4/Fe_3O_4/C–loaded g–C_3N_4 nanocomposites as non–enzymic electrocatalysis oxidization toward ascorbic acid, dopamine acid, and uric acid[J]. Applied Surface Science，2018, 441: 694–707.

[30] 陈路呀 . 基于石墨烯或类石墨氮化碳复合光催化剂的制备，表征及其光催化性能的研究 [D]. 广州：华南理工大学学校，2014.

[31] 刘珊珊，左桂福，韩大庆，等 . 石墨氮化碳在荧光探针中的应用研究进展 [J]. 现代化工 . 2017, 37(11): 203–207.

[32] XIE W，TAN S，YANG J ，et al. Ionic Liquid Crystalline Composite Membranes

Composed of Smectic Imidazolium Hydrogen Sulfate and Polyvinyl Alcohol for Anhydrous Proton Conduction[J]. Industrial & Engineering Chemistry Research，2020, 59(18): 8632–8639.

[33] SHI F，DENG Y，Abnormal ft–ir and ftr aman spectra of ionic liquids confined in nano–porous silica gel[J]. Spectrochimica Acta Part A Molecular & Biomolecular Spectroscopy, 2005, 62(1–3): 239–244.

[34] NASEF M M, SAIDI H. Preparation of crosslinked cation exchange membranes by radiation grafting of styrene/divinylbenzene mixtures onto PFA films[J]. Journal of Membrane Science, 2003, 216(1/2): 27–38.

[35] 黄继武，李周 . 多晶材料 X 射线衍射 : 实验原理、方法与应用 [M]. 北京：冶金工业出版社，2012.

[36] 陈卫红，刘柳絮，刘润芝，等 . 基于 X 射线衍射仪的多晶体粉末样品物相实验分析 [J]. 黑龙江科技信息，2016, 28(28): 106–106.

[37] 吕凤柱 . 有机 / 无机杂化材料的制备及 X 射线衍射分析 [D]. 沈阳：东北大学 , 2000.

[38] 盘荣俊，何宝林，刘光荣，王然 . 紫外—可见光谱分析在纳米颗粒超声分散中的应用 [J]. 中南民族大学学报 (自然科学版). 2006(1): 5–7.

[39] 李娜, 赵凤林, 李克安, 等 . 紫外—可见分光光度法在生物大分子分析中的应用 [C]. 中国分析测试协会科学技术奖发展回顾 , 2015.

[40] 坪井诚太郎 . 偏光显微镜 [M]. 岩波书店 : 1962.

[41] 孔凡美，李国华，彭捍东 . 偏光显微镜中偏振态的理论分析 [J]. 应用光学，2009, 29(5): 821–824.

[42] 胡浩彬，雷霁远 . 偏光显微镜在中药鉴定中的应用 [J]. 南京中医药大学学报，2007, 23(4): 26269.

[43] 虞志光 . 高聚物分子量及其分布的测定 [M]. 上海：上海科学技术出版社，1984.

[44] 钱人元，张德龢，施良 . 黏度法测定高聚物的分子量 [J]. 化学通报，1955, (7) : 14–27.

[45] 郑伟国 . 高聚物分子量及其分布测定技术 [J]. 北京中国科技论文在线，2004, 10(3).

[46] 徐端夫 . 聚乙烯结晶度的测定 [J]. 高分子学报，1959, (2): 49–51.

[47] 凌必文，刁海生 . 三草酸合铁 (Ⅲ) 酸钾的合成及结构组成测定 [J]. 安庆师范学院学报（自科版），2001(4): 13–16.

[48] 刘建学 . 现代近红外光谱分析技术 [M]. 北京：科学出版社，2008.

[49] 徐广通，袁洪福，陆婉珍 . 现代近红外光谱技术及应用进展 [J]. 光谱学与光谱分析，2000(2): 7–15.

[50] 陈海峰，罗时玮，姚建华，等 . 红外谱图中特征峰与对应子结构相互关系的确定 [J].

计算机与应用化学，2000, 17(2): 183–183.

[51] 苗作章 . 无机化合物的红外光谱分析 [J]. 刑事技术，1991, 10(2): 42–44.

[52] 郭琳 . 多孔有机材料的制备及其荧光性质的研究 [D]. 北京：北京化工大学 , 2018.

[53] 王晓静 . 多孔硅形成机理及其荧光特性的研究 [D]. 曲阜：曲阜师范大学 , 2003.

[54] 赵丹，秦伟平，张继森，等 . 罗丹明 6G/MCM–41 纳米复合物的发光蓝移 [J]. 发光学报, 2003, 24(6): 637–641.

[55] YU H A，LEE J，LEWI S W, et al. Detection of 2,4,6–Trinitrotoluene Using a Miniaturized, Disposable Electrochemical Sensor with an Ionic Liquid Gel–Polymer Electrolyte Film[J]. Analytical Chemistry，2017, 89(8): 4729–4736.

[56] 石家华 , 孙逊 . 离子液体研究进展 [J]. 化学通报 . 2002, (4): 25–32.

[57] YAO C，ANDERSON J L. Retention Characteristics of Organic Compounds on Molten Salt and Ionic Liquid–Based Gas Chromatography Stationary Phases[J]. Journal of Chromatography A, 2009, 1216(10): 1658–1712.

[58] 邓有全 . 离子液体——21 世纪的绿色材料 [J]. 中国高校科技与产业化，2003, (10): 33–35.

[59] 刘晶晶 . 基于稀土掺杂氟化钙 / 锶晶体的中红外激光器研究 [D]. 济南：山东师范大学 , 2020.

[60] 胡庆 . 稀土掺杂氟化铟基玻璃的制备及 3 μm 发光性质研究 [D]. 长春：吉林大学 , 2020.

[61] 赵张美 . 稀土离子掺杂氟化物的光学温度探测研究 [D]. 安徽：中国科学技术大学 , 2020.

[62] 马小易 . 多波长响应稀土掺杂氟化铅基发光材料的研究 [D]. 长春：长春理工大学 , 2019.

[63] 李子娟 . 稀土掺杂氟化物及其复合材料制备与性能研究 [D]. 长春：长春理工大学 , 2019.

[64] 刘盼盼 . 钛酸钙基质白光 LED 用红色荧光粉的制备 , 结构及性能 [D]. 天津：天津理工大学 , 2013.

[65] 裴康宏，李苏洪，何春梅，李孺，杨建会，范强 . Al^{3+} 掺杂浓度对 $CaTiO_3$:Eu^{3+} 荧光粉发光性能的影响 [J]. 乐山师范学院学报 , 2019, 034(012): 24–28.

[66] WANG T，XUE R，CHEN HQ，et al. Preparation of two new polyimide bond linked porous covalent organic frameworks and their fluorescence sensing application for sensitive and selective determination of Fe^{3+}[J]. New Journal of Chemistry, 2017, 41(23): 14272–14278.

[67] SHI X，YAO Y，XU Y，et al. Imparting Catalytic Activity to a Covalent Organic Framework Material by Nanoparticle Encapsulation[J]. Acs Applied Materials & Interfaces, 2017, 9(8): 7481–7488.

[68] FUKUDA M，ISLAM M S，SHUDO Y，et al. Ion conduction switching between H^+ and OH^- induced by pH in graphene oxide[J]. Chemical Communications, 2020, 56(31):

4364-4367.

[69] TANIGUCHI T, KURIHARA S, Tateishi H, et al. pH-driven, reversible epoxy ring opening/closing in graphene oxide[J]. Carbon, 2015, 84: 560-566.

[70] KARIM M R，HATAKEYAMA K，MATSUI, T. Graphene Oxide Nanosheet with High Proton Conductivity[J]. Journal of the American Chemical Society, 2013, 135(22): 8097-8100.

[71] TADANAGA K，FURUKAWA Y，HAYASHI A， et al. Direct Ethanol Fuel Cell Using Hydrotalcite Clay as a Hydroxide Ion Conductive Electrolyte[J]. Advanced Materials, 2010, 22(39): 4401-4404.

[72] LE A，STEIMLE T C, GUPTA V, et al. The visible spectrum of zirconium dioxide, ZrO_2[J]. Journal of Chemical Physics, 2011, 135(10): 6765-6769.

[73] MASKELL W C. Progress in the development of zirconia gas sensors[J]. Solid State Ionics Diffusion & Reactions, 2000, 134(1-2): 43-50.

[74] MIURA N, SATO T, ANGGRAINI S A， et al. A review of mixed-potential type zirconia-based gas sensors[J]. Ionics, 2014, 20(7): 901-925.

[75] 许煜寰 , 铁电与压电材料 [M]. 北京：科学出版社，1978.

[76] 李佳荣 . 聚偏氟乙烯 / 氧化锌复合纤维阵列膜的制备与压电性能的研究 [D]. 武汉：武汉纺织大学，2012.

[77] 王君 . 电芬顿法处理废水 [J]. 黑龙江科技信息 , 2013 (20) : 92-93.

[78] 李道荣，牛振华，包瑞格，等 . Fenton 试剂氧化降解水中的盐酸四环素 [J]. 环境工程学报，2017, 11(4): 2227-2232.

[79] XIA M，LONG M，YANG Y，et al. A highly active bimetallic oxides catalyst supported on Al-containing MCM-41 for Fenton oxidation of phenol solution[J]. Applied Catalysis B Environmental. 2011, 110: 118-125.

[80] 陈阳，杨晓燕，张鹏，等 . 贵金属负载的棒状 ZnO 复合光催化剂的制备及其提升的光催化性能 [J]. 物理化学学报，2017 (10): 170-179.

[81] 王昕 . 生物信息学方法解析 Tollip 调控肝脏缺血再灌注损伤的机制 [D]. 武汉：武汉大学 , 2019.

[82] 徐濛濛 . 一种多孔有机聚合物负载贵金属催化剂的合成及其加氢性能研究 [D]. 南昌：南昌大学 , 2019.

[83] 王珍珍 . 多孔材料负载贵金属复合纳米粒子催化剂的制备及催化制氢性能研究 [D]. 长春：吉林大学 , 2018.

[84] 何一 . 烟草模板制备掺杂过渡金属铈锆固溶体及其催化氧化 CO 性能研究 [D]. 昆明：

云南大学，2017.

[85] 刘霖 . 纳米晶铈锆氧化物固溶体的 SAS 合成及机理研究 [D]. 天津：天津大学，2009.

[86] 刘计省，赵震，徐春明，等 . 铈锆固溶体的结构、合成及在环境催化领域中的应用(英文)[J]. Chinese Journal of Catalysis. 2019, 40(10): 1438–1487.

[87] 冒德寿，罗子豪，李智宇，洪鎏，曲荣芬，王家强，姜亮 . 烟草模板制备掺杂过渡金属铈锆固溶体及其催化氧化 CO 性能研究 [J]. 分子催化 . 2018, 32(04): 315–324.

[88] 陈振，杨阳 . 复合材料 BiOBr_xCl_(1–x) 的制备及可见光催化降解罗丹明 B[J]. 材料导报，2016, 2: 492–494.

[89] 陆光，张爽，伦子帅，等 . 溶剂对 BiOBr 结构和光催化降解 RhB 的影响 [J]. 分子催化，2016, (4): 383–390.

[90] 甘礼华，陈龙武，盛闻超，等 . TiO_2 薄膜制备及其对亚甲基蓝光催化降解的影响 [J]. 建筑材料学报，2003(3): 274–278.

[91] 江芳，郑正，郑寿荣，等 . TiO_2 纳米管的制备及光催化降解亚甲基蓝研究 [J]. 功能材料，2008, 39(12): 2095–2097.

[92] PARK K S，NI Z，CŎTé A P，et al. Exceptional chemical and thermal stability of zeolitic imidazolate frameworks[J]. Proceedings of the National Academy of Sciences，2006, 103(27): 10186–10191.

[93] 吕晓丽，张春芳，白云翔，孙余凭，顾瑾 . 原位生长法制备 ZIF–8/PAN 超滤膜用于染料废水处理 [J]. 水处理技术，2016 (7): 30–34.

[94] 吴云海，李斌，冯仕训，等 . 活性炭对废水中 Cr(Ⅵ)、As(Ⅲ) 的吸附 [J]. 化工环保，2010(2): 28–32.

[95] IKOMA Y，TAKANO A，ITO，et al. Quantitative analysis of 11C–verapamil transfer at the human blood–brain barrier for evaluation of P–glycoprotein function[J]. Journal of Nuclear Medicine，2013, 47(9)：1531–1537.

[96] 董妍 . 基于多孔聚合物合成微孔及复合孔碳材料的锂电池性能研究 [D]. 长春：吉林大学，2017.

[97] SCHWAB M G，FASSBENDER B，SPIESS H W，et al. Catalyst–free Preparation of Melamine–Based Microporous Polymer Networks through Schiff Base Chemistry[J]. Journal of the American Chemical Society, 2009, 131(21): 7216–7221.

[98] 张旺 . 纳米孔洞有机骨架材料的微波制备及其性质研究 [D]. 安徽：安徽大学，2012.

[99] WEI H，CHAI S，HU N，et al. The microwave–assisted solvothermal synthesis of a crystalline two–dimensional covalent organic framework with high CO_2 capacity[J]. Chemical Communications，2015, 51(61): 12178–12181.

[100] FURUKAWA H，YAGHI O M. Storage of hydrogen, methane, and carbon dioxide in highly porous covalent organic frameworks for clean energy applications[J]. Journal of the American Chemical Society, 2009, 131(25): 8875–8883.

[101] 陈振斌，马应霞，张安杰，等 . 聚丙烯酸钠高吸水性树脂的改性研究进展 [J]. 应用化工，2009, 038(11): 1656–1661.

[102] 何静，吴玉英，刘六军，等 . 低分子量聚丙烯酸钠的合成及分散性能研究 [J]. 北京林业大学学报，2002, 24(5–6): 216–219.

[103] 陈雪萍，翁志学，黄志明 . 高吸水性树脂的结构与吸水机理 [J]. 化工新型材料 . 2002, 30(3): 19–21.

[104] 郭双林 . 孔材料的合成及缓释性能研究 [D]. 哈尔滨：哈尔滨师范大学 , 2011.

[105] 刘治刚，王建刚，于世华，金刚，高艳 . MCM–41 的制备及用于吡拉西坦缓释性能研究 [J]. 化工科技，2013, 21(6): 42–44.

[106] HAN S，DU T，JIANG H，et al. Synergistic effect of pyrroloquinoline quinone and graphene nano–interface for facile fabrication of sensitive NADH biosensor[J]. Biosensors & Bioelectronics, 2017, 89(1): 422–429.

[107] DU J. YUE R. YAO Z. et al. Nonenzymatic uric acid electrochemical sensor based on graphene–modified carbon fiber electrode[J]. Colloids and Surfaces A Physicochemical and Engineering Aspects, 2013, 419: 94 – 99.

[108] 王亚辉，马玉娟，邓红，等 . 超顺磁性纳米级 Fe_3O_4 粒子的制备与性能表征 [J]. 农产品加工 (学刊)，2012(6): 38–40.

[109] Kim J, Piao Y, Hyeon T. Multifunctional nanostructured materials for multimodal imaging, and simultaneous imaging and therapy[J]. Chemical Society Reviews, 2009, 39(2): 372–390.

[110] Na H B, Song I C, Hyeon T. Inorganic Nanoparticles for MRI Contrast Agents[J]. 2009, 21(21): 2133–2148.

[111] Gholami Y H, Yuan H, Wilks M Q, et al. A radio–nano–platform for t_1/t_2 dual–mode PET–MR imaging[J]. International Journal of Nanomedicine, 2020, 15: 1253–1266.

[112] Ettlinger R, Moreno N, Volkmer D, et al. Zeolitic Imidazolate Framework - 8 as pH - Sensitive Nanocarrier for “arsenic trioxide” Drug Delivery[J]. Chemistry – A European Journal, 2019, 25(57):13189–13196.

[113] SILVA J S F, SILVA J Y R, DE S ά G F, et al. A. Multifunctional System Polyaniline–Decorated ZIF–8 Nanoparticles as a New Chemo–Photothermal Platform for Cancer Therapy[J]. Acs Omega, 2018, 3(9): 12147–12157.

[114] ZHENG H, ZHANG Y, LIU L, et al. One-pot Synthesis of Metal - Organic Frameworks with Encapsulated Target Molecules and Their Applications for Controlled Drug Delivery[J]. Journal of the American Chemical Society, 2016, 138(3): 962–968.

[115] CHOWDHURI A R, LAHA D, PAL S, et al. One-pot synthesis of folic acid encapsulated upconversion nanoscale metal organic frameworks for targeting, imaging and pH responsive drug release[J]. Dalton Transactions, 2016, 45(45): 18120–18132.

[116] SUN C Y, QIN C, WANG X L, et al. Zeolitic imidazolate framework-8 as efficient pH-sensitive drug delivery vehicle[J]. Dalton Transactions, 2012, 41(23): 6906–6909.

[117] 尹贞，谢苏峰，方辉，等．聚偏氟乙烯膜材料的表面改性及其膜的制备 [J]. 江西化工，2020, 147(1): 55–59.

[118] DHATARWAL P, SENGWA R J. Dielectric relaxation, Li-ion transport, electrochemical, and structural behaviour of PEO/PVDF/$LiClO_4$ /TiO_2 /PC-based plasticized nanocomposite solid polymer electrolyte films[J]. Composites Communications, 2020, 17: 182–191.

[119] WEI ZHAI QUANJUN et al. Multifunctional flexible carbon black/polydimethylsiloxane piezoresistive sensor with ultrahigh linear range, excellent durability and oil/water separation capability[J]. Chemical Engineering Journal, 2019, 372: 373–382.

[120] WANG Y, CHEN J, CAO J, et al. Graphene/carbon black hybrid film for flexible and high rate performance supercapacitor[J]. Journal of Power Sources,2014, 271(20): 269–277.

[121] WANG L, DING T, PENG W. Thin Flexible Pressure Sensor Array Based on Carbon Black/Silicone Rubber Nanocomposite[J]. IEEE Sensors Journal, 2009, 9(9): 1130–1135.

[122] HAN Z, LI H, XIAO J, et al. Ultralow-Cost, Highly Sensitive, and Flexible Pressure Sensors Based on Carbon Black and Airlaid Paper for Wearable Electronics[J]. Acs Applied Materials & Interfaces, 2019, 11(36): 33370–33379.

[123] LIU C, ZHU W, LI M, et al. Highly stable pressure sensor based on carbonized melamine sponge using fully wrapped conductive path for flexible electronic skin[J]. Organic Electronics, 2020, 76(10): 105441–105447.

[124] LEE J, KIM J, SHIN Y, et al. Ultra-robust wide-range pressure sensor with fast response based on polyurethane foam doubly coated with conformal silicone rubber and CNT/TPU nanocomposites islands[J]. Composites Part B: Engineering, 2019, 177: 107364–107369.

[125] SEO C U, YOON Y, KIM D H, et al. Fabrication of polyaniline - carbon nano composite for application in sensitive flexible acid sensor[J]. Journal of Industrial and Engineering Chemistry, 2018, 64: 97–101.

[126] ZHANG W, WU Z, HU J, et al. Flexible chemiresistive sensor of polyaniline coated filter paper prepared by spraying for fast and non-contact detection of nitroaromatic explosives[J]. Sensors and Actuators, 2020, 304(2): 127231-127233.

[127] GE G, CAI Y, DONG Q, et al. A flexible pressure sensor based on rco/polyaniline wrapped sponge with tunable sensitivity for human motion detection[J]. Nanoscale, 2019, 10(21): 10033-10040.

[128] SONG Y, LI X, SUN L, et al. Metal/metal oxide nanostructures derived from metal - organic frameworks[J]. Rsc Advances, 2015, 5(10): 7267-7279.

[129] JEONG N, KIM H K, KIM W S, et al. Direct synthesis, characterization, and reverse electrodialysis applications of MoS_2 thin film on aluminum foil[J]. Materials Characterization, 2020, 164: 110361-110369.

[130] MALLIKARJUNA K, SHINDE M A, KIM H. Electrochromic smart windows using 2D-MoS_2 nanostructures protected silver nanowire based flexible transparent electrodes[J]. Materials ence in Semiconductor Processing, 2020, 117: 105176-105185.

[131] LI H, ZHANG J, CHEN, J, et al. Supersensitive, Multidimensional Flexible Strain Gauge Sensor Based on Ag/PDMS for Human Activities Monitoring[J]. entific Reports, 2020, 10(1): 1-9.

[132] CHENJUN, ZHANG, HUI, et al. Rational Design of a Flexible CNTs@PDMS Film Patterned by Bio-Inspired Templates as a Strain Sensor and Supercapacitor[J]. Small, 2019, 15(18): 1805493.

[133] PUNEETHA P. MALLEM S P R. LEE Y W. et al. Strain-Controlled Flexible Graphene/ GaN/PDMS Sensors Based on the Piezotronic Effect[J]. Acs Applied Materials & Interfaces, 2020, 12(32): 36660-36669.

[134] LONGLEY D B. HARKIN D P. JOHNSTON, P. G. 5-Fluorouracil: Mechanisms of action and clinical strategies[J]. Nature Reviews Cancer, 2003, 3(5): 330-338.

[135] LJUNGMAN M. Targeting the DNA Damage Response in Cancer[J]. Chemical Reviews, 2009, 109(7): 2929-2950.

[136] NADAL J. C. GROENINGEN, C. J. V. PINEDO, H. M. et al. In vivo potentiation of 5-fluorouracil by leucovorin in murine colon carcinoma[J]. Biomedicine & Pharmacotherapy, 1988, 42(6): 387-393.

[137] THANT A A, WU Y, LEE J, et al. Role of caspases in 5-FU and selenium-induced growth inhibition of colorectal cancer cells[J]. Anticancer Research, 2008, 28(6): 3579.

[138] LIU W. LI X. WONG Y S. et al. Selenium Nanoparticles as a Carrier of 5-Fluorouracil to

Achieve Anticancer Synergism[J]. ACS Nano，2012, 6(8): 6578–6591.

[139] 吕江维，曲有鹏，王立，等 . BDD 电极电催化生成羟基自由基的检测 [J]. 分析试验室，2015, 034(4): 379–382.

[140] 孙益荣，吴敬，宿玲恰 . 特异腐质霉角质酶在大肠杆菌中的表达和发酵优化 [J]. 食品与机械 , 2019, 034(4): 1–5.

[141] 眢菱 . 纳米晶二氧化钛的制备及其光催化性能研究 [D]. 武汉：武汉大学 , 2004.

[142] 魏洪兵，黄令，吴晓斌，等 . 纳米结构 SnO_2/ 碳纳米管复合电极的制备及其储锂性能 [J]. 电化学，2007, 13(1): 91–96.

[143] 段平洲，黄鸽黎，胡翔 . SnO_2–Sb/ 碳纳米管复合电极的制备及催化降解低浓度头孢他啶 [J]. 环境化学，2019, 38(5): 41–49.

附录1　常用溶剂理化性能

溶剂	英文名称	沸点（℃）	密度（g/cm³）	溶解性	毒性
乙酸乙酯	ethylacetate	77.1	0.8946	与醇、醚、氯仿、丙酮、苯等大多数有机溶剂相溶，能溶解某些金属盐	低毒，麻醉性
液氨	liquidammonia	−33.35	0.617	特殊溶解性：能溶解碱金属和碱土金属	剧毒性、腐蚀性
液态二氧化硫	sulfurdioxide	−10.08	1.4	溶解胺、醚、醇、苯酚、有机酸、芳香烃、溴、二硫化碳，多数饱和烃不溶	剧毒
石油醚	petroleumether	30～60	0.64~0.66	不溶于水，与丙酮、乙醚、乙酸乙酯、苯、氯仿及甲醇以上高级醇混溶	与低级烷相似
乙醚	ethylether	34.6	2.6	微溶于水,易溶于盐酸，与醇、醚、石油醚、苯、氯仿等多数有机溶剂混溶	麻醉性
戊烷	pentane	36.1	0.63	与乙醇、乙醚等多数有机溶剂混溶	低毒性
二氯甲烷	dichloromethane	39.75		与醇、醚、氯仿、苯、二硫化碳等有机溶剂混溶	低毒，麻醉性强
二硫化碳	carbondisulfide	46.23	1.26	微溶于水，与多种有机溶剂混溶	麻醉性，强刺激性
石油脑	naphtha	110~190	3.8	与乙醇、丙酮、戊醇混溶较其他石油系溶剂大	
甲醇	methanol	64.5	0.79	与水、乙醚、醇、酯、卤代烃、苯、酮混溶	中等毒性，麻醉性
四氢呋喃	tetrahydrofuran	66	0.89	优良溶剂，与水混溶，很好地溶解乙醇、乙醚、脂肪烃、芳香烃、氯化烃	吸入微毒，经口低毒
丙酮	acetone	56.12	0.788	与水、醇、醚、烃混溶	低毒，类乙醇，但较大
1，1−二氯乙烷	1,1−dichloroethane	57.28	1.17	与醇、醚等大多数有机溶剂混溶	低毒、局部刺激性
氯仿	trichloromethane	61.15	1.5	与乙醇、乙醚、石油醚、卤代烃、四氯化碳、二硫化碳等混溶	中等毒性，强麻醉性
甲胺	methyla mine	−6.3	0.637	是多数有机物和无机物的优良溶剂，但不溶于醇、醚、酮、氯仿、乙酸乙酯	中等毒性，易燃
					强烈刺激性
己烷	hexane	68.7	0.66	甲醇部分溶解，比乙醇高的醇、醚、丙酮、氯仿混溶	低毒。麻醉性，刺激性

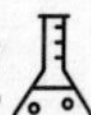

续表

溶剂	英文名称	沸点（℃）	密度（g/cm³）	溶解性	毒性
三氟代乙酸	trifluoroacetic acid	71.78	1.5315	与水、乙醇、乙醚、丙酮、苯、四氯化碳、己烷混溶,溶解多种脂肪族、芳香族化合物	
1，1，1–三氯乙烷	1,1,1–trichloroethane	74.0	1.32	与丙酮、甲醇、乙醚、苯、四氯化碳等有机溶剂混溶	低毒类溶剂
四氯化碳	carbon tetrachloride	76.75	1.595	与醇、醚、石油醚、石油脑、冰醋酸、二硫化碳、氯代烃混溶	氯代甲烷中毒性最强
乙醇	ethanol	78.3	0.816	与水、乙醚、氯仿、酯、烃类衍生物等有机溶剂混溶	微毒类，麻醉性
丁酮	2–butanone	79.64	0.81	与丙酮相似，与醇、醚、苯等大多数有机溶剂混溶	低毒，毒性强于丙酮
苯	benzene	80.10	0.88	难溶于水，与甘油、乙二醇、乙醇、氯仿、乙醚、四氯化碳、二硫化碳、丙酮、甲苯、二甲苯、冰醋酸、脂肪烃等大多有机物混溶	强烈毒性
环己烷	cyclohexane	80.72	0.78	与乙醇、高级醇、醚、丙酮、烃、氯代烃、高级脂肪酸、胺类混溶	低毒，中枢抑制作用
乙腈	acetonitrile	81.60	0.79	与水、甲醇、乙酸甲酯、乙酸乙酯、丙酮、醚、氯仿、四氯化碳、氯乙烯及各种不饱和烃混溶，但是不与饱和烃混溶	中等毒性，大量吸入蒸气会引起急性中毒
异丙醇	iso–propyl alcohol	82.40	0.7863	与乙醇、乙醚、氯仿、水混溶	微毒，类似乙醇
1，2–二氯乙烷	1,2–dichloroethane	83.48	1.26	与乙醇、乙醚、氯仿、四氯化碳等多种有机溶剂混溶	高毒性、致癌
乙二醇二甲醚	1,2–dimethoxyethane	85.2	0.87	溶于水，与醇、醚、酮、酯、烃、氯代烃等多种有机溶剂混溶	吸入和经口低毒
三氯乙烯	trichloroethylene	87.19	1.46	不溶于水，与乙醇、乙醚、丙酮、苯、乙酸乙酯、脂肪族氯代烃、汽油混溶	有机有毒品
三乙胺	triethyla mine	89.6	0.73	微溶于水，易溶于氯仿、丙酮、乙醇、乙醚等多数有机溶剂	易爆,皮肤黏膜刺激性强
丙腈	propionitrile	97.35	0.78	溶解醇、醚、dmf、乙二胺等有机物，与多种金属盐形成加成有机物	高毒性，与氢氰酸相似
庚烷	heptane	98.4	0.68	与己烷类似	低毒，刺激性、麻醉性
硝基甲烷	nitromethane	101.2	2.11	与醇、醚、四氯化碳、DMF等混溶	麻醉性，刺激性
1，4–二氧六环	1,4–dioxane	101.32	1.04	能与水及多数有机溶剂混溶，溶解能力很强	微毒，强于乙醚2~3倍
甲苯	methylbenzene	110.63	0.87	不溶于水,与甲醇、乙醇、氯仿、丙酮、乙醚、冰醋酸、苯等有机溶剂混溶	低毒类，麻醉作用
硝基乙烷	nitroethane	114.0	2.58	与醇、醚、氯仿混溶，溶解多种树脂和纤维素衍生物	局部刺激性较强
吡啶	pyridine	115.3	0.9827	与水、醇、醚、石油醚、苯、油类混溶，能溶多种有机物和无机物	低毒，皮肤黏膜刺激性

续表

溶剂	英文名称	沸点（℃）	密度（g/cm^3）	溶解性	毒性
4-甲基-2-戊酮	methyl isobutylketone	115.9	0.802	能与乙醇、乙醚、苯等大多数有机溶剂和动植物油相混溶	毒性和局部刺激性较强
乙二胺	ethylenedia mine	117.26	0.8995	溶于水、乙醇、苯和乙醚，微溶于庚烷	刺激皮肤、眼睛
丁醇	butanol	117.7	0.8109	与醇、醚、苯混溶	低毒，大于乙醇3倍
乙酸	aceticacid	118.1	1.05	与水、乙醇、乙醚、四氯化碳混溶,不溶于二硫化碳及C_{12}以上高级脂肪烃	低毒，浓溶液毒性强
乙二醇—甲醚	2-methoxyethanol	124.6	0.965	与水、醛、醚、苯、乙二醇、丙酮、四氯化碳等混溶	低毒类
辛烷	*N*-octane	125.67	0.703	几乎不溶于水，微溶于乙醇，与醚、丙酮、石油醚、苯、氯仿、汽油混溶	低毒性，麻醉性
乙酸丁酯	*N*-butyl acetate	126.11	0.8825	优良有机溶剂，广泛应用于医药行业，还可以用作萃取剂	一般条件下毒性不大
吗啉	morpholine	128.94	1	溶解能力强，超过二氧六环、苯和吡啶，与水混溶，溶解丙酮、苯、乙醚、甲醇、乙醇、乙二醇、2-己酮、蓖麻油、松节油、松脂等	腐蚀皮肤，刺激眼和结膜，蒸气引起肝肾病变
氯苯	chlorobenzene	131.69	1.11	能与醇、醚、脂肪烃、芳香烃、和有机氯化物等多种有机溶剂混溶	低于苯,损害中枢系统
乙二醇—乙醚	2-ethoxyethanol	135.6	0.94	与乙二醇一甲醚相似，但是极性小，与水、醇、醚、四氯化碳、丙酮混溶	低毒类，二级易燃液体
对二甲苯	1,4-dimethyl-benzene	138.35	0.861	不溶于水，与醇、醚和其他有机溶剂混溶	一级易燃液体
二甲苯	xylenes	138.5~141.5	0.86	不溶于水，与乙醇、乙醚、苯、烃等有机溶剂混溶，乙二醇、甲醇、2-氯乙醇等极性溶剂部分溶解	一级易燃液体，低毒类
间二甲苯	*m*-xylene	139.10	0.86	不溶于水，与醇、醚、氯仿混溶，室温下溶解乙腈等	一级易燃液体
邻二甲苯	ortho-xylene	144.41	0.879	不溶于水，与乙醇、乙醚、氯仿等混溶	一级易燃液体
N,*N*-二甲基甲酰胺	*N*,*N*-dimethylformamide	153.0	0.945	与水、醇、醚、酮、不饱和烃、芳香烃等混溶，溶解能力强	低毒
环己酮	cyclohexanone	155.65	0.95	与甲醇、乙醇、苯、丙酮、己烷、乙醚、硝基苯、石油脑、二甲苯、乙二醇、乙酸异戊酯、二乙胺及其他多种有机溶剂混溶	低毒类，有麻醉性，中毒概率比较小
环己醇	cyclohexanol	161	0.9624	与醇、醚、二硫化碳、丙酮、氯仿、苯、脂肪烃、芳香烃、卤代烃混溶	低毒,无血液毒性,刺激性
N,*N*-二甲基乙酰胺	*N*,*N*-dimethylacetamide	166.1	0.9366	溶解不饱和脂肪烃，与水、醚、酯、酮、芳香族化合物混溶	微毒类

续表

溶剂	英文名称	沸点（℃）	密度（g/cm³）	溶解性	毒性
糠醛	2-furaldehyde	161.8	1.16	与醇、醚、氯仿、丙酮、苯等混溶,部分溶解低沸点脂肪烃,无机物一般不溶	有毒品，刺激眼睛，催泪
N-甲基甲酰胺	*N*-methyl formamide	180~185	1.011	与苯混溶，溶于水和醇，不溶于醚	一级易燃液体
苯酚（石炭酸）	phenol	181.2	1.071	溶于乙醇、乙醚、乙酸、甘油、氯仿、二硫化碳和苯等，难溶于烃类溶剂，65.3 ℃以上与水混溶	65.3 ℃以下分层，高毒类，对皮肤、黏膜有强烈腐蚀性,可经皮肤吸收中毒
1，2-丙二醇	1,2-propanediol	187.3	1.036	与水、乙醇、乙醚、氯仿、丙酮等多种有机溶剂混溶	低毒，吸湿，不宜静注
二甲亚砜	dimethyl sulfoxide	189.0	1.1	与水、甲醇、乙醇、乙二醇、甘油、乙醛、丙酮、乙酸乙酯、吡啶、芳烃混溶	微毒，对眼有刺激性
邻甲酚	*o*-cresol	190.95	1.048	微溶于水，能与乙醇、乙醚、苯、氯仿、乙二醇、甘油等混溶参照甲酚。 *N*，*N*-二甲基苯胺微溶于水,能随水蒸气挥发，与醇、醚、氯仿、苯等混溶，能溶解多种有机物	抑制中枢和循环系统，经皮肤吸收中毒
乙二醇	ethylene glycol	197.85	1.1135	与水、乙醇、丙酮、乙酸、甘油、吡啶混溶，与氯仿、乙醚、苯、二硫化碳等难溶，对烃类、卤代烃不溶，溶解食盐、氯化锌等无机物	低毒类，可经皮肤吸收中毒
对甲酚	*p*-cresol	201.88	1.03		低毒
N-甲基吡咯烷酮	*N*-methyl pyrrolidone	202	1.028	与水混溶,除低级脂肪烃可以溶解大多无机,有机物,极性气体,高分子化合物	毒性低，不可内服
间甲酚	*m*-cresol	202.7	1.034	与甲酚相似，参照甲酚	毒性较小
苄醇	benzyl alcohol	205.45	1.04	与乙醇、乙醚、氯仿混溶，20 ℃在水中溶解3.8%(wt)	低毒，黏膜刺激性
甲酚	cresol	210	1.030 ~ 1.047	微溶于水，能于乙醇、乙醚、苯、氯仿、乙二醇、甘油等混溶	低毒类,腐蚀性,与苯酚相似
甲酰胺	formamid	210.5	1.134	与水、醇、乙二醇、丙酮、乙酸、二氧六环、甘油、苯酚混溶，几乎不溶于脂肪烃、芳香烃、醚、卤代烃、氯苯、硝基苯等	皮肤、黏膜刺激性，经皮肤吸收
硝基苯	nitrobenzene	210.9	1.205	几乎不溶于水，与醇、醚、苯等有机物混溶，对有机物溶解能力强	剧毒，可经皮肤吸收
乙酰胺	acetamide	221.15	0.9986	溶于水、醇、吡啶、氯仿、甘油、热苯、丁酮、丁醇、苄醇，微溶于乙醚	毒性较低

续表

溶剂	英文名称	沸点（℃）	密度（g/cm^3）	溶解性	毒性
六甲基磷酸三酰胺	hexamethyl phosphoric triamide	233	1.0253	与水混溶，与氯仿络合，溶于醇、醚、酯、苯、酮、烃、卤代烃等	较大毒性
喹啉	quinoline	237.10	1.09101	溶于热水、稀酸、乙醇、乙醚、丙酮、苯、氯仿、二硫化碳等	中等毒性，刺激皮肤和眼睛
乙二醇碳酸酯	ethylene glycol carbonate	238	1.3218	与热水、醇、苯、醚、乙酸乙酯、乙酸混溶，干燥醚、四氯化碳、石油醚中不溶	毒性低
二甘醇	diethylene glycol	244.8	1.118	与　水、乙醇、乙二醇、丙酮、氯仿、糠醛混溶，与乙醚、四氯化碳等不混溶	微毒，经皮肤吸收，刺激性小
丁二腈	succinonitrile	267	0.9867	溶于水，易溶于乙醇和乙醚，微溶于二硫化碳、己烷	中等毒性
环丁砜	tetramethylene sulfone	287.3	1.261	几乎能与所有有机溶剂混溶，除脂肪烃外能溶解大多数有机物	有毒，有腐蚀性
甘油	glycerine	290.0	1.261	与水、乙醇混溶，不溶于乙醚、氯仿、二硫化碳、苯、四氯化碳、石油醚	食用对人体无毒

附录2　常用科研设备原理及使用指南

一、紫外—可见吸收光谱

（一）基本原理

紫外—可见吸收光谱是由于分子（或离子）吸收紫外或者可见光（通常 200 ~ 800 nm）后发生价电子的跃迁所引起的。由于电子间能级跃迁的同时总是伴随着振动和转动能级间的跃迁，因此紫外—可见光谱呈现宽谱带。

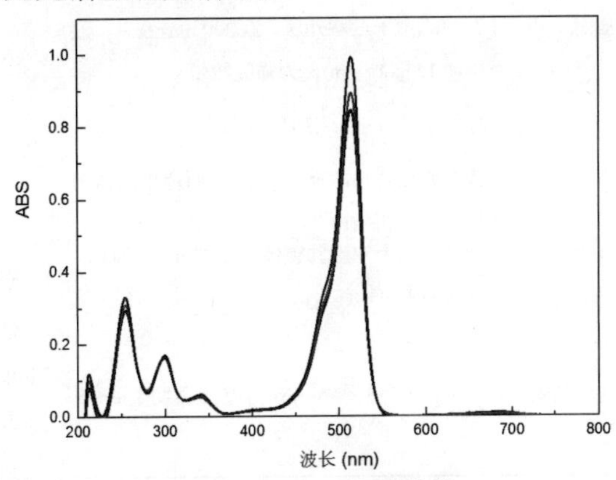

图1紫外—可见光谱谱带

紫外—可见吸收光谱的横坐标为波长（nm），纵坐标为吸光度。紫外—可见吸收光谱有两个重要的特征：最大吸收峰位置（λ_{max}）以及最大吸收峰的摩尔吸光系数（k_{max}）。最大吸收峰所对应的波长代表着化合物在紫外可见光谱中的特征吸收。而其所对应的摩尔吸收系数是定量分析的依据（见表 1）。

表1　紫外—可见吸收光谱涉及的一些基本概念

概念	描述	例子
生色团	产生紫外或者可见吸收的不饱和基团，一般是具有n电子和 π 电子的基团	C=O, C=N
助色团	本身无紫外吸收，但可以使生色团吸收峰加强或（和）使吸收峰红移的基团	OH，Cl
红移	最大吸收峰向长波长方向移动	
蓝移	最大吸收峰向短波长方向移动	
增色效应	使吸收强度增强的效应	
减色效应	使吸收强度减弱的效应	

（二）价电子跃迁的类型以及吸收带

1. 有机物的价电子跃迁

在有机化合物分子中有形成单键的 σ 电子、形成不饱和键的 π 电子以及未成键的孤对 n 电子。当分子吸收紫外或者可见辐射后，这些外层电子就会从基态（成键轨道）向激发态（反键轨道）跃迁。有机物主要的跃迁方式有四种，所需能量大小顺序为：$\sigma \rightarrow \sigma^* > n \rightarrow \sigma^* > \pi \rightarrow \pi^* > n \rightarrow \pi^*$（见表 2）。

表2　电子能级及电子跃进

跃迁类型	描述		备注
$\sigma \rightarrow \sigma^*$	吸收能量较高，一般发生在真空紫外区	饱和烃中的C–C属于这种跃迁类型。如乙烷C–C键 $\sigma \rightarrow \sigma^*$跃迁，$\lambda_{max}$为135 nm	由于一般紫外—可见分光光度计只能提供190 ~ 850 nm范围的单色光，因此无法检测 $\sigma \rightarrow \sigma^*$跃迁
$n \rightarrow \sigma^*$	摩尔吸光系数较小	含有O、N、S等杂原子的基团，如–NH_2、–OH–、–SH等可能产生$n \rightarrow \sigma^*$跃迁	
$\pi \rightarrow \pi^*$	有 π 电子的基团	如C═C，C≡C，C═O等，会发生 $\pi \rightarrow \pi^*$跃迁，一般位于近紫外区，在200 nm左右，$\varepsilon_{max} \geqslant 104$ L/(mol · cm)，为强吸收带	
	K带	共轭体系的 $\pi \rightarrow \pi^*$跃迁又叫K带	与共轭体系的数目、位置和取代基的类型有关
	B带	芳香族化合物的 $\pi \rightarrow \pi^*$跃迁而产生的精细结构吸收带叫做B带	
	E带	苯环上三个双键共轭体系中的 π 电子向 π^* 反键轨道跃迁	E带可分为E1和E2带（K带）
$n \rightarrow \pi^*$	含有杂原子的不饱和基团	如C═O，C═S，–N═N–等基团会发生$n \rightarrow \pi^*$	发生这种跃迁能量较小，吸收发生在近紫外或者可见光区。特点是强度弱，摩尔吸光系数小，产生的吸收带也叫R带

以上各吸收带相对的波长位置由大到小的次序为：R、B、K、E2、E1，但一般 K 和 E 带常合并成一个吸收带。

2. 无机物中的电子跃迁

无机化合物的紫外—可见吸收主要是由电荷转移跃迁和配位场跃迁产生。

（1）电荷转移跃迁：无机络合物中心离子和配体之间发生电荷转移：

$$M^{n+} — L^{b-} \rightarrow M^{(n-1)+} — L^{(b-1)-}$$

上述公式中心离子（M）为电子受体，配体 (L) 为电子给体。不少过渡金属离子和含有生色团的试剂反应生成的络合物以及许多水合无机离子均可产生电荷转移跃迁。

电荷转移吸收光谱出现的波长位置取决于电子给体和电子受体相应电子轨道的能量差。一般来说，中心离子的氧化能力越强，或配体的还原能力越强（相反，若中心离子的还原能力越强或配体的氧化能力越强），则发生电荷转移跃迁时所需能量越小，吸收光谱波长红移。

（2）配位场跃迁：元素周期表中第 4 和第 5 周期过渡元素分别含有 3d 和 4d 轨道，镧系和锕系元素分别有 4f 和 5f 轨道。这些轨道能量通常是简并（相等）的，但是在络合物中，由于配体的影响分裂成了几组能量不等的轨道。若轨道是未充满的，当吸收光后，电子会发生跃迁，分别称为 d–d 跃迁和 f–f 跃迁。

（三）影响紫外—可见吸收光谱的因素

共轭效应：体系形成大 π 键，使各能级间的能量差减小，从而电子跃迁的能量也减小，因此共轭效应使吸收发生红移。

溶剂效应：由于溶剂的存在使溶质溶剂发生相互作用，使精细结构消失；对 $\pi \to \pi^*$ 跃迁来讲，溶剂极性增大时，吸收带发生红移；对于 $n \to \pi^*$ 跃迁来讲，吸收光谱发生蓝移；不同化合物在不同 pH 下存在形态不同，吸收峰会随 pH 发生改变。如苯酚在碱性介质中形成苯酚阴离子，其吸收峰从 210.5 nm 和 270 nm 红移到 235 nm 和 287 nm。

（四）紫外—可见吸收光谱的应用原理

1. 定性原理

由于各种物质具有各自不同的分子、原子和不同的分子空间结构，其吸收光能量的情况也就不会相同，因此，每种物质就有其特有的、固定的吸收光谱曲线。有机物可以采用与标准有机化合物图谱对照，由于紫外光谱反应的是分子中生色团和助色团的特性，因此具有相同基团的化合物吸收光谱类似。因此，也要和其他方法结合才能进行结构分析。

2. 可获得的结构信息

在 210 ~ 250 nm 波长范围内有强吸收峰，则可能含有 2 个共轭双键；若在 260 ~ 350 nm 波长范围内有强吸收峰，则说明该有机物含有 3 个或 3 个以上共轭双键。

若在 250 ~ 300 nm 波长范围内有中等强度的吸收峰则可能含苯环，假设有精细结构的话，可能是苯环的特征吸收。

若在 270 ~ 350 nm 波长范围内有低强度吸收峰 ($n \to \pi^*$ 跃迁)，则可能含有羰基。

若在 200 ~ 750 nm 波长范围内无吸收峰，则可能是直链烷烃、环烷烃或仅含一个双键的烯烃等。

3. 定量原理——朗伯—比尔定律

$$A=\lg(I_0/I_t) = \varepsilon bc$$

式中：A为吸光度，描述溶液对光的吸收程度；b为液层厚度(光程长度)，通常以cm为单位；c为溶液的摩尔浓度，单位mol/L；ε 为摩尔吸光系数，单位L/(mol · cm)。

A 在数值上等于浓度为 1 mol/L、液层厚度为 1 cm 时该溶液在某一波长下的吸光度。运用朗伯—比尔定律时，溶液一定要是稀溶液。

（五）导体的禁带宽度计算

禁带宽度是半导体的一个重要特征参量，其大小主要决定于半导体的能带结构，即与晶体结构和原子的结合性质等有关。禁带宽度的大小实际上是反映了价电子被束缚强弱程度的一个物理量，也就是产生本征激发所需要的最小能量。

1. 直接带隙半导体与间接带隙半导体

直接带隙半导体：导带最小值（导带底）和价带最大值在 k 空间中同一位置。电子要跃迁到导带上产生导电的电子和空穴（形成半满能带）只需要吸收能量。例如：Ⅲ–V 半导体 GaAs、InP 等。

直接带隙半导体的重要性质：直接带隙半导体中载流子的寿命很短；导带电子与价带空穴的复合是直接复合，可以把能量几乎全部以光的形式放出（因为没有声子参与，故也没有把能量交给晶体原子），发光效率高，这也就是为什么发光器件（量子点）多半采用直接带隙半导体来制作的根本原因。

间接带隙半导体：导带最小值（导带底）和价带最大值在 k 空间中不同位置。形成半满能带不只需要吸收能量，还要改变动量。典型例子如 Si、Ge 等元素半导体。

2. 利用 V–vis DRS 谱图计算半导体带宽

（1）截线法。截线法是一种简易的求取半导体禁带宽度的方法，其基本原理是认为半导体的带边波长（也叫吸收阈值，λ_g）决定于禁带宽度 E_g，两者之间存在 E_g (eV)=1240/λ_g (nm) 的数量关系。因此，可以通过求取 λ_g 来得到 E_g。

① 一般通过 UV–Vis DRS 测试可以得到样品在不同波长下的吸收；

② 在 Origin 中，通过 Analysis → Mathematics → Differentiate 对图中的曲线求一次微分，并找到极值（X, Y）。

③ 在图中，过极值点（X, Y）作斜率为 k 的截线，该截线与横坐标轴的交点即为吸收波长的阈值（λ_g）；

④ 通过公式 E_g=1240/λg 来求取半导体的禁带宽度。

这种方法虽然也有人在用，但文献中还是比较少见，简单来考量半导体的禁带宽度是可以的，但是在论文中还是建议用下面的这种方法——Tauc plot 法。

（2）Tauc plot 法。这种方法之所以能够得到半导体的禁带宽度，主要是基于 Tauc、Davis 和 Mott 等人提出的公式，俗称 Tauc plot 法。

$$\alpha h\nu = B(h\nu - E_g)m$$

其中α为摩尔吸光系数；h为普朗克常数；ν为入射光子频率；B为比例常数；E_g为半导体材料的光学带隙，m的值与半导体材料以及跃迁类型相关：

当 m=1/2 时，对应直接带隙半导体允许的偶极跃迁；

当 m=3/2 时，对应直接带隙半导体禁戒的偶极跃迁；

 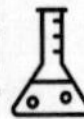

当 $m=2$ 时，对应间接带隙半导体允许的跃迁；

当 $m=3$ 时，对应间接带隙半导体禁戒的跃迁。

①利用紫外漫反射光谱数据分别求 $(\alpha hv)1/m$ 和 hv，其中 $hv=hc/\lambda$，c 为光速，λ 为光的波长。

说明：实验过程中，我们通过漫反射光谱所测得的谱图的纵坐标一般为吸收值 *Abs*（如果得到的是透过率 *T%*，可以通过公式 $Abs = -\lg(T\%)$ 进行换算）。α 为吸光系数，两者成正比。通过 Tauc plot 来求取 E_g 时，不论采用 *Abs* 还是 α 其实对 E_g 值是不影响的（只不过是系数 A 有差异而已），所以简单起见，可以直接用 A 替代 α，不过在论文中请给出说明。

② 在 origin 中以 $(\alpha hv)1/m$ 对 hv 作图。

③ 将步骤 2 中所得到图形中的直线部分外推至横坐标轴，交点即为禁带宽度值。

二、X射线衍射（XRD）

（一）XRD 的基本原理

当一束单色 X 射线照射到晶体上时，晶体中原子周围的电子受 X 射线周期变化的电场作用而振动，从而使每个电子都变为发射球面电磁波的次生波源。所发射球面波的频率与入射的 X 射线相一致。基于晶体结构的周期性，晶体中各个原子（原子上的电子）的散射波可相互干涉而叠加，称为相干散射或衍射。X 射线在晶体中的衍射现象，实质上是大量原子散射波相互干涉的结果。每种晶体所产生的衍射花样都反映出晶体内部的原子分布规律。

根据上述原理，某晶体的衍射花样的特征最主要的是两个：①衍射线在空间的分布规律；②衍射线束的强度。其中，衍射线的分布规律由晶胞大小、形状和位向决定，衍射线强度则取决于原子的品种和它们在晶胞的位置。因此，不同晶体具备不同的衍射图谱。

（二）布拉格方程（见图 1）

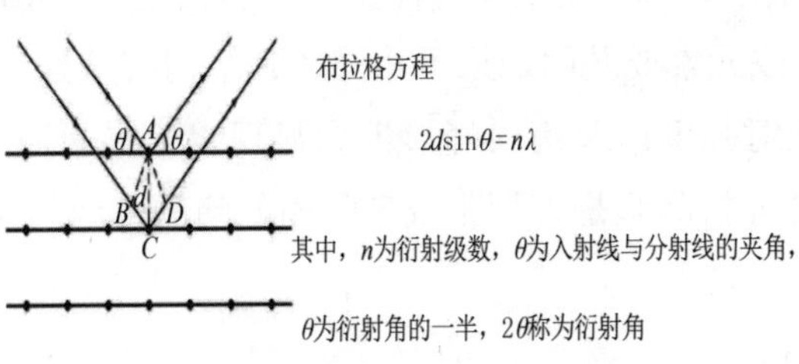

图1　晶格衍射示意图

$$2d\sin\theta = n\lambda$$

其中，n 为衍射级数；θ 为入射线与分射线的夹角；θ 为衍射角的一半；2θ 为衍射角。

布拉格方程所反映的是衍射线方向与晶体结构之间的关系。对于某一特定晶体而言，只有满足布拉格方程的入射线角度才能够产生干涉增强，才会表现出衍射条纹。这是 XRD 谱图的根本意义。

对于不同晶系，晶面间距 d 与晶胞参数（$a, b, c, \alpha, \beta, \gamma$）之间存在确定的对应关系，通过 XRD 谱图知道 θ 和（h, k, l）之后，可以通过布拉格方程等推算出晶胞参数。

(三)XRD 物相分析

基本原理：每一种晶体物质和它的衍射花样都是一一对应的，不可能有两种晶体给出完全相同的衍射花样。

随着 XRD 标准数据库的日益完善，XRD 物相分析变得越来越简单，目前最常见的操作方式是将样品的 XRD 谱图与标准谱图进行对比来确定样品的物相组成。XRD 标准数据库包括 JCPDS(即 PDF 卡片)、ICSD、CCDC 等，分析 XRD 谱图的软件包括 Jade、Xpert Highscore 等，这里推荐使用 Jade。在 Jade 软件中，专门有一个功能叫 Identify，里面的 Search/Match 功能可以将样品的衍射图样与标准谱图进行对比，给出与所测样品相吻合的标准谱图信息。

(四)XRD 的应用范围

（1）XRD 采用单色 X 射线为衍射源，一般可以穿透固体，从而验证其内部结构，因此 XRD 给出的是材料的体相结构信息。

（2）XRD 多以定性物相分析为主，但也可以进行定量分析。通过待测样品的 X 射线衍射谱图与标准物质的 X 射线衍射谱图进行对比，可以定性分析样品的物相组成；通过对样品衍射强度数据的分析计算，可以完成样品物相组成的定量分析。

（3）根据 XRD 谱图信息，无定型样品为大包峰，没有精细谱峰结构；晶体则有丰富的谱线特征。把样品中最强峰的强度和标准物质的进行对比，可以定性知道样品的结晶度。通过与标准谱图进行对比，可以知道所测样品由哪些物相组成（XRD 最主要的用途之一）。基本原理：晶态物质组成元素或基团如果不相同或其结构有差异，它们的衍射谱图在衍射峰数目、角度位置、相对强度以及衍射峰形上会显现出差异。通过实测样品和标准谱图 2θ 值的差别，可以定性分析晶胞是否膨胀或者收缩的问题，因为 XRD 的峰位置可以确定晶胞的大小和形状。

（4）XRD 的定量分析。

① 样品的平均晶粒尺寸。基本原理：当 X 射线入射到小晶体时，其衍射线条将变得弥散而宽化，晶体的晶粒越小，X 射线衍射谱带的宽化程度就越大。Sherrer 公式描述的就是晶粒尺寸与衍射峰半峰宽之间的关系。

$$D_{hkl}=\frac{k\lambda}{\beta\cos\theta_{hkl}}$$

利用该方程平均晶粒度需要注意：β 为半峰宽度，即衍射强度为极大值一半处的宽度，单位以弧度表示；D_{hkl} 只代表晶面法线方向的晶粒大小；k 为形状因子，对球状粒子 k=1.075，立方晶体 k = 0.9，一般要求不高时就取 k = 1；测定范围 3 ~ 200 nm。

② 样品的相对结晶度。一般将最强衍射峰积分所得的面积（A_s）当作计算结晶度的指标，与标准物质积分所得面积 (A_g) 进行比较，结晶度 =A_s/A_g*100%。

③ 物相含量的定量分析。RIR 法的基本原理为 1∶1 混合的某物质与刚玉 (Al_2O_3)，其最强衍射峰的积分强度会有一个比值，该比值为 RIR 值。通过将该物质的积分强度 /RIR 值总是可以换算成 Al_2O_3 的积分强度。对于一个混合物而言，物质中所有组分都按这种方法进行换算，最后可以通过归一 法得到某一特定组分的百分含量。

④ 点阵常数的精密计算和残余应力计算等。

三、电感耦合等离子体–发射光谱（ICP–OES）

（一）基本概念

ICP–AES 全称为电感耦合等离子体—原子发射光谱（Inductively Coupled Plasma–Atomic Emission Spectrometry），也被称为电感耦合等离子体—发射光谱 (ICP–OES)。它主要用于样品中元素的定性和定量分析，可以分析元素周期表中 70 多种元素。ICP–AES 强大的定量功能在样品元素分析中运用得非常广泛，涉及的领域包括纳米、催化、能源、化工、生物、地质、环保、医药、食品、冶金、农业等。

（二）测试的基本原理

ICP–AES 的检测是基于每种元素独特的发射光谱。而采用电感耦合等离子体的目的是因为等离子体可以达到很高的温度，有利于让元素中的原子或者离子发射出特征波长的光子。其基本分析流程如下。

1. 等离子体的产生

高频电流经感应线圈产生高频电磁场，使工作气体（Ar）电离形成火焰状放电高温等离子体，等离子体的最高温度可达 10000 K。

2. 样品与高温等离子体发生作用，产生发生光子

试样溶液通过进样毛细管经蠕动泵作用进入雾化器雾化形成气溶胶，由载气引入高温等离子体，进行蒸发、原子化、激发、电离，并产生辐射。

3. 发射光谱的分析

产生的特征辐射谱线，经光栅分光系统分解成代表各元素的单色光谱，由半导体检测

器检测这些光谱能量，参照同时测定的标准溶液计算出试液中待测元素的含量。

（三）定性和定量分析

1. 定性分析

通过特征谱线的位置（波长）进行定性。由于每个元素的特征发射谱线不一样，通过几条特征谱线是否存在就可以确定样品中是否存在该元素。

2. 定量分析

通过特征谱线的强度进行定量，定量分析一般采用标准曲线法。

（四）测试的优点

（1）可以同时测试多种元素。

（2）灵敏度高，检测限低。

（3）测试范围宽（低含量成分和高含量成分能够同时测试）。

（五）ICP-AES 采用的工作气体

惰性气体均为单原子分子，且具有化学惰性和电离能高（15.76 eV）等特点，而氩气因其独特性质成为首选：

（1）发射光谱比较简单，光谱干扰比较少。

（2）能够雾化、激发、电离元素周期表中的大部分元素。

（3）不会与其他元素生成稳定化合物。

（4）相对于其他可用惰性气体（如氦气），其价格更低，在大气中分布更加广泛（约占 1%）。

（六）ICP-AES 测量的有效波长范围

ICP-AES 测试的有效波长范围是 120 ~ 800 nm，因为原子发射光谱的所有相关信息都集中在这个范围内。其中，120 ~ 160 nm 波段尤其适用于分析卤素或者某些特殊应用的替代谱线。注：测试的有效波长范围跟仪器当然也直接相关，有些仪器只能测 160 nm 以上的波段。

（七）ICP-AES 对样品的要求

一般情况下，ICP-AES 测试的都是液体样品，因此测试时需要将样品溶解在特定的溶剂中（一般就是水溶液）；测试的样品必须保证澄清，颗粒、悬浊物有可能堵塞内室接口或者通道；溶液样品中不能含有对仪器有损坏的成分（如 HF 和强碱等）。

无机物样品的一般处理方法：

（1）无机盐类。双蒸水溶解，或加少量盐酸或硝酸，根据样品确定是否加热。

（2）合金。根据合金成分在硝酸、盐酸、硫酸、王水几种酸溶中寻找合适方法。要防止待测元素挥发或水解。

（3）负载型催化剂。将固体完全溶解，然后稀释。如果载体确实难以溶解，可以利用王水等将负载的活性组分进行溶解，然后滤去固体不溶物，将溶液稀释到指定浓度范围之后进行测试。

（八）ICP-AES 测试中，用来溶解样品的酸必须满足的条件

（1）尽可能使各种元素迅速完全溶解。

（2）所含待测元素的量可忽略不计。

（3）溶解样品时，待测元素没有损失。

（九）ICP-AES 和 ICP-MS 的异同

实际上，常见的 ICP 分析技术除了 ICP-AES 之外，还有一种很常见的是电感耦合等离子体—质谱 (ICP-MS)，两者用途是一致的，主要的不同在于分析系统，AES 利用的是原子发射光谱进行定性定量分析，而 MS 利用的是离子质谱，采用质荷比不同而进行分离检测。两者可分析的元素基本一致，不过由于分析检测系统的差异，两者的检测限有差异：ICP-MS 的检测限很低，最好的可以达到 ng/L（ppt）的水平；而 ICP-AES 一般是 mg/L（ppb）的级别。不过 ICP-MS 只能分析固体溶解量为 0.2% 左右的溶液（因此经常需要稀释），而 ICP-AES 则可以分析固体溶解量超过 20% 的溶液。

附录3　晶体结构标识的括号

晶体是由原子或分子在空间按一定规律周期重复地排列构成的固体物质。分子的排列具有三维空间的周期性，隔一定的距离重复出现，这种周期性规律是晶体结构最基本的特征。晶胞是能够较好地反映晶体周期性和对称性的最小单元，整个晶体结构是由晶胞叠加而成的。借助晶胞的三条棱向量建立一套坐标系，能很好地描述晶胞内部的每一个粒子的坐标位置。晶体中的晶面表示含有多于三个质点的平面。假如一个晶面与 *X*、*Y*、*Z* 轴相交的长度为 *r*，*s*，*t*，分别取其倒数 1/*r*，1/*s*，1/*t*，并对这三个分数进行通分；通分后三个分数的分子就是这个晶面的晶面指数 *hkl*，也称米勒指数（当晶面和晶轴平行时，该数值为 0；当晶面与某一晶轴的负方向相交，则相应的指数上加一个负号）。

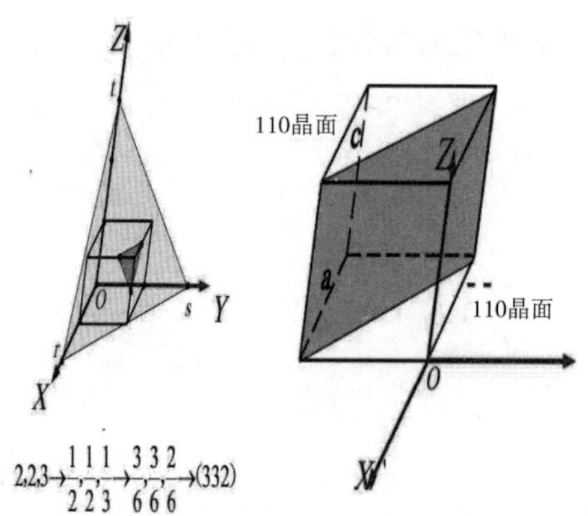

晶体结构标识示意图

中括号 [] 表示的是晶体中的晶向；尖括号 <> 表示的是晶向族；圆括号（ ）表示的是晶面的米勒指数（晶面指数）；花括号 { } 表示的是晶面族。

具体而言，若考虑到晶体所具有的对称性，有许多不平行的晶面上也具有相同的质点分布。这些晶面是彼此等同的，我们把它们称作一个晶面族，记作 { *hkl* }。例如在立方晶系中，{100} 包含 (100) (010) (001) $(\bar{1}00)$ $(0\bar{1}0)$ $(00\bar{1})$ 共六种晶面。

{110} 包含以下 12 个晶面：(110)，(101)，(011)，$(\bar{1}10)$，$(\bar{1}01)$，$(0\bar{1}1)$，$(1\bar{1}0)$，$(10\bar{1})$，$(01\bar{1})$，$(\bar{1}\bar{1}0)$，$(\bar{1}0\bar{1})$，$(0\bar{1}\bar{1})$。

{111} 包含以下 8 个晶面：(111)，$(\bar{1}11)$，$(1\bar{1}1)$，$(11\bar{1})$，$(\bar{1}\bar{1}1)$，$(\bar{1}1\bar{1})$，$(1\bar{1}\bar{1})$，$(\bar{1}\bar{1}\bar{1})$。

晶向是指在晶体中任何一条穿过许多质点的直线方向。晶体中不同的晶向，常常具有不同的线密度等不同属性。为区分晶体这些晶向，结晶学上人们引入晶向指数。

确定晶向指数的三个步骤 (采用上述晶体坐标系) 如下：

第一，先做一条平行于该晶向的直线，并使其通过坐标原点；第二，在这条直线上任取一点，求其原子坐标；第三，化为最简整数比，即为晶向指数，用 [*m n w*] 表示。简单地说，*m*、*n* 和 *w* 为晶向上某质点原子坐标的最简整数比。考虑晶体对称性，也有若干个晶向常常是等同的。它们构成一个晶向族，用来表示这一系列的晶向。

例如，对于立方晶系：

<100> 包含 6 个晶向：$[100]$，$[010]$，$[\bar{1}00]$，$[0\bar{1}0]$，$[001]$，$[00\bar{1}]$。

<110> 包含 12 个晶向：$[110]$，$[101]$，$[011]$，$[\bar{1}10]$，$[\bar{1}01]$，$[0\bar{1}1]$，$[1\bar{1}0]$，$[10\bar{1}]$，$[01\bar{1}]$，$[\bar{1}\bar{1}0]$，$[\bar{1}0\bar{1}]$，$[0\bar{1}\bar{1}]$。

<111> 包含 8 个晶向：$[111]$，$[\bar{1}11]$，$[1\bar{1}1]$，$[11\bar{1}]$，$[\bar{1}\bar{1}1]$，$[\bar{1}1\bar{1}]$，$[1\bar{1}\bar{1}]$，$[\bar{1}\bar{1}\bar{1}]$。

在立方晶系中，由于晶胞参数 (*a*, *b*, *c*) 的特殊关系，某一晶面 (*hkl*) 与指数相同的晶向 [*hkl*] 恰好垂直。

附录4 元素的核磁位移

表1 ^{1}H NMR数据

样品	质子	mult	THF-d_8	CD_2Cl_2	$CDCl_3$	toluene-d_8	C_6D_6	C_6D_5Cl	$(CD_3)_2CO$	$(CD_3)_2SO$	CD_3CN	TFE-d_3	CD_3OD	D_2O
溶剂残留信号			1.72	5.32	7.26	2.08	7.16	6.96	2.05	2.50	1.94	5.02	3.31	4.79
			3.58			6.97		6.99				3.88		
						7.01		7.14						
						7.09								
水	OH	s	2.46	1.52	1.56	0.43	0.40	1.03	2.84^b	3.3^{3b}	2.13	3.66	4.87	
醋酸	CH_3	s	1.89	2.06	2.10	1.57	1.52	1.76	1.96	1.91	1.96	2.06	1.99	2.08
丙酮	CH_3	s	2.05	2.12	2.17	1.57	1.55	1.77	2.09	2.09	2.08	2.19	2.15	2.22
乙腈	CH_3	s	1.95	1.97	2.10	0.69	0.58	1.21	2.05	2.07	1.96	1.95	2.03	2.06
苯	CH	s	7.31	7.35	7.36	7.12	7.15	7.20	7.36	7.37	7.37	7.36	7.33	
叔丁醇	CH_3	s	1.15	1.24	1.28	1.03	1.05	1.12	1.18	1.11	1.16	1.28	1.40	1.24
	OH	sc	3.16			0.58	0.63	1.30		4.19	2.18	2.20		
氯仿	CH	s	7.89	7.32	7.26	6.10	6.15	6.74	8.02	8.32	7.58	7.33	7.90	
18-冠醚-6	CH_2	s	3.57	3.59	3.67	3.36	3.39	3.41	3.59	3.51	3.51	3.64	3.64	3.80
环己烷	CH_2	s	1.44	1.44	1.43	1.40	1.40	1.37	1.43	1.40	1.44	1.47	1.45	
1,2-二氯乙烷	CH_2	s	3.77	3.76	3.73	2.91	2.90	3.26	3.87	3.90	3.81	3.71	3.78	
二氯甲烷	CH_2	s	5.51	5.33	5.30	4.32	4.27	4.77	5.63	5.76	5.44	5.24	5.49	
二乙醚	CH_3	t, 7	1.12	1.15	1.21	1.10	1.11	1.10	1.11	1.09	1.12	1.20	1.18	1.17
	CH_2	q, 7	3.38	3.43	3.48	3.25	3.26	3.31	3.41	3.38	3.42	3.58	3.49	3.56
二乙二醇二甲醚	CH_2	m	3.43	3.57	3.65	3.43	3.46	3.49	3.56	3.51	3.53	3.67	3.61	3.67
	CH_2	m	3.53	3.50	3.57	3.31	3.34	3.37	3.47	3.38	3.45	3.62	3.58	3.61
	OCH_3	s	3.28	3.33	3.39	3.12	3.11	3.16	3.28	3.24	3.29	3.41	3.35	3.37
二甲基甲酰胺	CH	s	7.91	7.96	8.02	7.57	7.63	7.73	7.96	7.95	7.92	7.86	7.97	7.92
	CH_3	s	2.88	2.91	2.96	2.37	2.36	2.51	2.94	2.89	2.89	2.98	2.99	3.01
	CH_3	s	2.76	2.82	2.88	1.96	1.86	2.30	2.78	2.73	2.77	2.88	2.86	2.85
1,4-二氧己环	CH_2	s	3.56	3.65	3.71	3.33	3.35	3.45	3.59	3.57	3.60	3.76	3.66	3.75
二甲醚	CH_3	s	3.28	3.34	3.40	3.12	3.12	3.17	3.28	3.24	3.28	3.40	3.35	3.37
	CH_2	s	3.43	3.49	3.55	3.31	3.33	3.37	3.46	3.43	3.45	3.61	3.52	3.60
乙醚	CH_3	s	0.85	0.85	0.87	0.81	0.80	0.79	0.83	0.82	0.85	0.85	0.85	0.82

续表

样品	质子	mult	THF-d_8	CD_2Cl_2	$CDCl_3$	toluene-d_8	C_6D_6	C_6D_5Cl	$(CD_3)_2CO$	$(CD_3)_2SO$	CD_3CN	TFE-d_3	CD_3OD	D_2O
乙醇	CH_3	t, 7	1.10	1.19	1.25	0.97	0.96	1.06	1.12	1.06	1.12	1.22	1.19	1.17
	CH_2	q, 7[d]	3.51	3.66	3.72	3.36	3.34	3.51	3.57	3.44	3.54	3.71	3.60	3.65
	OH	sc,[d]	3.30	1.33	1.32	0.83	0.50	1.39	3.39	4.63	2.47			
乙酸乙酯	CH_3CO	s	1.94	2.00	2.05	1.69	1.65	1.78	1.97	1.99	1.97	2.03	2.01	2.07
	CH_2CH_3	q, 7	4.04	4.08	4.12	3.87	3.89	3.96	4.05	4.03	4.06	4.14	4.09	4.14
	CH_2CH_3	t, 7	1.19	1.23	1.26	0.94	0.92	1.04	1.20	1.17	1.20	1.26	1.24	1.24
乙烯	CH_2	s	5.36	5.40	5.40	5.25	5.25	5.29	5.38	5.41	5.41	5.40	5.39	5.44
乙烯乙二醇	CH_2	se	3.48	3.66	3.76	3.36	3.41	3.58	3.28	3.34	3.51	3.72	3.59	3.65
	CH_2	br s	1.29	1.27	1.25	1.33	1.32	1.30	1.29	1.24		1.33	1.29	
六甲基苯	CH_3	s	2.18	2.20	2.24	2.10	2.13	2.10	2.17	2.14	2.19	2.24	2.19	
正己烷	CH_3	t, 7	0.89	0.89	0.88	0.88	0.89	0.85	0.88	0.86	0.89	0.91	0.90	
	CH_2	m	1.29	1.27	1.26	1.22	1.24	1.19	1.28	1.25	1.28	1.31	1.29	
六甲基二硅醚	CH_3	s	0.07	0.07	0.07	0.10	0.12	0.10	0.07	0.06	0.07	0.08	0.07	0.28
六甲基磷酰三胺	CH_3	d,9.5	2.58	2.60	2.65	2.42	2.40	2.47	2.59	2.53	2.57	2.63	2.64	2.61
氢	H_2	s	4.55	4.59	4.62	4.50	4.47	4.49	4.54	4.61	4.57	4.53	4.56	
咪唑	CH(2)	s	7.48	7.63	7.67	7.30	7.33	7.53	7.62	7.63	7.57	7.61	7.67	7.78
	CH(4,5)	s	6.94	7.07	7.10	6.86	6.90	7.01	7.04	7.01	7.01	7.03	7.05	7.14
甲烷	CH_4	s	0.19	0.21	0.22	0.17	0.16	0.15	0.17	0.20	0.20	0.18	0.20	0.18
甲醇	CH_3	sg	3.27	3.42	3.49	3.03	3.07	3.25	3.31	3.16	3.28	3.44	3.34	3.34
	OH	sc,g	3.02	1.09	1.08			1.30	3.12	4.01	2.16			
硝基甲烷	CH_3	s	4.31	4.31	4.33	3.01	2.94	3.59	4.43	4.42	4.31	4.28	4.34	4.40
正戊烷	CH_3	t, 7	0.89	0.89	0.88	0.87	0.87	0.84	0.88	0.86	0.89	0.90	0.90	
	CH_2	m	1.31	1.30	1.27	1.25	1.23	1.23	1.27	1.27	1.29	1.33	1.29	
丙烷	CH_3	t, 7.3	0.90	0.90	0.90	0.89	0.86	0.84	0.88	0.87	0.90	0.90	0.91	0.88
	CH_2	sept, 7.3	1.33	1.32	1.32	1.32	1.26	1.26	1.31	1.29	1.33	1.33	1.34	1.30
异丙醇	CH_3	d, 6	1.08	1.17	1.22	0.95	0.95	1.04	1.10	1.04	1.09	1.20	1.50	1.17
	CH	sept, 6	3.82	3.97	4.04	3.65	3.67	3.82	3.90	3.78	3.87	4.05	3.92	4.02
丙烯	CH_3	dt, 6.4, 1.5	1.69	1.71	1.73	1.55	1.55	1.58	1.68	1.68	1.70	1.70	1.70	1.70
	CH_2(1)	dm, 10	4.89	4.93	4.94	4.92	4.95	4.91	4.90	4.94	4.93	4.93	4.91	4.95
	CH_2(2)	dm, 17	4.99	5.03	5.03	4.98	5.01	4.98	5.00	5.03	5.04	5.03	5.01	5.06
	CH	m	5.79	5.84	5.83	5.70	5.72	5.72	5.81	5.80	5.85	5.87	5.82	5.90
吡啶	CH(2,6)	m	8.54	8.59	8.62	8.47	8.53	8.51	8.58	8.58	8.57	8.45	8.53	8.52
	CH(3,5)	m	7.25	7.28	7.29	6.67	6.66	6.90	7.35	7.39	7.33	7.40	7.44	7.45
	CH(4)	m	7.65	7.68	7.68	6.99	6.98	7.25	7.76	7.79	7.73	7.82	7.85	7.87

续表

样品	质子	mult	THF-d_8	CD_2Cl_2	$CDCl_3$	toluene-d_8	C_6D_6	C_6D_5Cl	$(CD_3)_2CO$	$(CD_3)_2SO$	CD_3CN	TFE-d_3	CD_3OD	D_2O
吡咯	NH	br t	9.96	8.69	8.40	7.71	7.80	8.61	10.02	10.75	9.27			
	CH(2,5)	m	6.66	6.79	6.83	6.43	6.48	6.62	6.77	6.73	6.75	6.84	6.72	6.93
	CH(3,4)	m	6.02	6.19	6.26	6.27	6.37	6.27	6.07	6.01	6.10	6.24	6.08	6.26
吡咯烷	CH_2(2,5)	m	2.75	2.82	2.87	2.54	2.54	2.64		2.67	2.75	3.11	2.80	3.07
	CH_2(3,4)	m	1.59	1.67	1.68	1.36	1.33	1.43		1.55	1.61	1.93	1.72	1.87
硅脂	CH_3	s	0.11	0.09	0.07	0.26	0.29	0.14	0.13	–0.06	0.08	0.16	0.10	
四氢呋喃	CH_2(2,5)	m	3.62	3.69	3.76	3.54	3.57	3.59	3.63	3.60	3.64	3.78	3.71	3.74
	CH_2(3,4)	m	1.79	1.82	1.85	1.43	1.40	1.55	1.79	1.76	1.80	1.91	1.87	1.88
甲苯	CH_3	s	2.31	2.34	2.36	2.11	2.11	2.16	2.32	2.30	2.33	2.33	2.32	
	CH(2,4,6)	m	7.10	7.15	7.17	6.96–7.01	7.02	7.01–7.08	7.10–7.20	7.18	7.10–7.30	7.10–7.30	7.16	
	CH(3,5)	m	7.19	7.24	7.25	7.09	7.13	7.10–7.17	7.10–7.20	7.25	7.10–7.30	7.10–7.30	7.16	
三乙胺	CH_3	t, 7	0.97	0.99	1.03	0.95	0.96	0.93	0.96	0.93	0.96	1.31	1.05	0.99
	CH_2	q,7	2.46	2.48	2.53	2.39	2.40	2.39	2.45	2.43	2.45	3.12	2.58	2.57

表2　^{13}C{1H} NMR数据

样品	碳	THF-d_8	CD_2Cl_2	$CDCl_3$	toluene-d_8	C_6D_6	C_6D_5Cl	$(CD_3)_2CO$	$(CD_3)_2SO$	CD_3CN	TFE-d_3	CD_3OD	D_2O
溶剂信号		67.21	53.84	77.16	137.48	128.06	134.19	29.84	39.52	1.32	61.50	49.00	
		25.31			128.87		129.26	206.26		118.26	126.28		
					127.96		128.25						
					125.13		125.96						
					20.43								
醋酸	CO	171.69	175.85	175.99	175.30	175.82	175.67	172.31	171.93	173.21	177.96	175.11	177.21
	CH_3	20.13	20.91	20.81	20.27	20.37	20.40	20.51	20.95	20.73	20.91	20.56	21.03
丙酮	CO	204.19	206.78	207.07	204.00	204.43	204.83	205.87	206.31	207.43	32.35	209.67	215.94
	CH_3	30.17	31.00	30.92	30.03	30.14	30.12	30.60	30.56	30.91	214.98	30.67	30.89
乙腈	CN	116.79	116.92	116.43	115.76	116.02	115.93	117.60	117.91	118.26	118.95	118.06	119.68
	CH_3	0.45	2.03	1.89	0.03	0.20	0.63	1.12	1.03	1.79	1.00	0.85	1.47
苯	CH	128.84	128.68	128.37	128.57	128.62	128.38	129.15	128.30	129.32	129.84	129.34	
叔丁醇	$(CH_3)_3C$	67.50	69.11	69.15	68.12	68.19	68.19	68.13	66.88	68.74	72.35	69.40	70.36
	$(CH_3)_3C$	30.57	31.46	31.25	30.49	30.47	31.13	30.72	30.38	30.68	31.07	30.91	30.29
二氧化碳	CO_2	125.69	125.26	124.99	124.86	124.76	126.08	125.81	124.21	125.89	126.92	126.31	
二硫化碳	CS_2	193.37	192.95	192.83	192.71	192.69	192.49	193.58	192.63	193.60	196.26	193.82	197.25
四氯化碳	CCl_4	96.89	96.52	96.34	96.57	96.44	96.38	96.65	95.44	96.68	97.74	97.21	96.73
氯仿	CH	79.24	77.99	77.36	77.89	77.79	77.67	79.19	79.16	79.17	78.83	79.44	
18-冠醚-6	CH_2	71.34	70.47	70.55	70.86	70.59	70.55	71.25	69.85	71.22	70.80	71.47	70.14
环己烷	CH_2	27.58	27.38	26.94	27.31	27.23	26.99	27.51	26.33	27.63	28.34	27.96	
1,2-二氯乙烷	CH_2	44.64	44.35	43.50	43.40	43.59	43.60	45.25	45.02	45.54	45.28	45.11	

续表

样品	碳	THF-d_8	CD_2Cl_2	$CDCl_3$	toluene-d_8	C_6D_6	C_6D_5Cl	$(CD_3)_2CO$	$(CD_3)_2SO$	CD_3CN	TFE-d_3	CD_3OD	D_2O
二氯甲烷	CH_2	54.67	54.24	53.52	53.47	53.46	53.54	54.95	54.84	55.32	54.46	54.78	
二乙醚	CH_3	15.49	15.44	15.20	15.47	15.46	15.35	15.78	15.12	15.63	15.33	15.46	14.77
	CH_2	66.14	66.11	65.91	65.94	65.94	65.79	66.12	62.05	66.32	67.55	66.88	66.42
二甘醇二甲醚	CH_3	58.72	58.95	59.01	58.62	58.66	58.42	58.77	57.98	58.90	59.40	59.06	58.67
	CH_2	71.17	70.70	70.51	70.92	70.87	70.56	71.03	69.54	70.99	73.05	71.33	70.05
	CH_2	72.72	72.25	71.90	72.39	72.35	72.07	72.63	71.25	72.63	71.33	72.92	71.63
二甲基甲酰胺	CH	161.96	162.57	162.62	161.93	162.13	162.01	162.79	162.29	163.31	166.01	164.73	165.53
	CH_3	35.65	36.56	36.50	35.22	35.25	35.45	36.15	35.73	36.57	37.76	36.89	37.54
	CH_3	30.70	31.39	31.45	30.64	30.72	30.71	31.03	30.73	31.32	30.96	31.61	32.03
1,4-二环氧乙烷	CH_2	67.65	67.47	67.14	67.17	67.16	66.95	67.60	66.36	67.72	68.52	68.11	67.19
二甲醚	CH_3	58.72	59.02	59.08	58.63	58.68	58.31	58.45	58.03	58.89	59.52	59.06	58.67
	CH_2	72.58	72.24	71.84	72.25	72.21	71.81	72.47	71.17	72.47	72.87	72.72	71.49
乙烷	CH_3	6.79	6.91	6.89	6.94	6.96	6.91	6.88	6.61	6.99	7.01	6.98	
乙醇	CH_3	18.90	18.69	18.41	18.78	18.72	18.55	18.89	18.51	18.80	18.11	18.40	17.47
	CH_2	57.60	58.57	58.28	57.81	57.86	57.63	57.72	56.07	57.96	59.68	58.26	58.05
乙酸乙酯	CH_3CO	20.45	21.15	21.04	20.46	20.56	20.50	20.83	20.68	21.16	21.18	20.88	21.15
	CO	170.32	171.24	171.36	170.02	170.44	170.20	170.96	170.31	171.68	175.55	172.89	175.26
	CH_2	60.30	60.63	60.49	60.08	60.21	60.06	60.56	59.74	60.98	62.70	61.50	62.32
	CH_3	14.37	14.37	14.19	14.23	14.19	14.07	14.50	14.40	14.54	14.36	14.49	13.92
乙二醇	CH_2	123.09	123.20	123.13	122.92	122.96	122.95	123.47	123.52	123.69	124.08	123.46	
乙烯乙二醇	CH_2	64.35	64.08	63.79	64.29	64.34	64.03	64.26	62.76	64.22	64.87	64.30	63.17
六甲基苯	C	131.88	132.09	132.21	131.72	131.79	131.54	132.22	131.10	132.61	134.04	132.53	
	CH_3	16.71	16.93	16.98	16.84	16.95	16.68	16.86	16.60	16.94	17.04	16.90	
正己烷	CH_3	14.22	14.28	14.14	14.34	14.32	14.18	14.34	13.88	14.43	14.63	14.45	
	$CH_2(2,5)$	23.33	23.07	22.70	23.12	23.04	22.86	23.28	22.05	23.40	24.06	23.68	
	$CH_2(3,4)$	32.34	32.01	31.64	32.06	31.96	31.77	32.30	30.95	32.36	33.17	32.73	
六甲基二硅醚	CH_3	1.83	1.96	1.97	1.99	2.05	1.92	2.01	1.96	2.07	2.09	1.99	2.31
六甲基磷酰三胺[c]	CH_3	36.89	36.99	36.87	36.80	36.88	36.64	37.04	36.42	37.10	37.21	37.00	36.46
咪唑	CH(2)	135.72	135.76	135.38	135.57	135.76	135.50	135.89	135.15	136.33	136.58	136.31	136.65
	CH(4,5)	122.20	122.16	122.00	122.13	122.16	121.96	122.31	121.55	122.78	122.93	122.60	122.43
甲烷	CH_4	−4.90	−4.33	−4.63	−4.34	−4.29	−4.33	−5.33	−4.01	−4.61	−5.88	−4.90	
甲醇	CH_3	49.64	50.45	50.41	49.90	49.97	49.66	49.77	48.59	49.90	50.67	49.86	49.50d
硝基甲烷	CH_3	62.49	63.03	62.50	61.14	61.16	61.68	63.21	63.28	63.66	63.17	63.08	63.22
正戊烷	CH_3	14.18	14.24	14.08	14.27	14.25	14.10	14.29	13.28	14.37	14.54	14.39	
	$CH_2(2,4)$	23.00	22.77	22.38	22.79	22.72	22.54	22.98	21.70	23.08	23.75	23.38	
	$CH_2(3)$	34.87	34.57	34.16	34.54	34.45	34.26	34.83	33.48	34.89	35.76	35.30	
丙烷	CH_3	16.60	16.63	16.63	16.65	16.66	16.56	16.68	16.34	16.73	16.93	16.80	

续表

样品	碳	THF-d_8	CD_2Cl_2	$CDCl_3$	toluene-d_8	C_6D_6	C_6D_5Cl	$(CD_3)_2CO$	$(CD_3)_2SO$	CD_3CN	TFE-d_3	CD_3OD	D_2O
丙烷	CH_2	16.82	16.63	16.37	16.63	16.60	16.48	16.78	15.67	16.91	17.46	17.19	
异丙醇	CH_3	25.70	25.43	25.14	25.24	25.18	25.14	25.67	25.43	25.55	25.21	25.27	24.38
	CH	66.14	64.67	64.50	64.12	64.23	64.18	63.85	64.92	64.30	66.69	64.71	64.88
丙烯	CH_3	19.27	19.47	19.50	19.32	19.38	19.32	19.42	19.20	19.48	19.63	19.50	
	CH_2	115.74	115.70	115.74	115.89	115.92	115.86	116.03	116.07	116.12	116.38	116.04	
	CH	134.02	134.21	133.91	133.61	133.69	133.57	134.34	133.55	134.78	136.00	134.61	
吡啶	CH(2,6)	150.57	150.27	149.90	150.25	150.27	149.93	150.67	149.58	150.76	149.76	150.07	149.18
	CH(3,5)	124.08	124.06	123.75	123.46	123.58	123.49	124.57	123.84	127.76	126.27	125.53	125.12
	CH(4)	135.99	136.16	135.96	135.17	135.28	135.32	136.56	136.05	136.89	139.62	138.35	138.27
吡咯	CH(2,5)	118.03	117.93	117.77	117.61	117.78	117.65	117.98	117.32	118.47	119.61	118.28	119.06
	CH(3,4)	107.74	108.02	107.98	108.15	108.21	108.03	108.04	107.07	108.31	108.85	108.11	107.83
吡咯烷[e]	$CH_2(2,5)$	45.82	47.02	46.93	47.12	46.86	46.75		46.51	47.57	47.43	47.23	46.83
	$CH_2(3,4)$	26.17	25.83	25.56	25.75	25.65	25.59		25.26	26.34	25.73	26.29	25.86
硅脂	CH_3	1.20	1.22	1.19	1.37	1.38	1.09	1.40			2.87	2.10	
四氢呋喃	$CH_2(2,5)$	68.03	68.16	67.97	67.75	67.80	67.64	68.07	67.03	68.33	69.53	68.83	68.68
	$CH_2(3,4)$	26.19	25.98	25.62	25.79	25.72	25.68	26.15	25.14	26.27	26.69	26.48	25.67
甲苯	CH_3	21.29	21.53	21.46	21.37	21.10	21.23	21.46	20.99	21.50	21.62	21.50	
	C(1)	138.24	138.36	137.89	137.84	137.91	137.65	138.48	137.35	138.90	139.92	138.85	
	CH(2,6)	129.47	129.35	129.07	129.33	129.33	129.12	129.76	128.88	129.94	130.58	129.91	
	CH(3,5)	128.71	128.54	128.26	128.51	128.56	128.31	129.03	128.18	129.23	129.79	129.20	
	CH(4)	125.84	125.62	125.33	125.66	125.68	125.43	126.12	125.29	126.28	126.82	126.29	
三乙胺	CH_3	12.51	12.12	11.61	12.39	12.35	11.87	12.49	11.74	12.38	9.51	11.09	9.07
	CH_2	47.18	46.75	46.25	46.82	46.77	46.36	47.07	45.74	47.10	48.45	46.96	47.19

附录5　实验技术与方法网页

一、红外光谱的数据库

光谱的解析一般首先通过特征频率确定主要官能团信息。单纯的红外光谱法鉴定物质通常采用比较法，即与标准物质对照和查阅标准谱的方法，但是该方法对于样品的要求较高并且依赖于谱图库的大小。如果在谱图库中无法检索到一致的谱图，则可以用人工解谱的方法进行分析，这就需要有大量的红外知识及经验积累。大多数化合物的红外谱图是复杂的，即便是有经验的专家，也不能保证从一张孤立的红外谱图上得到全部分子结构信息，如果需要确定分子结构信息，就要借助其他的分析测试手段，如核磁、质谱、紫外光谱等。

重要的红外谱图数据库主要有：

（1）Sadtler 红外光谱数据库：http://www.bio-rad.com/zh-cn/product/ir-spectral-databases。

（2）日本 NIMC 有机物谱图库：http://sdbs.db.aist.go.jp/sdbs/cgi-bin/direct_frame_top.cgi。

（3）上海有机所红外谱图数据库：http://chemdb.sgst.cn/scdb/main/irs_introduce.asp。

（4）ChemExper 化学品目录 CDD：http://www.chemexper.com/。

（5）FTIRsearch：http://www.ftirsearch.com/。

（6）NIST Chemistry WebBook：http://webbook.nist.gov/chemistry。

二、XRD晶体数据库及分析软件

（1）XRD 晶体数据库。

（2）无机晶体结构数据库（ICSD）：https://icsd.fiz-karlsruhe.de/search/。

（3）国际衍射数据中心（ICDD）: http://www.icdd.com/。

（4）剑桥晶体数据中心 (CCDC): http://www.ccdc.cam.ac.uk/。